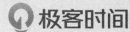

Programming with C++ Cookbook

C++

罗剑锋 著

实战笔记

人民邮电出版社

北京

图书在版编目（CIP）数据

C++实战笔记 / 罗剑锋著. -- 北京：人民邮电出版
社，2021.11
ISBN 978-7-115-57428-2

Ⅰ. ①C… Ⅱ. ①罗… Ⅲ. ①C++语言—程序设计
Ⅳ. ①TP312.8

中国版本图书馆CIP数据核字(2021)第194094号

内 容 提 要

  C++是一门经典的编程语言，堪称编程语言中的"全能选手"，它不仅功能强大、灵活，而且适用场景非常广泛。但是要想真正掌握 C++，其技术门槛往往较高，这也使"新手"学起来困难，甚至连"老手"也觉得用好它并不容易。

  本书根据作者 20 多年编写 C++代码的实践经验，精选出了现代 C++中好用且实用的若干特性，通过代码演示实战技巧，帮助读者轻松地看懂、学会 C++编程。本书从开发环境、开发综述、核心语言特性、标准库、进阶技能、设计模式、应用实例等方面深入浅出地介绍了 C++实战技巧。除此之外，本书还囊括了作者多年的开发心得，例如经典图书推荐、工作经验分享、时间管理方法等特色内容。

  本书并不是一本入门教程，比较适合学过 C++基础知识，仍缺乏高效的 C++实战技巧的读者阅读。通过阅读本书，读者可以深入洞悉 C++核心知识，进一步夯实实战技能，开拓编程思路。

◆ 著   罗剑锋

 责任编辑 胡俊英

 责任印制 王 郁 焦志炜

◆ 人民邮电出版社出版发行 北京市丰台区成寿寺路 11 号

 邮编 100164 电子邮件 315@ptpress.com.cn

 网址 https://www.ptpress.com.cn

 北京市艺辉印刷有限公司印刷

◆ 开本：800×1000 1/16

 印张：16.75   2021 年 11 月第 1 版

 字数：366 千字   2021 年 11 月北京第 1 次印刷

定价：99.80 元

读者服务热线：(010)81055410 印装质量热线：(010)81055316
反盗版热线：(010)81055315
广告经营许可证：京东市监广登字 20170147 号

前言

缘起

如果从 20 世纪 90 年代末在大学里接触 C 开始算，那么我与 C++已经结缘 20 多年，可以说是一个"老粉"了。

10 年前，我把自己学习使用 Boost 程序库的经验写成了一本书。[1]但对于 C++语言本身，我还是没有太大的把握。毕竟，程序库的工具属性更多一些，研究起来相对容易，而语言却涉及标准、编译器、操作系统等方方面面，感觉实在是"力有所不逮"。

两年前，因为在极客时间网站上完成了"透视 HTTP 协议"这个专栏，我收到不少正面的反馈，后来网络编辑邀请我再"挖掘"一下自身的经历，看能否再输出更多有用的知识。

于是，我想到了 C++。虽然仍然觉得心里没底，但我觉得也许可以换一种思维方式，带领读者用另一种方式去学习 C++。反复揣度后就完成了"C++实战笔记"这个专栏，不直接讲语言本身，而讲我自己在应用 C++时遇到的各种问题和相应的思考、应对方案。

原本我以为 C++在 Java/Python/Go 等语言的"攻势"之下不会有太多人关注，但没想到的是专栏上线后有很多同学积极留言和我互动。这让我认识到即使在如今编程语言界"百家争鸣"的大环境中，C++还是有相当多的拥护者，也让我进一步坚定了学习、使用 C++的信心。

2021 年年初，人民邮电出版社的编辑联系我，问我有没有兴趣把线上的专栏转化为线下的纸质书，我欣然同意。因为网上开专栏还是有不少约束的，一些想法、知识点、示例代码受时间、字数的限制，不得不"忍痛割爱"，而若能落到纸面上，就可以尽情"挥墨"了。

---

[1] 即《Boost 程序库完全开发指南》，也是作者出版的第一本书。

虽然有线上专栏作为"蓝本",但成书的过程还是很艰辛、坎坷。我本着"对自己负责,对读者负责"的态度,不是把文字简单复制了事,而是做了全面的调整和润色,让语言表达更适合书面阅读。我相信,即使对已经看过线上专栏的读者来说,本书也会让你有不一样的体验。

努力的结果究竟如何,就交由读者朋友们来评判了。

学用 C++

《Effective C++》里有一句很有意思的话:

"C++是一种威力十足的编程语言,如果 C 带给你足够'绞死'自己的绳索,C++就是间五金店,里面挤满了准备为你绑绳结的人。"

这句话形象地说出了 C++的难点:它太接近底层了。C 语言本身已经有很多"坑"了,而 C++又增加了更多的"坑",一旦用不好就很容易"作茧自缚"/"自投罗网"。①

其实这些年来标准委员会也意识到了 C++自身难学难用的问题,也做了很多工作,尽量让 C++对初学者友好,朝着易学易用的方向努力。但它毕竟背着"兼容 C 语言"这个巨大的历史包袱(说得严重一点儿就是"原罪"),无法进行彻底的改革。在可以预见的将来,C++里的那些"坑"还将长期存在。

那么,该怎么学好、用好 C++呢?

我的建议是,尽量从 C++的最新标准开始学,例如现在的 C++17/C++20。这两个版本的 C++虽然比以前版本的复杂了很多,但也添加了很多方便、易用的新特性,更接近"现代编程语言"。只要小心取舍,就可以少遇到那些传统编程方式的"坑"。

本书的定位

在学习 C++的过程中,你可能会有这样的感慨:

"道理我都懂,可用起来还是会犯怵,要是身边能有个人来指点一下该多好。"

不知道你刚毕业的时候公司有没有为你安排过"入职导师",他会带你熟悉环境,制订培养计划,让你尽快成长为一名合格的职场人。

---

① 最早的 C++98 只有 60 多个关键字,其数量到 C++11 变成了 70 多个,C++20 则增加到了近百个。对比一下同级别的 Java/Go 等语言,C++真称得上是"巨无霸"。

现有的大部分 C++ 图书往往只能教你基本的知识。而学习 C++ 时，通常你最缺乏的就是"入职导师"，以帮你跨越从课堂到现实的"鸿沟"，告诉你实际工作时会遇到哪些问题，这些问题又该怎么解决。

很可惜，大多数人，也包括我，当初学 C++ 的时候都没有遇到这样的好导师，一切都要靠自己摸索。虽然说"实践出真知"，最终仍有所成就，但也浪费了不少大好年华。

所以，在本书里，我会从庞大的 C++ 中"裁剪"出一个精致的子集，挑选出适合实际应用的 C++ 特性，还会把踩过的坑、走过的弯路、收获的果实都毫无保留地分享给你，希望本书能够担当起"入职导师"/"引路人"的角色。

总而言之，本书的目标就是一切从实际出发，只讲"实实在在、脚踏实地"的 C++ 知识，注重语言和库的"开发"，而不会讲那些高深的理论和玄乎的技巧，更不会去讲所谓的"屠龙之术"，尽量用实例来演示"现代 C++"的自然思维方式。①

另外，因为 C++ 的资料已经有很多了，我也不想变成标准的复读机，去机械地重复那些接口定义。本书通常只会简单提一下语言要点，不会详细解释调用方式，重点聚焦在使用时的注意事项和经验教训（用法细节完全可以去查在线资料）。

编程格言

在这里我还想分享几句"绕口令式"的编程格言，它们已经陪伴了我很久，一直指导着我的编程实践。

■　大多数人都能写出机器能看懂的代码，但只有优秀的程序员才能写出任何人都能看懂的代码。

■　有两种写程序的方式：一种是把代码写得非常复杂，以至于"看不出明显的错误"；另一种是把代码写得非常简单，以至于"明显看不出错误"。

■　"把正确的代码改快速"要比"把快速的代码改正确"容易太多。

我来说说对这 3 句格言的理解吧，也许能和你产生共鸣。

■　代码是写给人看的，而不是写给机器（编译器、CPU）看的，也就是"human readable"。

■　代码简单、易理解很重要，长而复杂的函数、类是不受欢迎的，要经常做"code clean"。

---

① "屠龙之术"出自《庄子·列御寇》，比喻虽然拥有高超的技艺，但却没有可以施展这种本领的地方。

■　功能实现优先，性能优化次之。没有学会走之前，不要想着跑，也就是"do the right thing"。

因为 C++庞大、复杂是无法改变的事实，所以希望你能时刻把这 3 条格言铭记在心，对它保持一颗"敬畏"的心，在学习语言特性的同时千万不要滥用特性，要谦虚谨慎、戒骄戒躁。

致谢

首先要感谢的当然是 C++之父 Bjarne Stroustrup，他创造了 C++；其次要感谢的是 C++标准委员会，他们制定了 C++国际标准，让 C++二十余年来得以持续发展；然后要感谢的是 C++社区，他们无私地贡献了众多精良的第三方库，为 C++"锦上添花"，补足了标准库的短板。

接下来我应该感谢的是极客时间网站和人民邮电出版社，正是因为他们的支持、鼓励和帮助，我才能够把自己累积多年的 C++经验整理成书，分享给广大的读者。

我还要感谢父母多年来的养育之恩和"后援工作"，感谢妻子和两个女儿在生活中的陪伴，愿你们永远幸福、健康、快乐。

最后我要感谢选择本书的读者，希望你能掌握书中的知识，进而用 C++开发出高质高效的应用，终有所成。

C++ Amateur 罗剑锋

2021 年 7 月 4 日于北京大望路

本书导读

关于本书

C++是编程语言中的"全能选手",它不仅功能强大、灵活,而且运行和处理速度也很快,适用场景非常广泛。21世纪以来的许多编程语言都从它身上获得了灵感(如 Go/Rust/Swift 等),无论我们是否使用 C++开发程序,在学习它的时候都能够有所收获。

但说起 C++,很多人还会有另一个反应——"出了名的难学难用"。

的确如此,因为 C++实在是太复杂了,有太多的特性和细节。

随着标准版本的演进,C++包含的东西也越来越多。不断"膨胀"的核心语言加上庞大的标准库,让学习使用 C++的门槛在无形中提高了很多,不仅"新手"学起来很难,就连"老手"也觉得用好它并不是一件容易的事情,总是不可避免地会遇见一些难题。

- C++太庞大、复杂了,该怎么抓住重点去学习?

- 写出的 C++代码和 C 代码没多大区别,面向对象的本质到底是什么?

- 时间和精力有限,用哪些现代 C++特性能够迅速提高代码质量?

- C++太底层,没有垃圾回收,总是担心内存泄漏,该如何解决?

- 标准库的内容这么多,核心的工具有哪些?该怎么用?

- 不想自己"造轮子",但开源的 C++库良莠不齐,究竟哪些库最好用?

- 都说 C++性能高,但自己写出来的代码却不尽如人意,该如何改进?

■　……

本书尝试为以上难题提供一个合理、可验证的答案。

我根据自己多年编写 C++代码的实践经验，精选出了现代 C++中较好用、较实用的若干特性，不讲那些烦琐的语法和原理，而是直入主题，通过代码演示实战技巧，减少深研理论的时间成本，尽可能让读者轻松地看懂、学会。

在讲解核心特性和工具的过程中，本书也会带领读者绕开语言细节、资源管理、库/工具等方面的陷阱，借鉴前人的经验，避开前人踩过的坑，从而高效地写出更安全、更优雅的代码，解决 C++难学、难用、难调试、难优化的问题。

读者对象

本书适合以下读者。

■　初步掌握 C++开发，但又对 C++的庞大和复杂感到力不从心的软件工程师。

■　了解或者熟悉 C/C++，想深入研究现代 C++以提升开发效率的软件工程师。

■　不以 C++为主要编程语言，但想要借助 C++开拓思路、实现混合编程的软件工程师。

■　有志于投身软件开发和互联网行业的计算机编程爱好者和高校学生。

读者要求

因为本书并不是一本入门教材，所以读者首先应当具备基本的 C++编程语言知识，如语法、关键字、算术/逻辑运算、流程控制语句等，否则在阅读示例代码时可能会存在困难。

现代 C++中大量应用了面向对象编程和泛型编程，读者还应当对这两个领域的知识有足够的了解，如知道如何用 class 定义一个类，如何用 public 或 private 定义成员变量或成员函数，如何用 template 编写泛型类或泛型函数等。

如果读者暂时对这些知识比较陌生，可以参考本书附录的推荐书目，再对照着阅读本书。

本书的结构

全书共 8 章，各章的内容简介如下。

- 第 1 章：C++开发环境。

本章介绍运行书中 C++代码所需的操作系统和编译器，然后讲解使用 VM/ Docker/ Kubernetes 等技术搭建对应的实验环境，以方便后续的学习和研究。

- 第 2 章：C++开发综述。

本章从总体上论述 C++的基本开发原则和注意事项。首先简要介绍目前 C++已有的各大标准版本，然后讲解 C++的编码、预处理、编译和运行 4 个阶段，以及面向过程、面向对象、泛型编程、模板元编程、函数式编程五大编程范式，再以生命周期为切入点，详细讲解各个阶段的特点和应用技巧，如编码规范、条件编译、静态断言等。

- 第 3 章：C++核心语言特性。

现代 C++语言规模非常庞大，学习成本很高。本章删繁就简，重点讲解 C++中 5 类常用特性（面向对象编程、自动类型推导、常量与变量、异常、函数式编程），此外还简略介绍一些虽然小但很实用的特性，如内联名字空间、强类型枚举等。

- 第 4 章：C++标准库。

标准库是 C++的重要组成部分，本章剖析其中关键的数个组件，包括智能指针、字符串、标准容器、特殊容器、标准算法、线程开发等，讲解过程也并非简单地罗列接口，而是侧重于分类归纳、特性解析、实际经验和教训，以帮助读者快速理解和掌握标准库。

- 第 5 章：C++进阶技能。

语言和标准库只是 C++开发的基础，在它们之外还有更广大的开源社区，开源社区提供了大量开源库，而用好开源库能够让 C++开发更便捷、高效。本章精心挑选一些高质量的第三方库和工具介绍给读者，如准标准库 Boost、数据序列化库 JSON/MessagePack/ProtoBuffer、网络通信库 libcurl/cpr/cinatra/ZMQ、多语言混合编程，以及运行阶段的 top/perf/FameGraph 等各种性能分析工具。

- 第 6 章：C++与设计模式。

设计模式和设计原则是指导软件开发的"金科玉律"，本章主要阐述其中的一些经典原则和模式，如 SOLID、DRY、KISS、工厂、策略、对象池等，并以实例示范 C++中是如何应用这些原则和模式的。

- 第 7 章：C++应用实例。

本章以一个简单的 C/S 架构书店程序为实例，应用前文讲解的众多语言工具和库，讲解从需求到设计、编码、编译、运行、验证的 C++项目全过程，帮助读者把所学的 C++知识从书面落到实地。

■　第 8 章：结束语。

作为全书的结束语，本章简略谈论我对 C++的感受和看法，也对如何学习 C++提出了一些建议。

如何阅读本书

因为目前 C++开发环境比较混乱，编译器版本不统一的情况非常严重，所以读者首先应当阅读第 1 章，了解本书使用的操作系统和编译器，在这个"基准"开发环境中较好地学习现代 C++。

如果读者是 C++初学者，可以从第 2 章开始顺序阅读，自顶向下、循序渐进地熟悉 C++的语言特性和标准库组件，同时利用 GitHub 上的源码资源，多动手实践，强化学习效果。

如果读者已经对 C++有较多的使用经验，就可以尝试以目录为索引，查找比较感兴趣或者认知比较模糊的部分，针对性地"查缺补漏"，补足开发短板，完善 C++知识体系。

第 6 章和第 7 章分别从理论和实践两个方面对本书进行全面的总结，建议读者学习完前文后认真阅读并思考，争取举一反三，让自己对 C++的认识"更上一层楼"。

本书的资源

为方便读者学习和研究 C++，本书包含的所有示例程序的源码均在 GitHub 网站上公开发布，可任意下载和使用，网址是：

https://github.com/chronolaw/cpp_note.git　　　　　# 所有 C++示例程序的源码

读者也可以从 Docker Hub 上获取打包好的 Docker 镜像：

https://hub.docker.com/r/chronolaw/cpp_note　　　　　# Docker 镜像地址

C++实战中的常见问题

提示：关于相关问题的解答，请参考各章"常见问题解答"部分的详细内容。

第 3 章　C++核心语言特性 — P86

在头文件里实现类的全部功能，会不会导致所有成员函数都被内联？

如果声明和定义都写在一个文件里，每次 include 都会把这个类的实现完整地包含进去，会不会导致这个类最终编译出许多份？

如果一个类用了 final 修饰，但到开发中后期发现需要继承它，该怎么办？

示例代码中为什么要在类定义里写多次 public/private 关键字呢？

auto 虽然很方便，但用多了也确实会隐藏真正的类型，增加阅读时的理解难度，这算是缺点吗？是否有办法克服或者缓解？

给函数的返回值类型加上 const，返回一个常量对象，有什么好处？

开发对外的功能库应该用异常，方便传递出错误信息。如果写业务应用，要多用错误码，将其输出到日志里，方便后续问题的跟踪。这种做法对不对？

lambda 表达式可以捕获外部变量，而普通函数也可以使用外部的全局变量，这两者有什么区别呢？

lambda 表达式的形式非常简洁，可以在很多地方代替普通函数，那它能不能代替类的成员函数呢？

函数式编程就是"函数套函数"，会不会导致代码冗长、降低可读性？

提交勘误

作者和编辑尽最大努力来确保书中内容的准确性，但难免会存在疏漏。欢迎您将发现的问题反馈给我们，帮助我们提升图书的质量。

当您发现错误时，请登录异步社区，按书名搜索，进入本书页面，点击"提交勘误"，输入勘误信息，点击"提交"按钮即可。本书的作者和编辑会对您提交的勘误进行审核，确认并接受后，您将获赠异步社区的 100 积分。积分可用于在异步社区兑换优惠券、样书或奖品。

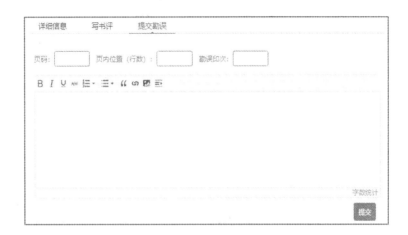

扫码关注本书

扫描下方二维码，您将会在异步社区微信服务号中看到本书信息及相关的服务提示。

与我们联系

我们的联系邮箱是 contact@epubit.com.cn。

如果您对本书有任何疑问或建议，请您发邮件给我们，并请在邮件标题中注明本书书名，以便我们更高效地做出反馈。

如果您有兴趣出版图书、录制教学视频，或者参与图书翻译、技术审校等工作，可以发邮件给我们；有意出版图书的作者也可以到异步社区在线投稿（直接访问 www.epubit.com/selfpublish/submission 即可）。

如果您所在的学校、培训机构或企业，想批量购买本书或异步社区出版的其他图书，也可以发邮件给我们。

如果您在网上发现有针对异步社区出品图书的各种形式的盗版行为，包括对图书全部或部分内容的非授权传播，请您将怀疑有侵权行为的链接发邮件给我们。您的这一举动是对作者权益的保护，也是我们持续为您提供有价值的内容的动力之源。

关于异步社区和异步图书

"异步社区" 是人民邮电出版社旗下 IT 专业图书社区，致力于出版精品 IT 技术图书和相关学习产品，为作译者提供优质出版服务。异步社区创办于 2015 年 8 月，提供大量精品 IT 技术图书和电子书，以及高品质技术文章和视频课程。更多详情请访问异步社区官网 https://www.epubit.com。

"异步图书" 是由异步社区编辑团队策划出版的精品 IT 专业图书的品牌，依托于人民邮电出版社近 40 年的计算机图书出版积累和专业编辑团队，相关图书在封面上印有异步图书的 LOGO。异步图书的出版领域包括软件开发、大数据、人工智能、测试、前端、网络技术等。

异步社区

微信服务号

目录

第 1 章 C++开发环境

在正式学习之前，我们需要做一些准备工作：先在自己的电脑上搭建合适的开发环境，然后才能继续后面的学习。

本章会简要介绍运行 C++ 代码所需的操作系统和编译器，然后使用 VM/Docker/Kubernetes 这 3 种技术搭建对应的实验环境，读者可以根据自己的喜好和实际情况选择其中的一种。

1.1 环境要求

C++的开发环境通常都很复杂，包含非常多的要素。本节着重讨论操作系统和编译器这两个主要方面，其他的（如编辑器、版本管理、构建工具、调试测试、运维部署等）暂不在考虑范围之内。[1]

1.1.1 操作系统

目前流行的操作系统有 3 种：Windows、macOS 和 Linux。

Windows 是应用得非常广泛的一个系统，是"绝对的主流"。但作为 C++开发环境来说，Windows 并不能算首选。

其中一个原因是，Windows 上的"事实标准"C++开发工具 Visual Studio 不是免费的。尽管它提供了可自由下载的社区版，但有各种限制（关键是只允许非企业使用），即用来做实验还行，开发正式的软件就不是很合适了。[2]

另一个更重要的原因是，Windows 已经不再是 C++的"主战场"。现在开发 Windows 程序更多用的是 C#/Java/TypeScript 等语言。

---

[1] 个人比较推荐的编辑器是 Vim/Visual Studio Code，版本管理工具是 Git，构建工具是 Make/CMake。
[2] Visual Studio 各个版本的区别可参考其官网。

macOS 是 MAC 的专用系统，称得上"小众精英"，用户比较少。必须要承认，它是一个很高效、易用的开发环境，但也有点"曲高和寡"，毕竟不能够满足人手一台 MacBook Pro。

而且 macOS 虽然也是一种 UNIX 操作系统，但它源自 FreeBSD，macOS 的内部结构、使用方式与 Linux 有一些差异。

macOS 有与 Windows 相同的问题，它的官方开发语言是 Objective-C/Swift，几乎没有纯粹使用 C++ 开发出来的 Mac 应用。

本书建议使用 Linux 操作系统，它是完全自由、免费的系统，不受任何人的控制，且 C++ 开发工具链非常完善。另外，目前差不多所有商业网站的服务器（当然还包括 Android）上运行的都是 Linux，而 C++ 也正好能在开发后台应用服务方面大显身手，两者可谓"绝配"。

1.1.2　编译器

选定了 Linux 操作系统，接下来就要选择编译器了。

虽然 C++20 已经正式发布（可参考 2.1 节），但现在 C++ 标准的普及情况还是不太乐观的。据我多年的观察，很多企业因为各式各样的原因，还在用着旧的操作系统和编译器，这极大地限制了 C++ 能力的发挥。

一味地"抱残守缺"，无疑是在和现在高速发展的信息产业背道而驰，很容易会被其他锐意创新的竞争对手甩在后面。所以我建议现在做 C++ 开发，一定要选择比较新的编译器，跟上时代发展的步伐，用新的技术成果。

具体来说，就是至少要支持 C++17，对 C++20 或者 C++23 的支持则尽量争取。对于 Linux 上的默认编译器 GCC，尽量使用 6.x 之后的版本，当然版本越高越好。[①]

1.1.3　实际环境

GCC 通常是和 Linux 操作系统绑定在一起的，选择了编译器也就相当于选择了 Linux 的版本。

Linux 有很多发行版，常见的是 Red Hat 公司的 CentOS 和 Debian 公司的 Ubuntu。这两个系统在很多企业被广泛采用，但 CentOS 通常比较"稳定"，更新较慢，如 CentOS 6 一直用的是 GCC 4.4，CentOS 7 用的是 GCC 4.8，对 C++ 标准的支持很不完善。[②]

我建议使用的 Linux 操作系统是 Ubuntu，最低版本是 18.04。这个系统里的 GCC 版本是

---

① 具体版本的 GCC 对 C++ 的支持程度可以在它的官网上找到。

② 2020 年年底，CentOS 的发行方式发生了重大变更，CentOS 8 停止维护，今后将只有 CentOS Stream，它作为 RHEL Linux 的实验测试版本，不再适合生产环境。

7.5，完美支持 C++17，当然更新的 20.04、21.04 版本也没有问题。

确定了操作系统和编译器以后，该去哪里找这样的开发环境呢？

或许你所在的公司就有现成的 Linux 服务器，可以直接登录并使用。但公司服务器的环境不一定满足之前的那几点要求，而且因为它通常是多人共用的，使用时必须小心翼翼，避免把系统搞乱了。[①]

所以还是使用 VM/Docker/Kubernetes 等技术创建一个自己的实验环境较保险，与外界系统完全隔离，互不干扰。

1.2　使用 VM 搭建环境

虚拟机（Virtual Machine，VM）是一种软件"沙盒"技术，可以在真实的物理机上"虚拟出"另一套完整、独立的硬件或者软件系统，而运行在其中的应用无法区分自己是否处于虚拟系统中，从而实现了与宿主机的隔离。[②]

如今的 VM 技术已经非常成熟，只要在本机上安装 VM 软件（常见的有 VMware/Parallels Desktop/VirtualBox 等），再去互联网下载光盘镜像文件，然后按部就班地"点点鼠标"，耐心等待安装完成就行了。

我个人比较推荐的组合是：VirtualBox + Ubuntu-amd64。

因为 Linux 操作系统里通常默认只有 GCC，没有 G++，所以安装好 VirtualBox/Ubuntu 环境之后，还有一个"收尾"步骤，要再执行 apt-get 命令安装 G++：

```
sudo apt-get install g++                        # 安装 G++编译器
```

1.3　使用 Docker 搭建环境

使用 VM 搭建 C++开发环境是一种非常安全的方式，实验环境与外部环境完全隔离。但它也有缺点，就是虚拟机的全新安装步骤比较烦琐，平白浪费我们的时间和精力，同时对硬件资源的消耗也比较高。

如果没有强隔离需求，那么可以考虑使用 Docker 技术来搭建环境。

---

① 有公司就曾经发生过这样的事情，一位同事在开发机上安装了错误版本的 libc，导致整台机器无法正常工作，最后只能重装系统。

② Java 等编程语言里也有 VM 的概念，它们属于程序虚拟机。

Docker 也是一种虚拟化技术，但它的底层技术是 Linux 的容器机制（namespace/cgroups/chroot），可以把它近似地理解成一个"轻量级的虚拟机"，只消耗较少的资源就能实现对进程的隔离与保护。

使用 Docker 还可以把应用程序和它相关的各种依赖（如操作系统、底层库、组件等）"打包"在一起，这就是 Docker 镜像（docker image）。它可以让应用程序不再顾虑环境的差异，在任意的系统中以容器的形式运行（当然必须基于 Docker 环境），这极大地增强了应用部署的灵活性和适应性。

Docker 也是跨平台的，支持 Windows/macOS/Linux 等操作系统，在 Windows/macOS 上只要下载一个安装包，同样简单点几下鼠标就可以完成安装。

而在 Linux 上，使用 Docker 官方提供的脚本可以自动完成全套的安装步骤，例如：[①]

```
curl -fsSL https://get.docker.com | bash -s docker --mirror Aliyun
sudo usermod -aG docker ${USER}            # 当前用户加入 Docker 组
sudo service docker start                  # 启动 Docker 服务
```

有了 Docker 运行环境，我们就可以从 Docker Hub 上获取本书相应的 Docker 镜像文件了，用的是"docker pull"命令：

```
docker pull chronolaw/cpp_note            # 拉取镜像
```

由于镜像文件里的内容多，因此体积比较大，下载需要一些时间。当镜像文件下载完成之后，可以用"docker run"命令，从镜像文件启动一个容器。容器中就是完整的 C++运行环境，包含操作系统、编译器和所需的各种第三方库，无须再执行其他安装步骤，是真正的"开箱即用"：

```
docker run -it --rm chronolaw/cpp_note     # 从镜像文件启动容器
```

这条命令的含义如下："-it"开启一个交互式的 Shell（默认使用 Bash）；"--rm"让容器"用完即扔"，不保存容器实例（一旦退出 Shell 就会自动删除容器，但不会删除镜像文件），免去了管理容器的麻烦。[②]

1.4　使用 Kubernetes 搭建环境

比起 VM，使用 Docker 搭建环境的确简单、方便了很多，不过如果我们有 Kubernetes，那么连 Docker 都可以不需要。

---

① 因为 Docker 是国外网站，直接从官网安装速度可能比较慢，所以我们可以选择国内的镜像网站来加快安装速度，这里就使用"--mirror"选项指定了"某某云"。

② 如果安装了 Docker 自带的容器编排工具 docker-compose，还可以使用以下命令启动容器："docker-compose -f docker-compose.yml run --rm cpp_note"。

Kubernetes 是 CNCF 的"种子"项目，也是近几年在后端开发界最流行的词汇之一（很可能"没有之一"），被誉为"云时代的操作系统"。[①]

Kubernetes 基于容器技术，但却远远地超越了容器。它的目标是声明式、自动化地编排、管理和部署应用，能够管理成千上万的节点，运维百万级别数量的容器，实现超大规模的集群计算，也就是"云计算"。

Kubernetes 源自 Google 内部有十多年生产经验的 Borg/Omega 系统，并结合开源社区的智慧，构建了一个富有活力的生态体系，还在其上发展了 Rook/Istio/Prometheus 等诸多功能强大的外围系统，成为"云原生"当仁不让的"霸主"。[②]

Kubernetes 的管理工具是 kubectl，同样可以拉取本书的配套 Docker 镜像，直接在 Kubernetes 集群里运行 C++开发环境。

具体做法是先使用"apply"命令启动 Pod，然后用"exec"命令进入 Pod：[③]

```
kubectl apply -f  cpp-note-pod.yml          # 启动 Pod
kubectl exec  -it k8s-cpp-note --bash       # 进入 Pod
```

命令行里的 YML 文件可以从 git 项目中获取，或者直接使用 URL 网址。

1.5　测试并验证

使用 VM/Docker/Kubernetes 等技术搭建好开发环境之后，我们可以先使用"g++ --version"命令，查看它的版本号。版本信息如下：

```
g++ (Ubuntu 7.5.0-3ubuntu1~18.04) 7.5.0
Copyright (C) 2017 Free Software Foundation, Inc.
```

这里显示 GCC 的版本是 7.5.0，高于之前要求的 6.x，即满足要求。

如果使用的是 Docker/Kubernetes，拉取了带有"gcc10"标签的镜像：

```
docker pull chronolaw/cpp_note:gcc10           #拉取镜像
docker run -it --rm chronolaw/cpp_note:gcc10 #运行镜像
```

那么"g++ --version"命令输出的结果可能就是：

[①] 云原生计算基金会（Cloud Native Computing Foundation，CNCF）是 Linux 基金会的一部分。

[②] Kubernetes 的定位是管理大规模计算机集群，但它也提供了一些具有等价功能的单机系统，如 minikube/kind，以方便学习和研究。

[③] Pod 是 Kubernetes 的核心概念，是编排、调度的原子单位。Pod 相当于轻量级的虚拟机，内部可以包含一个或者多个容器，这些容器可共享存储和网络。

```
g++ (GCC) 10.3.0
Copyright (C) 2020 Free Software Foundation, Inc.
```

可以看到，这个 Docker 镜像里的 GCC 版本是 10.3.0。

本书配套 GitHub 项目的目录 "ch1" 里有一个基本的示例程序，可以用来进一步测试并验证。如果能够正确地编译并运行这个示例程序，就说明实验环境真正搭建成功了：

```
cd cpp_note/ch1
g++ test.cpp -std=c++17 -o a.out;./a.out
```

这里需要注意的是参数 "-std=c++17"，它告诉编译器在处理 C++ 代码的时候使用 C++17 标准，而不是 C++11/14/20。

在我的虚拟机环境里，这个程序的输出结果是（使用 "-std=c++17"）：[①]

```
c++ version = 201703
gcc version = 7.5.0
gcc major = 7
gcc minor = 5
gcc patch = 0
libstdc++ = 20191114
```

这个结果与使用 "g++" 命令得到的结果一致，显示使用的是 C++17 标准，GCC 版本是 7.5.0，标准库版本是 20191114。

1.6　小结

想要学习 C++，有一个好的开发环境是非常重要的。

本章主要讨论了操作系统和编译器这两个关键的环境因素，选择 Ubuntu 作为操作系统，选择 GCC 作为编译器。为了支持较新的 C++标准，GCC 的版本应该高于 6.x，在 Ubuntu 18.04 上，GCC 的版本是 7.5.0。

虽然可以直接用现成的 Linux 系统，但使用 VM/Docker/Kubernetes 在一个虚拟的环境里学习和测试会更好，不会对已有系统造成任何影响，更加安全和方便。

使用 VM 技术能够搭建出一个完整的虚拟机环境，隔离效果好但成本较高。Docker 是轻量级的虚拟机，运行的是 "容器"，而 Kubernetes 则是容器编排管理系统，使用的都是 "容器镜像"，打包了所有的依赖项，无须再安装，可以 "开箱即用"。

如果有时间，希望读者能够把这 3 种搭建环境的方式都试验一下，找到最适合自己的那一个，

---

① 毕竟手动输入命令还是挺麻烦的，所以源码文件里还以注释的形式给出了编译命令，可以直接复制使用。

为后续的学习打下坚实的基础。

1.7　常见问题解答

Q：安装 **Ubuntu** 用哪个版本比较好？服务器版还是桌面版？

A：哪个都可以。服务器版是纯命令行，而桌面版有图形界面会更方便一些，看自己的喜好。对于学习来说，用桌面版比较方便。

Q：不用 **Ubuntu**，用其他 **Linux** 发行版可以吗？

A：完全可以，Fedora/Debian/Deepin 等都大同小异，因为我们只用到 C++，所以 GCC 版本够高就行。

Q：不用虚拟机，用 **Windows** 的 **WSL** 子系统或者双系统可以吗？

A：可以，只要 Linux 支持 C++17/20 就行。

Q：不安装虚拟机，在 **Windows** 里用 **cygwin/mingw** 可以吗？

A：cygwin/mingw 基于底层的 Windows 调用模拟了 POSIX 环境，和真正的 Linux 还不是完全一样的，但用来做基本的开发测试没有问题。不过在第 5 章中要安装一些第三方库，所以可能还是用 Linux 的 apt-get/yum 比较方便。

Q：**Clang** 比 **GCC** 好在哪里？

A：一般认为 Clang 资源消耗少，编译速度快，生成的二进制代码质量高，但我觉得要结合自己的实际情况，拿测试数据说话，目前看来还是 GCC 对 C++的支持好。

第 **2** 章 C++开发综述

现在 C++的发展早已超出大多数人的想象，已经不是一种能够以寻常的眼光来评判的"普通"编程语言，而多年的演化历程让它拥有了无数精细、复杂的特性，以及围绕这些特性产生的各种技巧和"陷阱"。

但 C++终究是为实际的编程开发而服务的，所以本章不去罗列语言里的"边角"特性，而是以从编码到编译再到运行的这个过程为脉络，提纲挈领，把 C++那些常见的特性和用法换一种方式整理并展现出来，以新的视角来观察、学习 C++，从而帮助读者从总体上把握好 C++。

本章将起到统领全书的作用，后文都是对本章内容的延伸和阐述。

2.1 C++标准简介

学习 C++，首先应该对 C++这门语言有基本的了解。

要知道，自从 1979 年的 C with Classes（C++的前身）诞生以来，经过多年的发展，C++不仅实现了标准化，还发展出了多个不同的版本。[①]

这些版本之间存在的可不仅仅是数字编号的区别，其在语法、语义、库函数、编程范式等很多方面都有相当大的差异。同样的代码，在一个标准下可以正常运行，在另一个标准下可能就会编译不通过，甚至可能会以完全意想不到的方式运行。

所以，我们必须知道现在 C++有哪些标准版本，它们都有什么功能，然后才能正确地运用 C++。

2.1.1 C++98/03

C++98 是 C++的第一个国际标准，也可能是我们最熟悉的一个 C++版本。它发布于 1998 年，后来在 2003 年又做了一个很小的修订（C++03）。

---

① "标准化"是指由"官方"的国际组织来协调各利益相关方，出版文档制定标准，C/C++/ JavaScript 等都有国际标准，而 Java/Go/Python 等语言则没有走这个流程，是由"民间"的公司、基金会来开发并实现的。

C++98 正式确立了 C++的基本形态，与早期的 C++相比，其做出了非常多的改进，不仅丰富了语法（如异常、模板、名字空间、布尔类型等），还引入了标准程序库，为广大 C++程序员带来了诸多功能强大的工具，例如耳熟能详的 string、vector、map、iostream 等。

虽然 C++98 的历史地位很高，但如今看来，它已经严重落后于时代的标准，缺乏现代编程语言的很多特性，所以还是留在历史博物馆里"供人瞻仰"为好，实际开发的时候尽量不要用。

2.1.2　C++11/14

由于 C++98 在制定时存在一些不足（最大的不足之一就是没有收录散列表），因此制定新的 C++标准很自然地就被提上了日程。

但新标准的制定过程却充满了艰辛和磨难，花费了标准委员会十余年的时间，这也让 C++错过了互联网发展的黄金时期。

经过反复的争论和妥协，新的 C++标准终于在 2011 年 9 月发布，并在 2014 年发布了小幅度修订版，这两个版本的标准延续了之前的习惯叫法，被称为"C++11""C++14"。[①]

C++11/14 比起 C++98/03 有重大的进步，其变化之大，甚至让"C++之父"Bjarne Stroustrup 评价为:感觉像一种全新的语言（feels like a new language）。

C++11/14 对初级用户和高级用户都非常友好，为语言添加了许多"现代特性"，例如范围循环、匿名函数、自动类型推导等，无论是新手还是专家都可以在其中感受到 C++"追新求变"的诚意。

在标准库方面，C++11/14 也扩充了相当多的内容，不仅补上了 C++98 被遗漏的散列表，还增加了元组、随机数、多线程、智能指针、函数绑定器、正则表达式等许多非常实用的工具，更贴近现实硬件，也更便于实际的开发工作。

2.1.3　C++17

C++17 是对 C++11/14 的进一步补充和完善，清理了很多语法细节，对语言的主要改进方向是增强了对编译期计算的支持，放松了约束，同时新增了很多模板元函数。

C++17 也对标准库进行了扩充，值得关注的有并行算法、字符串视图、文件系统库、特殊容器（any/variant/optional）等。

但总体而言，C++17 仍然不能算是有大的进步，许多当初预订的提案都被延后到了 C++20。

---

① 因为新标准发布日期的不确定性，C++11 曾经一度被称为"C++0X"，而且被无奈地调侃:其中的 X 指的是十六进制。

2.1.4 C++20

C++20 是继 C++98/11 之后第三个重要的里程碑，被广大用户长久期待的数个特性和库终于进入了标准。

在语言方面，C++20 增添了 3 个重要的特性：用于替代"#include"的模块（module），同步非阻塞的协程（coroutine），以及对编译期模板元编程非常有用的概念（concept）。

C++20 也对标准库做了较大的更新，新增了 bit/span/ranges/format/semaphore 等库，实现了高级位操作、容器视图、范围算法、格式化、信号量等功能。

不过比较遗憾的是，标准库未能完全配合语言特性的发展，没有很好地支持模块和协程，还不能很方便地使用，而且能够利用协程特性的 networking 库又被推迟到了 C++23。

2.1.5 C++标准小结

不算小修订的话，目前 C++标准有 4 个主要的版本，分别是 C++98、C++11、C++17 和 C++20。

目前在开发者中普遍达成的共识是：C++98 已经过时，不应该再使用；C++11 是当前的主流；C++17 是最佳选择；而 C++20 和后续的 C++23 则是"明日之星"。

所以，我们现在学习、应用 C++，就应该尽量从 C++17 起步，逐渐向 C++20 靠拢，使用最新的标准来"武装"自己，"好风凭借力，送我上青云"。

2.2 重新认识 C++

从 2.1 节对 C++标准版本的介绍中可以看到，经过多年的发展，C++包含的内容是非常非常多的，学习时很容易被其中纷繁复杂的语法细节所吸引，甚至是迷惑，正像一句古诗所说："不识庐山真面目，只缘身在此山中。"

为了厘清 C++的学习脉络，本节就从生命周期、编程范式两个角度来剖析一下 C++，站在更高的层次上来审视这门"历久弥新"的编程语言，来认清楚 C++的本质。

这样在今后编写程序的时候，我们就会有全局观和大局观，更能从整体上把握程序架构，而不会迷失在那些琐碎的细枝末节里。

2.2.1 生命周期

软件工程里有一个"瀑布模型"的概念，它定义了软件或者是项目的生命周期——从需求分析开始，经过设计、开发、测试等阶段，直到最终交付给用户。

瀑布模型把软件的生命周期分成了多个阶段，每个阶段之间分工明确，相互独立，而且有严格的先后次序，是一个经典的开发模型。虽然它已经不再适合瞬息万变的互联网产业，但仍然有许多值得借鉴和参考的地方。

其实从软件工程的视角来看，C++程序的生命周期也是"瀑布"形态的，也可以划分为几个明确的阶段，阶段之间顺序衔接。使用类似"瀑布模型"的方法能够更好地理解 C++程序的运行机制，帮助我们写出更好的代码。

不过，因为 C++程序本身已经处在"开发"阶段，所以不会有"需求分析""设计"这样写文档的过程。一个 C++程序从"诞生"到"消亡"要经历 4 个阶段：编码、预处理、编译和运行。

图 2-1 展示了 C++程序的瀑布模型。

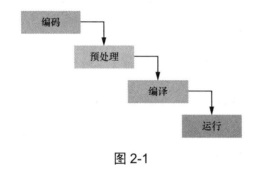

图 2-1

1．编码

编码（coding）是我们最熟悉的一个阶段，也是"明面"上的开发任务很集中的地方。

在这个阶段，我们的主要工作就是在编辑器里"敲代码"：定义变量，写语句，实现各种数据结构、函数和类等。

编码阶段是 C++程序生命周期的起点，也是最重要的阶段之一，是后续阶段的基础，直接决定了 C++程序的"生存质量"。

显然，在编码阶段我们必须要依据一些规范，不能"胡写一气"，基本要求是遵循语言规范和设计文档，再高级一点儿的话，就是遵循代码规范、注释规范、设计模式、编程习惯用法等。现在市面上绝大部分的资料都是在教授这个阶段的知识，这也是本书的重点。

2．预处理

编码之后的阶段可能对有的人稍微有点陌生，这个阶段叫预处理（pre-processing）。

所谓的预处理，其实是相对于下一个阶段"编译"而言的，在编译之前预处理源码，既有点像编码，又有点像编译，是一个中间阶段。

预处理是 C/C++程序独有的阶段，在其他编程语言里都没有，这也算是 C/C++的一个特色了。

在这个阶段，发挥作用的是预处理器（pre-processor）。它的输入是编码阶段产生的源码文件，输出是经过预处理的源码文件。预处理的方式是文字替换，用到的就是我们熟悉的各种预处理指令，比如"#include""#define""#if"等，以实现"预处理编程"。

需要注意的是上述指令都以符号"#"开头，虽然它们是 C++程序的一部分，但严格来说不属于 C++的范畴，因为带有上述指令的语句都是由预处理器处理的。

3．编译

经过预处理后，C++程序就进入了编译阶段，确切地说应该是编译（compiling）和链接（linking）。简单起见，这里统一称为"编译"。[①]

在编译阶段，C++程序——也就是经过预处理的源码——要经过编译器和链接器的"锤炼"，才能生成可以在计算机上运行的二进制机器码。这里面的讲究是非常多的，也是非常复杂的，C++编译器要分词、解析语法、生成目标码，并尽可能地优化。

在编译的过程中，编译器还会根据 C++语言规则检查程序的语法、语义是否正确，发现错误就会导致编译失败，这就是基本的 C++"静态检查"。

在处理源码时编译器会依据 C++语法检查各种类型、函数的定义，所以在这个阶段，我们能够以编译器为目标进行编程，有意识地控制编译器的行为。这里涉及一个新的名词，叫"模板元编程"，不过它比较复杂，不太好理解，属于比较高级的用法，本书也不会过多介绍。

4．运行

编译后得到了可执行文件，C++程序就可以跑起来了，进入运行（running）阶段。这个时候"静态的程序"被载入内存，由 CPU 逐条语句执行，就形成了"动态的进程"。

运行阶段也是我们非常熟悉的。在这个阶段我们先做的是调试测试、日志追踪、性能分析等，然后收集动态的数据、调整设计思路，再返回编码阶段，"重走"瀑布模型，实现"螺旋上升式"的开发。

梳理完 C++程序的生命周期后，就可以在瀑布模型中加入循环迭代，画得更加精确，如图 2-2 所示。

---

① 更准确的描述是，编译生成的是汇编代码（*.s），之后还会有一个汇编阶段，由汇编代码生成目标代码（*.o），之后再链接成可执行文件。

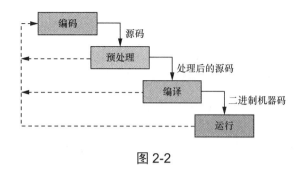

图 2-2

2.2.2　编程范式

编程范式（paradigm）这个概念没有特别权威的定义，这里给一个比较通俗的解释：

编程范式是一种方法论，就是约束、指导我们编写代码的一些思路、规则、习惯、定式和常用语等。[①]

编程范式和编程语言不同，有的范式只适用于少数特定的语言，有的范式却适用于大多数语言；有的语言可能只支持一种范式，有的语言却可能支持多种范式。

你应当知道或者听说过：C++是一种多范式的编程语言。具体来说，现代 C++支持"面向过程""面向对象""泛型编程""模板元编程""函数式编程"这 5 种主要的编程范式。[②]

图 2-3 所示的"五环图"可以帮助我们理解范式之间的关系，其中面向过程、面向对象是基础，支撑着其余 3 种范式，圆环重叠表示有的语言特性会同时应用于多种范式。

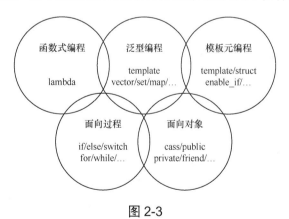

图 2-3

---

① "范式"这个词不仅存在于编程领域，其他领域也有，比如数据库里就有第一范式、第二范式、BC 范式等。

② 不太严格地讲，预处理阶段的"预处理元编程"也可以算作一种编程范式，但它独立于 C++语言体系之外，局限性较大，功能略弱，还不能和其他范式相提并论。

（1）面向过程

面向过程是 C++ 里一种基本的编程范式。它的核心思想是"命令"，通常就是顺序执行语句、子程序（函数），把任务分解成若干个步骤去执行，最终达成目标。

面向过程体现在 C++ 中，源自它的前身——C 语言的某些部分，比如变量声明、表达式、分支/循环/跳转语句等。

（2）面向对象

面向对象是 C++ 里另一种基本的编程范式。它的核心思想是"抽象""封装"，倡导的是把任务分解成一些高内聚、低耦合的对象，这些对象互相通信和协作来完成任务。与面向过程相比，它强调的是对象之间的关系和接口，而不是完成任务的具体步骤。

在 C++ 里，面向对象范式既包括 class/public/private/friend/virtual/this 等与类相关的关键字，又包括构造函数、析构函数、友元函数等概念。

（3）泛型编程

泛型编程是自 STL 纳入 C++ 标准以后才逐渐流行起来的新范式，核心思想是"一切皆为类型"，或者说是"参数化类型""类型擦除"。其使用模板而不是继承的方式来复用代码，所以运行效率更高，代码也更简洁。[①]

在 C++ 里，泛型的基础就是 template 关键字，然后是庞大而复杂的标准库，里面有各种泛型容器和算法，例如 vector/map/count/sort 等。

（4）模板元编程

模板元编程是与泛型编程很类似的一种范式。

这个词听起来好像很新，但其实也有 20 多年的历史了，不过相对于前 3 个范式来说确实有些"资历浅"。它的核心思想是"类型运算"，操作的数据是编译时可见的"类型"，所以也比较特殊，代码只能由编译器执行，而不能被运行时的 CPU 执行。

因为其特殊性，模板元编程普遍被认为是一种复杂的范式，面向的是高级用户，C++ 语言对它的支持也比较少，更多以库的方式来使用，例如 type_traits/invoke_result/enable_if 等。

---

① 标准模板库（Standard Template Library，STL）是早期 C++ 标准库中非常重要的一部分，包括泛型的容器、迭代器和算法等。STL 曾经是标准库的同义词，不过到了现在它只是一个"历史名词"了。

（5）函数式编程

C++里最后一种范式是函数式编程，它几乎和面向过程一样"古老"，但直到近些年才走入主流编程界的视野。

所谓的"函数式"并不是 C++里写成函数的子程序，而是数学意义上、无副作用的函数，核心思想是"一切皆可调用"，通过一系列连续或者嵌套的函数调用实现对数据的处理。

函数式早在 C++98 时就有少量的尝试(如 bind1st/bind2nd 等函数适配器)，但直到 C++11引入了 lambda 表达式，它才真正获得了可与其他范式并驾齐驱的地位，并且被广泛应用到 C++的其他范式里。

2.2.3　C++核心知识小结

本小节将从生命周期、编程范式这两个特别的角度深度"透视"一下 C++。

1. 生命周期

C++程序的生命周期包括编码、预处理、编译、运行这 4 个阶段，虽然我们只写了一个 C++程序，但里面的代码可能运行在不同的阶段，分别由预处理器、编译器和 CPU 运行。

梳理清楚了 C++程序的生命周期就可以发现，这和软件工程里的瀑布模型很相似。这些阶段也是职责明确的，前一个阶段的输出作为后一个阶段的输入，而且每个阶段都有自己的工作特点，所以我们就可以有针对性地去做程序开发。

注意，别忘了软件工程里的"蝴蝶效应""混沌理论"（大意）：一个 bug 在越早的阶段被发现并解决，它的价值就越高；一个 bug 在越晚的阶段被发现并解决，它的成本就越高。

所以依据瀑布模型，我们应该在编码、预处理、编译这 3 个阶段多下功夫，消灭 bug，优化代码，尽量不要让隐患在运行阶段才暴露出来，也就是所谓的"把问题扼杀在萌芽期"。

2. 编程范式

C++支持面向过程、面向对象、泛型编程、模板元编程、函数式编程共 5 种主要的编程范式，它们基本覆盖了 C++语言和标准库的各个成分，彼此之间虽然有重叠，但在理念、关键字、实现机制、运行阶段等方面的差异还是非常大的。

这就好像是 5 种秉性不同的"真气"，虽然在 C++语言里可以"无缝"混用多范式编程，但必须有相当"浑厚"的内力才能把它们压制、收服、炼化，否则一旦运用不当就很容易"精神分裂"，甚至"走火入魔"。

再说得具体一点，就是要认识、理解这些范式的优势和劣势，在程序里适当组合，取长补短才是"王道"。

我建议在范式的选择中把握以下基本原则。

原则一：毕竟面向过程和面向对象是基本的范式，是 C++的基础，无论如何都是必须掌握的，而后 3 种范式的学习难度大一些，应该根据自己的实际工作需求来选择。[①]

原则二：如果开发直接面对用户的普通应用（application），那么再研究一下泛型编程和函数式编程就基本可以解决 90%的开发问题；如果开发面向程序员的库（library），就有必要深入了解泛型编程和模板元编程，以优化库的接口和运行效率。

当然还有一种情况：如果愿意挑战"最强大脑"，那么模板元编程绝对是不二之选。

2.3　编码阶段的代码风格

在编码阶段，我们的核心任务是写出在预处理、编译和运行等不同阶段执行的代码。

请铭记那句编程格言：

"大部分人都能写出机器能看懂的代码，但只有优秀的程序员才能写出任何人都能看懂的代码。"

所以我们在编码阶段的首要目标，不是实现功能，而是写出清晰、易读的代码，也就是要有好的代码风格（code style）。

这就需要有一些明确的、经过实践验证的规则来指导，只要自觉遵守、合理运用这些规则，想把代码写"烂"都很难，而这些规则通常就被称为"代码风格指南"（coding style guide）。[②]

但当我们拿到一份代码风格指南的时候，无论它是公司内部的还是外部的，通常第一感觉就是"头大"：几十条、上百条的条款堆砌在一起，规则甚至细致到了标点符号，再配上"干巴巴"的说明和示例，不花个半天工夫是绝对看不完的，而且很有可能半途而废，成了"从入门到放弃"。

---

① 我的出发点是"尽量让周围的人都能看懂代码"，所以常用的范式是"面向过程编程 + 面向对象编程 + 泛型编程"，然后加上少量的"函数式编程"，慎用"模板元编程"。

② 在此强烈推荐一份非常棒的指南——《OpenResty C 代码风格指南》，它来自 OpenResty 的发起人章亦春，代码风格参照顶级开源产品 NGINX，内容非常详细、完善。不过有一点要注意，这份指南虽然描述的是 C 语言，但对于 C++ 仍然有很好的指导意义。

另外，我们还可以在 GitHub 上找到另一份代码风格指南 *Google C++ style guide*，但我个人感觉它的"公司色彩"太重。

但代码风格对于 C++ 来说的确是非常重要的，所以接下来我就化繁为简，从代码格式、标识符命名、注释等方面，讲一下怎么才能"秀出好的代码风格。

2.3.1　留白的艺术

我写了很多年代码，也看过不少代码风格指南，从中总结出了一条关键的规则，只要掌握了这条规则，起码可以把代码风格的"颜值"提高 80%。

这条关键的规则其实只有 5 个字，就是**"留白的艺术"**。

再多说一点，就是像"写诗"一样去写代码，恰当地运用空格和空行。不要为了"节省篇幅""紧凑"而把很多语句挤在一起，而要多用空格分隔变量与操作符，用空行分隔代码块，保持适当的阅读节奏。

可以看看下面的这个示例，这是我从某个实际的项目中摘出来的真实代码（隐去了一些敏感信息）：

```
if(!value.contains("xxx")){
  LOGIT(WARNING,"value is incomplete.\n")
  return;
}
char suffix[16]="xxx";
int  data_len = 100;
if(!value.empty()&&value.contains("tom")){
  const char* name=value.c_str();
  for(int i=0;i<MAX_LEN;i++){
    ... // do something
  }
  int count=0;
  for(int i=0;i<strlen(name);i++){
    ... // do something
  }
}
```

这段代码"密度"真可谓高，密密麻麻一大堆，看着"有如滔滔江水，连绵不绝"，读起来让人"窒息"，代码风格非常糟糕。

应用"留白的艺术"，代码就变成了下面的样子：

```
if (!value.contains("xxx")) {          // if 后的{前有空格
  LOGIT(WARNING, "value is incomplete.\n")  // ","后面有空格
  return;                              // 逻辑联系紧密就不用加空行
}                                      // {后有空行
                                       // 新增空行分隔段落
char suffix[16] = "xxx";               // =两边有空格
int data_len = 100;                    // 逻辑联系紧密就不用加空行
```

```
if (!value.empty() && value.contains("tom")) {    // 新增空行分隔段落
  const char* name = value.c_str();                // &&两边有空格
                                                    // =两边有空格
                                                    // 新增空行分隔段落
  for(int i = 0; i < MAX_LEN; i++){                // =、;、<处有空格
    ... // do something
  }                                                 // {后有空行
                                                    // 新增空行分隔段落
  int count = 0;                                    // =两边有空格
                                                    // 新增空行分隔段落
  for(int i = 0; i < strlen(name); i++){           // =、;、<处有空格
    ... // do something
  }
}
```

适当地添加了空格和空行后，代码就显得错落有致、舒缓得当，看着就像是莎翁的十四行诗，读起来不那么累，也更容易厘清代码的逻辑。

这里我还有个私人观点：好程序里的空白行至少要占到总行数的 20% 以上。虽然比较"极端"，但也不失为一个可量化的指标，读者可以在今后的实际工作中尝试一下。[1]

2.3.2　命名规范

有了好的代码格式，接下来我们要操心的就是里面的内容了，而其中一个很重要的部分就是为变量、函数、类、项目等起一个好听、易记的名字。

这里有一个广泛流传的笑话：

"缓存失效与命名是计算机科学的两大难题。"

把命名与缓存失效（也有人说是并发）相提并论，足见它有多么重要了，值得引起我们的重视。[2]

但其实命名这件事并不难，主要在于平时的词汇和经验积累，知道在什么情况下用哪个单词比较合适，千万不要偷懒用"谜之缩写"和汉语拼音（更有甚者，用的是汉语拼音的缩写）。由于现在搜索引擎、电子词典都很方便，只要有足够认真的态度，在网上搜一下就能够找到合适的名字。

另外我们还可以用一些已经在程序员之间形成普遍共识的变量名，比如用于循环的 i/j/k、用于计数的 count、表示指针的 p/ptr、表示缓冲区的 buf/buffer、表示变化量的 delta、

---

[1] 通过简单的 Shell 命令就能统计空行，例如"find . -name *.cpp | xargs sed '/./!d' | wc -l"。
[2]《设计模式》的作者曾经在读书中提到，为模式选择恰当的名字是难点之一，可见命名的确是个"大学问"。

表示总和的 sum 等。

关于命名的风格，我知道的、应用比较广的有 3 种。

第一种风格叫 "Hungarian"，也就是匈牙利命名法，在早期的 Windows/Visual C++上很流行，使用前缀 i/n/f/sz 等来表示变量的类型，比如 iNum/nValue/fSalary/szName 等。它对类型信息进行了 "硬编码"，不适用于代码重构和泛型编程，所以目前基本上被淘汰了。

不过 Hungarian 风格里面有一种做法我还是比较欣赏的，就是给成员变量加"m_"(member)前缀，给全局变量加 "g_"(global) 前缀，比如 m_count/g_total，这样一看就知道变量的作用域，在大中型项目里还是挺有用的。

第二种风格叫 "CamelCase"，也就是 "驼峰式命名法"，在 Java 语言里非常流行，后来也逐渐影响了 Go/Swift 等语言。它主张单词首字母大写，比如 MyJobClass/ tryToLock，但这种风格在 C++语言里的接受程度不是太高。[1]

第三种风格叫 "snake_case"，用的是全小写，单词之间用下画线连接。这是 C/C++主要采用的命名方式，如标准库里面的 vector/unordered_set/shrink_to_fit 等。

我建议选用命名风格应该 "取百家之长"，混用这几种风格中能够突出名字辨识度的优点，即应用以下 4 条规则。

- 变量、函数名和名字空间用 snake_case，全局变量加 "g_" 前缀。
- 自定义类名用 CamelCase 风格，成员函数用 snake_case，成员变量加 "m_" 前缀。[2]
- 宏和常量应当全大写，单词之间用下画线连接。
- 尽量不要将下画线作为变量的前缀或者后缀（比如 _local、name_），很难识别。

下面是应用这 4 条规则的一些例子：

```
#define  MAX_PATH_LEN 256          // 常量，全大写
int g_sys_flag;                    // 全局变量，加 "g_" 前缀

namespace linux_sys {              // 名字空间，全小写
  void get_rlimit_core();          // 函数，全小写
}

class FilePath final               // 类名，首字母大写
```

---

[1] "驼峰式命名法" 也分为两种，"大驼峰"（UpperCamelCase）和 "小驼峰"（lowerCamelCase），区别在于首字母是否要大写。

[2] 早期的 Visual C++开发还有一种习惯，为自定义类加上 "C"（class）前缀，例如 CWindows，现在也没有必要这么做了。

```
{
public:
    void set_path(const string& str);        // 函数, 全小写
private:
    string  m_path;                          // 成员变量, 加 "m_" 前缀
    int     m_level;                         // 成员变量, 加 "m_" 前缀
};
```

与命名相关的另一个问题是"名字的长度", 有人喜欢写得长, 有人喜欢写得短, 我觉得都可以, 只要易读易写就行。

不过一个被普遍认可的原则是: 变量/函数的名字长度与它的作用域成正比, 也就是说, 局部变量/函数的名字可以短一点, 而全局变量/函数的名字应该长一点。

设想一下, 如果我们辛辛苦苦起了一个包含多个单词的、很长的名字, 比如 "a_value_will_be_counted_for_salary", 却只能在短短十几行的循环体里使用, 岂不是太浪费了。

2.3.3　注释规范

写出了有好名字的变量、函数和类还不够, 要让其他人能"一眼"看懂代码, 还需要为代码加上注释。

"注释"在任何编程语言里都是一项非常重要的功能, 甚至在编程语言之外, 比如配置文件 (INI/YML)、标记语言 (HTML/XML) 都有注释。一个突出的反例就是 JSON, 没有注释功能让许多人都很不适应。

注释表面上的功能很简单, 就是给代码配上额外的文字, 起到提供注解、补充说明的作用。但就像写文章一样, 注释应该写些什么、写多写少、写成什么样子, 都是大有讲究的。

一般来说, 注释可以用来阐述目的、用途、工作原理、注意事项等代码本身无法"自说明"的东西。但要小心, 注释必须要正确、清晰、有效, 尽量言简意赅、点到为止, 不要画蛇添足, 更不能写出含糊、错误的注释。

比如下面的模板函数 get_value():

```
template<typename T>
int get_value(const T& v);
```

代码很简单, 但可用的信息太少了, 我们就可以给它加上作者、时间、目的、功能说明、调用注意事项、可能的返回值等, 这样看起来就会舒服得多:

```
// author    : Chrono
// date      : 2021-xx-xx
```

```
// purpose    : get inner counter value of generic T
// notice     : T must have xxx member
// notice     : return value maybe -1, means xxx, you should xxx
template<typename T>
int get_value(const T& v);
```

请注意，代码里的注释用的都是英文，因为英文（ASCII，或者说是 UTF-8）的"兼容性"很好，不会由于操作系统、编码的问题变成无法阅读的乱码，而且还能够锻炼自己的英语表达能力。

不过用英文写注释也对我们提出了更高的要求，很基本的要求是不要出现低级的语法、拼写错误。我就经常见到有人英文水平不佳，或者是"敷衍了事"，写出的都是"Chinglish"，看了让人哭笑不得。

当然凡事无绝对，对于某些复杂的流程、逻辑，我们用英文可能不太容易表述清楚，就可以用中文。但一定要注意文字的编码，最好用 UTF-8，以避免出现在其他系统上无法阅读的尴尬场面。

写注释最好也要有一些标准的格式，比如用统一的"标签"来标记作者、参数说明等。这方面我觉得可以参考 Javadoc，它算是一个不错的工程化实践。

对于 C++来说也有一个类似的工具叫 Doxygen，用好它甚至可以直接从源码生成完整的 API 文档。不过我个人觉得 Doxygen 的格式有些"死板"，很难严格执行，是否采用就在于自觉了。

除了给代码、函数、类写注释，我还建议在文件的开头写上本文件的注释，包含文件的版权声明、更新历史、功能描述等。

下面就是我比较常用的一个文件头注释，简单明了，可以作为参考：

```
// Copyright (c) 2021 by Chrono
//
// file   : xxx.cpp
// since  : 2021-xx-xx
// desc   : ...
```

另外，注释还有很多其他有用的功能，比如"TODO"作为功能的占位符，可以提醒将来的代码维护者（当然也可能就是你自己）：

```
// TODO: change it to unordered_map
// XXX: fixme later
```

利用注释的"文档化"能力，我们还可以把一些具有调试试验性质或者过时和废弃的代码段给"注释掉"，让它们变成程序里的"历史存档"。

　　毕竟这些也是自己辛辛苦苦写出来的代码，直接删掉太可惜了。这样做可以方便以后"追本溯源"，或者随时切换回原来的版本。[①]

　　总的来说，要写好注释就要时刻"换位思考"，设身处地去想别人会怎么看、怎么用我们的代码，这样的话，上面的那些细则也就不难实施了。

2.3.4　源码组织和管理

　　我们都知道，编写 C++ 类的传统方式是在头文件"*.h"里定义类的声明，然后在同名的"*.cpp"（或者是*.cxx/*.cc）里写具体的实现代码。

　　其实这种方式采用的还是旧的 C 语言思维——把声明和实现分离。采用这种方式也勉强能列出几点好处，比如隐藏类的实现细节、加快编译速度等。

　　但随着近些年计算机软硬件的发展，这种分离实现的方式显得越来越落伍了。可以看一下其他语言，例如 Java/Python/Go 等，它们也是面向对象编程，但从来没有这样的要求，一个类就在一个源码文件里提供完整功能，分离实现所谓的优点在它们看来根本不值一提，甚至不算是优点。[②]

　　那么作为面向对象编程的"早期开拓者"，C++ 是否也可以不用分离实现，只在一个文件里实现全部的类功能代码呢？

　　要我说答案就是："当然能，而且这是最好的方式。"

　　具体的做法就是写一个"*.hpp"文件，可以理解成"*.h + *.cpp"，类的完整实现都写在里面（极少数语法限制必须放在 cpp 里的成员除外），相当于把原来放在两个文件里的代码整合在一起。大致的形式如下：

```
#ifndef _XXX_HPP_INCLUDED_
#define _XXX_HPP_INCLUDED_

// This is the full implement of XXX, We do not need any cpp
class XXX final                        // 在头文件里编写完整的类实现
{
public:
  void function1(){...}
  void function2(){...}
```

[①] 虽然使用版本管理工具（如 Git）可以达到同样的效果，但随着时间的增长，查找历史记录可不是那么容易的，而注释会一直保留在代码里，唾手可得。

[②] 题外话，多了解一下其他编程语言的特性对于 C++ 开发也是很有帮助的。特别是 Go，它吸取了很多语言的优点，而且在软件工程方面做得非常好，很值得借鉴。

```
};

#endif // _XXX_HPP_INCLUDED_
```

也许有人会"犯嘀咕"：这样行吗？我看好多"老代码"都没这么做，会不会因为头文件太大、类里代码太多导致编译器崩溃啊？

这可就太小瞧编译器了。要知道，标准库里的 string/vector/map 也都是纯头文件的形式，它们的代码肯定要比我们写的更复杂，编译器处理它们都毫无问题，更不用说我们写的那几百、几千行代码了。

那这样做又有什么好处呢？

我觉得最大的好处之一就是方便源码管理，一个文件的管理难度肯定要比两个文件的低，总的算下来，就相当于减少了 50% 的文件数量。另外，阅读源码的时候不用两个文件来回切换，修改接口也简单（只要改一个地方），消除了代码冗余，可读性、可维护性都很好，以及对将来的适配——C++20 引入"模块"机制之后，这种写法必将越来越流行。

使用这种方式来管理源码还需要考虑两种情况。

第一种情况，不想对外暴露类的实现细节。这时可以再编写一个只有前置声明、没有实现的"fwd.hpp"，然后把这个声明头文件作为接口提供给外界。

第二种情况，类确实太大，让"*.hpp"文件"臃肿不堪"。这个时候我们就要思考一下了，是不是类的设计有问题，为什么会出现这么大的类，能不能重新设计大类、将其分解成几个比较小的类。整合文件的方式会促使我们多进行这样的思考，把类设计得更好。

2.3.5　其他注意事项

关于代码风格还有很多方便、易实施的规则，但都比较琐碎。下面再列出一些我个人认为比较有价值的规则供读者参考。

- 要在开发组内统一代码风格，至少要做到同一个项目里的风格统一，不能出现多人合作开发代码风格不一致的情况。
- 缩进格式不要直接用 TAB，而要用空格，一般的约定是 4 个空格。
- 代码行宽度尽量限制在 80 列之内，超过了必须要换行缩进对齐。这样不仅方便阅读，也方便在 Linux 命令行环境下调试。
- 花括号"{}"应该保持一致的对齐格式，"{"单独一行或者在行尾都可以，但"}"必须单独一行且后面留一个空行。
- if-else/for 等复合语句，即使只有一行也要使用花括号。

- if-else/switch/for 等语句的嵌套层次不宜过深，否则不仅阅读困难，还增加了逻辑复杂度，容易隐藏错误。
- 循环语句、函数体不宜过长，尽量控制在 50~100 行，这样可以在一个页面内显示完整。
- 函数的入口参数不宜过多，如果确实有必要应该用 struct/tuple 打包。

2.3.6　代码风格小结

在编码阶段拥有一个良好的编程习惯和态度是非常重要的（我见过太多对此不以为然的"老"程序员），本节只介绍了几个很基本的部分。

- 用好空格和空行，多留白，让写代码就像写诗一样。
- 给变量、函数、类起个好名字，我们的代码就成功了一半。
- 给变量、函数、类加上注释，让代码自带文档，成为"任何人都能看懂的代码"。
- 用" *.hpp"的形式来组织代码，让我们的项目管理起来更轻松。

掌握了这些基本规则都能够有效提升我们的代码质量了。在这个基础之上可以再进一步，使用其他高级规则写出更好的代码。

此外，还有一招"终极必杀技"——善用 code review，和周围的同事互相审查代码，可以迅速改善自己的代码风格。[①]

2.4　预处理阶段编程

只要是写 C++程序就会用到预处理，但大多数时候，我们只用到它的一点点功能。例如在文件开头写上" #include <vector>"这样的语句，或者用" #define"定义一些常数。不过这些功能都太简单了，没有真正发挥出预处理器的本领，所以几乎感觉不到它的存在。

预处理只能用很少的几个指令，也没有特别严谨的"语法"，但它仍然是一套完整、自洽的语言体系。使用预处理也能够实现复杂的编程，解决一些特别的问题——虽然代码可能会显得有些"丑陋""怪异"。

本节就来介绍一下预处理阶段编程到底能做哪些事情。

2.4.1　预处理简介

首先我们一定要记住：预处理阶段编程的操作目标是"源码"，用各种指令控制预处理器，把

---

① 网上有很多工具可以检查 C++代码风格，一个比较常见的工具是 cpplint。它是一个 Python 脚本，可以用命令"sudo pip install cpplint"安装。

源码文本改造成另一种形式，就像捏橡皮泥一样。

把上面的这句话多读几遍，仔细揣摩一下，理解了之后，我们再用那些预处理指令就会有不一样的感觉了。

C++语言有近百个关键字，但预处理指令只有十来个，实在是少得可怜，而常用的指令也就是"#include""#define""#if"等，所以很容易掌握。

不过有几个要点还是应该特别说明一下。

首先，预处理指令都以"#"开头，这个我们应该都很熟悉了。但我们也应该意识到，虽然都在一个源文件里，但它不属于 C++语言，由预处理器处理，不受 C++语法规则的约束。

所以预处理编程也就不用太遵守 C++代码的风格。一般来说，预处理指令不应该受 C++代码缩进层次的影响，不管是在函数/类里，还是在 if/for 等语句里，永远是顶格写。

另外，单独的"#"也是一个预处理指令，叫"空指令"，可以当作特别的预处理空行。而"#"与后面的指令之间可以有空格，从而实现缩进，方便排版。

下面是一个示例，"#"都在行首，而且"if"里面的"define"有缩进（看起来还是比较清楚的），我们以后在写预处理代码的时候可以参考这个格式。

```
#                                // 预处理空行
#if __linux__                    // 预处理检查宏是否存在
#   define HAS_LINUX    1        // 宏定义，有缩进
#endif                           // 预处理条件语句结束
#                                // 预处理空行
```

预处理程序有它的特殊性，暂时没有办法调试。不过我们可以让 GCC 使用"-E"选项，略过后面的编译链接，只输出预处理后的源码，例如：

```
g++ a.cpp -E -o a.cxx          # 输出预处理后的源码
```

多使用这种方式来对比源码前后的变化，我们就可以进一步理解预处理的工作过程。

2.4.2　包含文件

常用的预处理指令应该是"#include"，它的作用是"**包含文件**"。注意，不是"包含头文件"，而是包含任意文件。

也就是说，只要我们愿意，使用"#include"可以把源码、普通文本，甚至是图片、音频、视频都引进来（当然，出现无法处理的错误就是另外一回事了）。

```
#include "a.out"                // 完全合法的预处理包含指令
```

可以看到，"#include"其实是非常"弱"的，不做什么检查，就是"死脑筋"地把数据合并进源文件。

所以我们在写头文件的时候，为了防止代码被重复包含，通常要加上"Include Guard"，也就是用"#ifndef/#define/#endif"来保护整个头文件，如下：

```
#ifndef _XXX_H_INCLUDED_          // 检查是否定义了宏
#define _XXX_H_INCLUDED_          // 没有则定义宏

...                              // 头文件内容

#endif                           // _XXX_H_INCLUDED_
```

这个方法虽然比较"原始"，但在 C++20 的"模块"机制普及之前这是唯一有效的方法，而且向下兼容 C 语言，所以我建议在所有头文件里强制使用。[①]

除了常用的包含头文件，我们还可以利用"#include"的特点玩些"小花样"：编写一些代码片段，存进"*.inc"文件里，然后在预处理阶段有选择地加载。用得好的话，可以实现"源码级别的抽象"。

比如，有一个用于数值计算的大数组，里面有成百上千个数，放在文件里占了很多地方，特别"碍眼"：

```
static uint32_t  calc_table[] = {      // 非常大的一个数组，有几十行
    0x00000000, 0x77073096, 0xee0e612c, 0x990951ba,
    0x076dc419, 0x706af48f, 0xe963a535, 0x9e6495a3,
    ...
};
```

这个时候我们就可以把它单独提取出来，另存为一个"*.inc"文件，然后用"#include"替换原来的大批数字，从而节省大量的空间，让代码更加整洁：

```
static uint32_t  calc_table[] = {
#  include "calc_values.inc"            // 非常大的一个数组，细节被隐藏
};
```

2.4.3 宏定义

"#define"是预处理编程里的核心指令，它用来定义源码级别的**文本替换**，也就是我们常说的"宏定义"。

[①] 通常 C++预处理器还支持使用"#pragma once"来防止重复包含，但存在兼容性问题，没有"Include Guard"那么通用，所以一般不太推荐使用"#pragma once"。

　　"#define"可以说是无所不能的,可以在预处理阶段无视 C++语法限制,替换任何文字,定义常量/变量,实现函数功能,为类型起别名,减少重复代码等。

　　不过也正是因为它太灵活,如果过于随意地使用宏来写程序,就有可能把正常的 C++代码搞得"千疮百孔",替换来、替换去,都不知道真正有效的代码是什么样子了。

　　所以我们使用宏的时候一定要谨慎,时刻记着以简化代码、使代码清晰易懂为目标,不要滥用,避免导致源码混乱不堪,降低可读性。

　　下面就列出几个注意事项,来帮助我们用好宏定义。

　　首先,因为宏的展开、替换发生在预处理阶段,不涉及函数调用、参数传递、指针寻址,没有任何运行期的效率损失,所以对于一些调用频繁的小代码片段来说,用宏来封装的效果比使用 inline 关键字要好,因为它实现的真的是源码级别的无条件内联。

　　以下示例可以作为参考(摘自 NGINX 源码):

```
#define ngx_tolower(c)      ((c >= 'A' && c <= 'Z') ? (c | 0x20) : c)
#define ngx_toupper(c)      ((c >= 'a' && c <= 'z') ? (c & ~0x20) : c)

#define ngx_memzero(buf, n)       (void) memset(buf, 0, n)
```

　　其次,宏是没有作用域的概念的,永远是全局生效。所以对于一些用来简化代码、起临时作用的宏,最好用完后尽快用"#undef"取消定义,避免发生冲突。对于以下示例:

```
#define CUBE(a) (a) * (a) * (a)      // 定义一个简单的求立方的宏

cout << CUBE(10) << endl;            // 使用宏简化代码
cout << CUBE(15) << endl;            // 使用宏简化代码

#undef CUBE                          // 使用完毕后立即取消定义
```

　　另一种等价的做法是定义宏前先检查,如果之前有定义就先取消,再重新定义:

```
#ifdef AUTH_PWD          // 检查是否已经有宏定义
#  undef AUTH_PWD        // 取消宏定义
#endif                   // 宏定义检查结束
#define AUTH_PWD "xxx"   // 重新定义宏
```

　　再次,可以适当使用宏来定义代码中的常量,消除 magic number/magic string(也就是我们常说的"魔术数字""魔术字符串")。

　　虽然不少人认为定义常量更应该使用 enum/const,但我觉得宏定义毕竟用法简单,定义的是源码级的真正常量,而且还是从 C 继承下来的传统,用在头文件里还是有些优势的。

使用宏定义常量的用法非常普遍，下面是两个简单的例子：

```
#define MAX_BUF_LEN    65535
#define VERSION        "1.0.18"
```

不过同样要注意，关键是适当，自己把握好分寸，不要把宏弄得"满天飞"。

除了上面说的 3 个注意事项，如果我们开动脑筋，用好"文本替换"的功能，还能发掘出许多新颖的用法。这里有一个比较实际的例子，用宏直接定义名字空间：

```
#define BEGIN_NAMESPACE(x)   namespace x {
#define END_NAMESPACE(x)     }

BEGIN_NAMESPACE(my_own)

...                                      // functions and classes

END_NAMESPACE(my_own)
```

代码里定义了两个宏：BEGIN_NAMESPACE/END_NAMESPACE，虽然只是简单的文本替换，但它全大写的形式非常醒目，可以很容易地识别出名字空间开始和结束的位置。

2.4.4　条件编译

除了利用"#define"定义各种宏，我们还可以在预处理阶段实现分支处理，即通过判断宏的数值来产生不同的源码，改变源文件的形态，这就是"条件编译"。

条件编译有两个要点：一个是条件指令"#if"，另一个是后面的"判断依据"，也就是定义好的各种宏，而这个"判断依据"是条件编译里的关键部分。

通常编译环境里会有一些预定义宏，例如 CPU 特殊指令集、操作系统、编译器、程序库版本、语言特性等，使用它们可以早于编译和运行阶段，提前在预处理阶段做出各种优化，产生比较适合当前系统的源码。

我们必须知道的一个宏是"__cplusplus"，它标记了 C++语言的版本号，使用它能够判断当前使用的是 C 还是 C++，是 C++17 还是 C++20。代码示例如下：

```
#ifdef __cplusplus              // 定义这个宏是用 C++编译的
  extern "C" {                  // 函数按照 C 的方式去处理
#endif
  void a_c_function(int a);
#ifdef __cplusplus              // 检查是否是用 C++编译的
  }                             // extern "C" 结束
#endif
```

```
#if __cplusplus >= 202002          // 检查 C++标准的版本号
    cout << "c++20 or later" << endl;   // 202002 就是指 C++20
#elif __cplusplus >= 201703         // 检查 C++标准的版本号
    cout << "c++17 or later" << endl;   // 201703 是指 C++17
#else // __cplusplus < 201703       // 其他可能值：201402/201103
#   error "c++ is too old"          // 太低则预处理报错
#endif // __cplusplus >= 202002     // 预处理语句结束
```

除了 "__cplusplus"，C++里还有很多预定义的宏，可以帮助我们识别编译环境，具体内容如下。[①]

- ■　__FILE__：源文件名。
- ■　__LINE__：源文件行号。
- ■　__DATE__：预处理时的日期。
- ■　__has_include：是否存在某个可包含的文件。
- ■　__cpp_modules：是否支持模块机制。
- ■　__cpp_decltype：是否支持 decltype 特性。
- ■　__cpp_decltype_auto：是否支持 decltype(auto)特性。
- ■　__cpp_lib_make_unique：是否提供函数 make_unique()。

不过，与优化更密切相关的底层系统信息在 C++语言标准里没有定义，但编译器通常都会提供，例如 GCC 可以使用一条简单的命令查看相关信息：

```
g++ -E -dM -< /dev/null

#define __GNUC__ 7
#define __unix__ 1
#define __x86_64__ 1
#define __UINT64_MAX__ 0xffffffffffffffffUL
...
```

基于这些信息，我们就可以更精细地根据具体的语言、编译器、系统特性来改变源码——有就用新特性，没有就变通实现：

```
  #if __has_include(<optional>)        //检查是否有<optional>
#   include <optional>                 // 如果有则包含
#endif

#if defined(__cpp_decltype_auto)       //检查是否支持 decltype(auto)
    cout << "decltype(auto) enable" << endl;
#else
```

----

① 详细的语言特性测试宏可参见 cppreference 网站。

```
   cout << "decltype(auto) disable" << endl;
#endif  //__cpp_decltype_auto

#if __GNUC__ <= 6                               //检查 GCC 的版本
   cout << "gcc is too old" << endl;
#else   // __GNUC__ > 6
   cout << "gcc is good enough" << endl;
#endif  // __GNUC__ <= 6

#if defined(__SSE4_2__) && defined(__x86_64)    //检查 CPU 指令集
   cout << "we can do more optimization" << endl;
#endif  // defined(__SSE4_2__) && defined(__x86_64)
```

除了这些内置宏,我们也可以用其他手段自己定义更多的宏来实现条件编译。以 NGINX 为例,它就使用 Shell 脚本检测外部环境,生成一个包含若干宏的源码配置文件,再通过条件编译包含不同的头文件,实现了操作系统定制化:

```
#if (NGX_FREEBSD)
#  include <ngx_freebsd.h>
#elif (NGX_LINUX)
#  include <ngx_linux.h>
#endif
```

条件编译还有一个特殊的用法,那就是使用"#if 1""#if 0"来显式启用或者禁用大段代码,这要比"/* ... */"的注释方式安全得多,也清楚得多。

```
#if 0                   // 0 表示禁用下面的代码,1 则表示启用下面的代码
   ...                  // 任意的代码
#endif                  // 预处理结束

#if 1                   // 1 表示启用下面的代码,用来强调下面代码的必要性
   ...                  // 任意的代码
#endif                  // 预处理结束
```

2.4.5 预处理小结

本节介绍了预处理阶段,我们通常写的程序实际上是预处理编程和 C++编程两种代码的混合体。

预处理编程由预处理器执行,使用"#include""#define""#if"等指令来实现文件包含、文本替换、条件编译,把编码阶段产生的源码改为另外一种形式。适当使用预处理编程可以简化代码、优化性能,但如果过度使用,就会导致代码混乱,难以维护。

本节的关键知识点如下。

■   预处理不属于 C++语言,过多的预处理语句会扰乱正常的代码,应当少用、慎用。

- ■　"#include"可以包含任意文件，可以写一些小的代码片段，再通过该指令引进程序里。
- ■　头文件应该加上"Include Guard"，防止重复包含。
- ■　"#define"用于宏定义，非常灵活，但滥用文本替换可能会降低代码的可读性。
- ■　条件编译其实就是指预处理编程里的分支语句，可以改变源码的形态。
- ■　C++预定义了大量的环境相关宏，用好它们就可以针对系统生成比较合适的代码。

2.5　编译阶段编程

2.3 节和 2.4 节介绍了 C++程序生命周期里的编码阶段和预处理阶段，它们的工作主要还是"文本编辑"，生成的是人类可识别的源码（source code）。而编译阶段就不一样了，它的目标是生成计算机可识别的机器指令码（machine instruction code）。

2.5.1　编译简介

编译是预处理之后的阶段，它的输入是（经过预处理的）C++源码，输出是二进制可执行文件（也可能是汇编文件、动态库或者静态库），这个处理动作是由编译器来执行的。

和预处理阶段一样，在这里我们也可以"面向编译器编程"，用一些指令或者关键字让编译器按照你的想法去做一些事情。只不过这时我们要面对的是庞杂、精细的 C++语法，而不是简单的文本替换，难度可以说高了好几个数量级。

编译阶段的特殊性还在于它看到的都是 C++ 语法实体，比如 typedef/using/template/struct/class 等关键字定义的类型，而不是运行阶段的变量，所以这时的编程思维方式与平常大不相同。

虽然我们通常对 CPU/Memory/Socket 很熟悉，但要去理解编译器的运行机制，知道它是怎么把源码翻译成机器码、怎么优化的，这对大多数人可能就有点"勉强"了。

比如，让编译器递归计算斐波那契（Fibonacci）数列，这已经算是一个比较容易理解的编译阶段的数值计算用法了：

```
template<int N>
struct fib                      // 递归计算斐波那契数列
{
    static const int value =
        fib<N -1>::value + fib<N -2>::value;
};

template<>
```

```
struct fib<0>                       // 模板特化计算 fib<0>
{
    static const int value = 1;
};

template<>
struct fib<1>                       // 模板特化计算 fib<1>
{
    static const int value = 1;
};

// 调用后输出 2, 3
cout << fib<2>::value << endl;
cout << fib<3>::value << endl;
```

对于编译器来说，可以在一瞬间得到结果，但我们要搞清楚它的执行过程，就得在大脑里把 C++模板特化的过程"走一遍"。整个过程无法调试，完全要靠自己推导，特别"累人"。[①]

简单的数值计算尚且如此，那些复杂的就更不用说了。所以本节不去讲那些过于"烧脑"的知识，而是介绍两个比较容易理解的编译阶段的技巧：属性和静态断言。这两个技巧能够立即用得上，效果也是"立竿见影"的。

2.5.2　属性

在 2.4 节介绍预处理编程时提到了预处理指令"#include""#define"，它们是用来控制预处理器的，那么有没有用来控制编译器的"编译指令"呢？

虽然编译器非常智能，但因为 C++语言实在是太复杂了，偶尔它也会"自作聪明"或者"冒傻气"。如果有这么一个东西，让程序员来手动指示编译器这里该如何做、那里该如何做，就可能会生成更高效的代码。[②]

在 C++11 之前，标准里没有规定这样的东西，但人们发现这样做确实很有用，于是就为 GCC/Visual C++等编译器创造了自己的"编译指令"：在 GCC 里是"__attribute__"，在 Visual C++里是"__declspec"。不过因为它们不是标准，所以名字显得有点"怪异"。

到了 C++11，标准委员会终于认识到了"编译指令"的好处，于是就把"民间"用法升级为"官方"版本，起了个正式的名字叫"属性"。我们可以把它理解为给变量、函数、类等语法要素贴上一个了编译阶段的"标签"，方便编译器识别和处理。

---

① 可以把编译器想象成一种特殊的"虚拟机"，在上面运行的是只有编译器才能识别、处理的代码。

② 其实早期的关键字 inline 就可以算是一种编译期指令，它能够指示编译器内联函数，把函数代码"就地"展开，不过它的能力实在是太弱了，实际效果有限。

属性没有新增关键字，而是用两对方括号的形式标识，即“[[...]]”，方括号的中间填写的是属性标签（看着很像是一张方方正正的便签条）。所以它的用法很简单，比 GCC/Visual C++ 的都要简洁很多。

下面是个简单的例子，显式声明函数没有返回值，一看就能明白：

```
[[noreturn]]                              // 属性标签
int func(bool flag)                       // 函数绝不会返回任何值
{
    throw std::runtime_error("XXX");      // 只抛出异常
}
```

不过在 C++11 里只定义了两个属性标签：“noreturn”“carries_dependency”，它们基本上没什么大用处。

C++14 的情况略微好了点，增加了一个比较实用的属性标签“deprecated”，可用来标记不推荐使用的变量、函数或者类，也就是被“废弃”。

比如，原来写了一个函数 old_func()，后来觉得不够好，就另外重写了一个完全不同的新函数。但是那个旧函数已经发布出去且被不少人用了，立即删除不太可能，该怎么办呢？

这个时候就可以让“属性”发挥威力了，我们可以给函数加上属性标签“deprecated”的，再附上一些说明文字：

```
[[deprecated("deadline:2021-12-31")]]      // C++14 or later
int old_func();
```

这样，任何用到这个函数的程序都会在编译时看到这个标签，发出如下警告：

```
warning: 'int old_func()' is deprecated: deadline:2021-12-31
```

如果不使用特殊的选项“-Wno-deprecated-declarations”，这段代码是无法正常通过编译的。显然，这种形式要比毫无约束力的注释、文档或者邮件通知要好得多，强制的警告报错形式会提醒用户旧接口已经被废弃，应该尽快迁移到新接口。

C++17/20 里又增加了一些新属性，下面列出了目前我认为比较有用的属性。

- noreturn：显式声明函数无返回值。
- nodiscard：显式声明不允许忽略函数返回值。
- deprecated：废弃某段代码，不鼓励使用。
- maybe_unused：显式标记某段代码暂时不用，但保留，因为将来可能会用。
- fallthrough：仅用于 switch 语句中。
- likely/unlikely：标记某段代码路径更可能/更不可能，指示编译器优化。

这些属性的含义还是挺好理解的,下面拿"maybe_unused"来举例。

在没有这个属性的时候,如果有暂时用不到的变量,我们只能用"(void) var;"的方式假装用一下这些变量,来"骗"过编译器,属于"不得已而为之"的做法。

但是现在我们就可以用"maybe_unused"属性来清楚地告诉编译器,这个变量暂时不用,请不要过度紧张,不要发出警告来烦我:

```
[[maybe_unused]]         // 声明下面的变量暂不使用,不是错误
int nouse;
```

但我觉得标准委员会的态度还是太"保守"了,在实际的开发中这些真的不够用。

好在属性也支持非标准扩展,允许以类似名字空间的方式使用编译器自己的一些"非官方"属性,比如 GCC 的属性都在"gnu"里,常用的属性如下所示。

- deprecated:与 C++14 相同,但可以用于 C++11。
- unused:同 C++17 的 maybe_unused,可以用于 C++11/14。
- const:标记函数是无副作用的常量函数,让编译器积极优化。
- constructor:函数会在 main() 之前执行,效果类似全局对象的构造函数。
- destructor:函数会在 main() 之后执行,效果类似全局对象的析构函数。
- always_inline:要求编译器强制内联函数,效果比 inline 关键字更强。
- hot:标记"热点"函数,要求编译器更积极地优化。

这些 GCC 扩展属性的示例代码如下(更多属性的用法可以参考 GitHub 项目):

```
[[gnu::constructor]]            //在 main() 之前执行
void first_func()
{
    printf("before main()\n");
}

[[gnu::destructor]]             //在 main() 之后执行
void last_func()
{
    printf("after main()\n");
}

[[gnu::const]]                  //无副作用的常量函数
[[gnu::always_inline]] inline   //要求编译器强制内联
int get_num()
{
    return 42;
}
```

有了这些属性的帮助，我们就能够让编译器充分理解我们的想法，更好地为我们服务。

2.5.3　静态断言

属性像给编译器的"提示""告知"，无法进行计算，还算不上是编程，而本小节要讲的"静态断言"就有点儿在编译阶段写程序的味道了。

我们都用过 assert 宏，它断言一个表达式必定为真。比如数字必须是正数，指针必须非空、函数必须返回 true 等：

```
assert(i > 0 && "i must be greater than zero");
assert(p != nullptr);
assert(!str.empty());
```

当程序（实际上是 CPU）执行到 assert 语句时，就会计算表达式的值，如果值是 false，就会输出错误消息，然后调用函数 abort() 终止程序的执行。

注意，assert 虽然是一个宏，但在预处理阶段它并不生效，而是在运行阶段才起作用，所以 assert 又叫作"动态断言"。[①]

有了动态断言，那么相应地也就有静态断言，两者指令名称也很像，叫"static_assert"，不过它是一个专门的 C++ 关键字而不是宏。因为它只在编译时生效，运行阶段"看不见"，所以是静态的。

类比一下 assert，我们就可以理解静态断言的作用。它是在编译阶段检测各种条件的断言，编译器看到 static_assert 就会计算表达式的值，如果值是 false 就会报错，导致编译失败。

例如 2.5.1 小节里的斐波拉契数列计算函数，就可以用静态断言来保证模板参数必须是大于等于零的整数：[②]

```
template<int N>
struct fib
{
    static_assert(N >= 0);                        //静态断言

    static const int value =
        fib<N -1>::value + fib<N -2>::value;
};
```

[①] 准确地说，assert 宏只会在调试版本里生效（之前未定义 NDEBUG），不能依赖它来保证程序的健壮性，它更像是一种"代码化的文档"。

[②] 在 C++11 里 static_assert 要求有两个参数，即 static_assert(cond, msg)，第二个参数是告警消息，而在 C++14 之后则可以不提供参数，这样用起来更方便。

再例如，要想保证我们的程序只在 64 位操作系统上运行，可以用静态断言在编译阶段检查 long 的大小，其大小必须是 8 字节：[①]

```
static_assert(                                    //静态断言
  sizeof(long) >= 8, "must run on x64");

static_assert(                                    //静态断言
  sizeof(int)  == 4, "int must be 32bit");
```

这里一定要注意，static_assert 运行在编译阶段，只能看到编译时的常数和类型，看不到运行时的变量、指针、内存数据等，它是静态的，千万不要简单地把 assert 的习惯搬过来用。

比如想用下面的代码检查空指针，由于变量只在运行阶段出现，而在编译阶段不存在，因此静态断言无法处理。

```
char* p = nullptr;
static_assert(p == nullptr, "some error.");       // 错误用法
```

所以在用静态断言的时候，我们就要在脑子里时刻"绷紧一根弦"，把自己代入编译器的角色，尽量像编译器那样思考，看看断言的表达式是不是能够在编译阶段计算出结果。

不过这句话说起来容易做起来难，计算数字还好，但在进行泛型编程的时候，怎么样来检查模板类型呢？比如，断言是整数而不是浮点数、断言是指针而不是引用、断言类型可复制而不可移动……

这些检查条件表面上看好像是"不言自明"的，但要把它们用 C++语言给精确地表述出来可就没那么简单了。所以如果想要更好地发挥静态断言的威力，还要配合标准库里的"type_traits"，它提供了对应这些概念的各种编译期"函数"，又叫"模板元函数"。

下面的代码中演示了几个类型检查用的"模板元函数"：[②]

```
static_assert(is_integral_v<T>);                    // 断言 T 是整数类型

static_assert(is_pointer_v<T>);                     // 断言 T 是指针类型

static_assert(is_default_constructible_v<T>);       // 断言 T 有默认构造函数
```

代码中 static_assert 表达式的样子很奇怪，有点像谓词函数，但符号"<>"让它又像模板类，与运行阶段的普通表达式大相径庭，初次见到这样的代码一定会吓一跳。

这也是没有办法的事情，因为 C++原本不是为编译阶段编程所设计的。受语言的限制，编译

---

① 当然也可以换个思路用预处理编程来实现，用条件编译检查相关的宏定义。

② 下面的代码中使用的是 C++17 里引入的新模板元函数，有"_v"后缀，用起来简便一些，相当于 is_xxx<T>::value。

阶段编程就只能"魔改"那些传统的语法要素了：把类当成函数，把模板参数当成函数参数。细研究起来倒和"函数式编程"很神似，只不过编译阶段的编程只运行在编译阶段。

由于"type_traits"已经初步涉及模板元编程的领域，不太好一下子解释清楚，因此在这里就不深入讲解了，读者可以查阅这方面的其他资料。

2.5.4　编译小结

编译阶段的"主角"是编译器，它依据 C++语法规则处理源码。在这个过程中，我们可以用一些手段来操作编译器，让它听从我们的指挥，优化代码或者做静态检查，更好地为最终的运行阶段服务。

但要当心，毕竟只有编译器才真正了解 C++程序，所以我们还是要充分信任它，不要过分干预它的工作，更不要有意与它作对。

本节的关键知识点列举如下。

- 属性相当于编译阶段的标签，可用来标记变量、函数或者类，让编译器发出或者不发出警告，还能够手动指定代码的优化方式。
- 官方标准定义的属性比较少，我们也可以使用非官方的属性，需要以类似名字空间的方式使用。
- static_assert 是静态断言，在编译阶段计算常数和类型，如果断言失败就会导致编译错误。它也是迈向模板元编程的第一步。
- 和运行阶段的动态断言一样，static_assert 可以在编译阶段定义各种前置条件，充分利用 C++静态类型语言的优势，让编译器执行各种检查，避免把隐患带到运行阶段。

2.6　运行阶段的调试分析

在编码阶段，我们会运用各种范式和技巧，写出优雅、高效的代码，然后把它交给预处理器和编译器。经过预处理和编译这两个阶段，源码转换成了二进制的可执行程序，就能够在 CPU 上"跑"起来，从而进入最后的运行阶段。

我认为在运行阶段能做、应该做的事情主要有 3 件：调试（debug）、测试（test）和性能分析（performance profiling）。[①]

我们都很熟悉调试，常用的工具是 GDB。调试的关键是让高速的 CPU 慢下来，将速度降到和

---

① 也许还应该再加上状态监控、健康检查等原本属于运维的工作，但如果放在云原生、DevOps 的场景里，这些工作就必须要做了。

人类大脑一样的程度，这样我们就可以跟得上 CPU 的节奏，理清楚程序的动态流程。

测试的目标是检验程序的功能和性能，保证软件的质量，它与调试是相辅相成的关系。测试可以发现 bug，调试可以解决 bug，解决之后再返回给测试验证。好的测试对于软件的成功至关重要，也有很多现成的测试理论、应用、系统等。

进行性能分析的前提是程序通过了前面的调试和测试阶段，功能需求已经满足，但性能需求可能还不达标，所以我们就需要采集运行时的各项指标，例如资源利用率、网络吞吐量、磁盘使用量等，进行归纳分析，进而优化程序。

运行阶段比起之前的编码、预处理和编译阶段有显著的区别，它是动态的，内外部环境非常复杂，CPU、内存、磁盘、信号、网络套接字……各种资源交织在一起，可谓千变万化。

在运行阶段，C++ 静态程序变成了动态进程，是一个实时、复杂的状态机，由 CPU 全程掌控。但因为 CPU 的速度实在太快，程序的状态又实在太多，所以前 3 个阶段的思路、方法在这个时候都用不上。

解决这个阶段面临的问题已经不能单靠编程技术，更多要依靠各种调试、分析、日志工具，例如 GDB/Valgrind/SystemTap 等。

所以我觉得把这些运行阶段的工具、技巧放在这里不是太合适，等把 C++ 的核心知识点都学完了，再来研究它比较好（如果心急的话可以直接参阅第 5 章）。

2.7　常见问题解答

Q："面向对象"和"基于对象"有什么区别？

A：这两个概念广义上都属于面向对象编程的范畴，区别在于对象应用的深度和广度上。

面向对象强调统一用对象建模，大量应用设计模式，对象之间的关系复杂，整个程序都是基于对象之间的相互通信、协作来完成任务的，采用的是"网状结构"。

而基于对象则更接近于"面向过程"，相当于"C with Classes"。它只把类当成结构来封装数据，继承、多态等高级特性用得比较少，对象不具有太多的行为，彼此之间也没什么联系，整个程序还是以命令式的流程为主，采用的是"线状结构"。

Q：一个函数一般都会有一份接口声明和一份定义实现，注释写在哪里比较好呢？

A：主要看函数的使用方式。如果是对外发布的，注释写在声明处比较好，方便调用者查看；如果是内部用的，注释写在定义处比较好，方便自己看。

但一定要注意，最好不要两处都有注释，否则一旦修改了代码，保持注释同步会很麻烦。建议只在一处写详细的注释，另一处写类似"参见×××"的形式。

Q：公司里实施的编码规范与自己惯用的发生了冲突，该怎么解决呢？

A：软件开发毕竟还是要以团队合作为重，如果周围的人都遵守同一个规范，那我们也只能"随大流"，这样沟通和交流都不会有障碍。不过我们还是要做一个"理想主义者"，在公司之外可以按照自己惯用的编码规范来写代码。

Q：代码自身逻辑写得很清楚，留白、命名都很规范，是不是就不用写注释了？

A：要时刻谨记代码是写给别人看的。

我们写代码的时候经常会有种"错觉"，觉得代码很简单、很清楚，里面的逻辑一目了然。但对于其他人来说则不然，因为他们通常并不知道代码相关的业务场景和运行上下文，所以理解上就会存在偏差，所以适当地添加注释还是很有必要的。

但简洁、清晰的代码显然已经有一定的"自说明"能力，所以为它添加的注释也就不必太多，适当地"画龙点睛"就足够了。

此外，基本的文件头、函数和类的功能说明还是要有的，关键的业务部分也最好加上注释，每次有重大修改也应该加上注释说明，这些通常都是代码里无法直接体现的。

Q：C++有两种注释风格——"//"和"//"，哪种比较好？**

A：这个没有强制的标准，还是看个人的习惯，如果公司里有规范就更好了。我个人喜欢用"//"，它不会出现"/**/"的配对问题，看起来也更清晰。

Q：花括号"{}"对齐也有两种风格，选哪种比较好？

A："{}"的对齐风格争议已久，我觉得和注释风格一样，看个人的喜好或者公司规范。

"{""}"各自独占一行的写法我比较推荐，因为这样可使花括号的层次对应关系更清楚。

而"{"在行尾的写法比较紧凑，可以节约空间，因为 Java 流行这种风格它也就跟着流行了，甚至 Go 语言就强制使用这种风格。

其实两种风格并无优劣之分，在项目里保持一致就好，而且有的工具也可以很简单地将其格式化，我们就不必为此纠结了。

Q：使用"#include"包含文件的时候，双引号和角括号有什么区别？

A：两者在预处理时的搜索路径不同。双引号表示从源码文件的当前路径开始搜索，没有再去找系统路径，尖括号表示只搜索系统路径。

所以对于标准库、系统库等自带头文件应该用角括号，而对于我们自己写的源文件应该用双引号。当然都用双引号也是可以的，但这样就会显得比较混乱，无法区分哪些是自己写的代码。

Q：在预处理阶段可以自定义宏，但在编译阶段不能自定义属性标签，这是为什么呢？

A：预处理器不需要理解宏，只进行文本替换，它只要知道宏和它对应的替换就足够了。

属性标签属于编译阶段编程，必须由编译器理解后处理，而编译器是不认识自定义标签的，相当于"外来语"，识别不了编译器就不知道该如何做。所以我们只能等编译器开发者去定义新属性，而不能自己新增。

Q：模板元编程在哪些场景下应用比较好？

A： 模板元编程和预处理编程有点像，由编译器来改变源码的形态，但它的规则更复杂。

模板元编程应用的主要领域是"类型计算"，就是把各种类型当作处理目标，执行增减、查找、存储、归类等操作，再生成一些新的类型，通过模板最终产生新的代码。

举一个简单的例子：有一个类型 T，如果它有成员函数 instance()，那么我就返回 T&，否则就返回 T*。这种功能是无法在运行阶段实现的（因为返回值类型不同），只能用模板元编程实现。

不过对于大部分的 C++程序员来说，我还是不建议尝试模板元编程，最好是对泛型编程足够熟悉之后，在实际工作中确实感到不用模板元编程无法达到目标的时候再去用。

Q：只有基本的 C++知识，想深入学习有没有比较好的方法或者适合练手的项目？

A： 首先要了解现代 C++的核心语言特性，再学习一下标准库，了解里面的容器、算法等工具，比如 string/regex 处理字符串、map/set、线程库等。初步掌握了现代 C++的开发方式，知道它们能解决哪些问题，接下来用 C++写应用也就比较容易了。

网上虽然有不少 C++开源项目，但良莠不齐，而且好的项目通常都比较大，不太适合学习。可以参考一下本书第 5 章以及配套的 GitHub 仓库，里面列出的 C++库都比较好，试着研究源码后再写一个简化版，就差不多能上手 C++了。

第 3 章 C++核心语言特性

第 2 章我们从宏观的层面重新认识了 C++，了解了 C++程序的生命周期和编程范式。从本章开始，我们将"下沉"到微观的层面去观察 C++，去见一些"老朋友""新面孔"，比如 inline/default/auto/decltype/const/exception/lambda 等。

这些特性是现代 C++语言的基础，也是它的核心，在编码阶段熟练地运用它们会让我们的程序更优雅、更健壮、更安全。

3.1　面向对象编程

面向对象编程（object oriented programming）是 C++诞生之初"安身立命"的看家本领，也是 C++的基础编程范式。

不管我们是否喜欢，面向对象早就已经成为编程界的共识和主流。C++/Java/Python 等流行语言无一不支持面向对象编程，而像 Pascal/BASIC/PHP 那样早期面向过程的语言，在发展过程中也都增加了对它的支持，新推出的 Go/Swift/Rust 就更不用说了。

毫无疑问，掌握面向对象编程是现在程序员的基本素养。但落到实际开发时，每个人对它的理解程度有深有浅，应用的水平也有高有低；有的人设计出的类精致、灵活，而有的人设计出来的却是粗糙、笨重。

细想起来，面向对象里面可以研究的内容实在是太多了。那么到底面向对象的精髓是什么？怎么样才能用好它？怎么样才能写出一个称得上"好"的类呢？

本节将从设计思想、实现原则和编码准则这几个角度谈谈我对它的心得体会，以及在 C++里应用它的一些经验和技巧。[1]

---

[1] 要想从理论高度上学好面向对象编程，必须要掌握设计模式，以及开闭原则、里氏替换原则等设计原则，可参考第 6 章。

3.1.1　设计思想

虽然很多语言都内建语法以支持面向对象编程，但它本质上是一种设计思想、设计方法，与语言实现细节无关，要点是抽象（abstraction）和封装（encapsulation）。

掌握了这种代码之外的思考方式，就可以"高屋建瓴"——站在更高的维度上去设计程序，而不会被语言、语法限制。[①]

面向对象编程的基本出发点是"对现实世界进行模拟"，把问题中的实体抽象出来，封装为程序里的类和对象，这样就在计算机里为现实问题建立了一个虚拟模型。

然后以这个模型为基础不断演化，继续抽象对象之间的关系和通信，再用更多的对象去描述、模拟……最后，就形成了一个由许多互相联系的对象构成的系统。

把这个系统设计出来，再用代码实现出来，就是面向对象编程了。

不过，因为现实世界非常复杂，面向对象编程作为一种工程方法是不可能"完美"模拟的，纯粹的面向对象也有一些缺陷，其中最明显的缺陷之一就是继承。

继承的本意是重用代码，表述类型的从属关系（Is-A），但它在代码中却不能与现实完全对应，所以用起来就会出现很多意外。

比如以长方形为例：Rectangle 表示长方形，Square 继承 Rectangle，表示正方形。现在问题就来了，这个关系在数学中是正确的，但表示为代码却不太正确。长方形可以用成员函数单独变更长和宽，但正方形却不行，长和宽必须同时变更。

又如以鸟类为例：基类 Bird 有个 Fly() 方法，所有的鸟类都应该继承它。但企鹅、鸵鸟这样的鸟类却不会飞，实现它们就必须改写 Fly() 方法。[②]

各种编程语言为此都设计了一些"补丁"，如 C++就设计了多态、虚函数、重载等。这样虽然解决了继承的问题，但也使代码复杂化了，一定程度上偏离了面向对象的本意。

3.1.2　实现原则

面向对象编程的关键是抽象和封装，而不是继承和多态。继承和多态只能算是附加品，所以我建议在设计类的时候应当尽量少用继承和多态。

[①] 即使是像 C 这样纯面向过程的编程语言，也能够应用面向对象的思想以 struct 实现抽象和封装，得到良好的程序结构，NGINX 就是一个典型的例子。

[②] 关于长方形和鸟类这两个例子，可以用接口的方式来代替继承，进一步的讨论可参考第 6 章的 6.2 节。

如果完全没有继承关系，就可以让对象不必承受"父辈的重担"（父类成员、虚表等额外开销），轻装前行。没有隐含的重用代码也会降低耦合度，让类更独立、更容易理解。

把继承切割出去之后，还可以避免去记忆、实施那一大堆难懂的相关规则，比如不同继承方式的区别、多重继承、纯虚接口类、虚析构函数……这样可以绕过动态转型、对象切片、函数重载等很多陷阱，减少冗余代码，提高代码的健壮性。

如果非要用继承不可，那么我们一定要控制继承的层次，用统一建模语言（Unified Modeling Languge，UML）画出类体系的示意图来辅助检查（见图 3-1）。如果继承深度超过 3 层，就说明有点儿"过度设计"了，需要考虑用组合关系替代继承关系，或者改用模板和泛型。

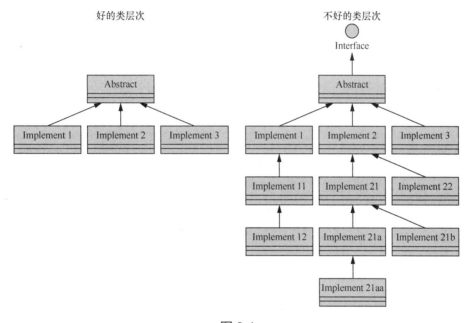

图 3-1

在设计类接口的时候，我们也要让类尽量简单、短小精悍，只负责单一的功能。

如果很多功能混在了一起，出现了"万能类""面条类"（有时候也叫作 God Class），就要应用设计模式、重构等知识，把大类拆分成多个各司其职的小类。

我看到有人有一种不好的习惯，就是喜欢在类内部定义一些嵌套类，美其名曰"高内聚"。但恰恰相反，这些内部类反而与上级类形成了强耦合关系，也是另一种形式的"万能类"。

其实这本来是名字空间该做的事情，用类来实现有点"越权"了。正确的做法应该是定义一个新的名字空间，把内部类都"提"到外面，降低原来类的耦合度和复杂度。

3.1.3　编码准则

有了这些实现原则，再结合即将介绍的一些编码细节，就可以从安全和性能两方面改善面向对象的代码。

1．final 标识符

C++11 新增了一个特殊的标识符 final（注意，它不是关键字）。把 final 用于类定义，就可以显式地禁用继承，防止有人有意或者无意地创建派生类。这个标识符无论是对人还是对编译器，效果都非常好，建议积极使用。例如：

```
class DemoClass final        // 禁止任何人继承
{ ... };
```

final 也可以用于虚函数，禁止这个虚函数再被子类重载，这样就可以更精细地控制继承类的使用：[①]

```
class Interface              // 接口类定义，没有 final，可以被继承
{
  virtual void f() = 0;      // 纯虚函数，没有 final，可以被子类重载
  ...
};

class Abstract:              // 抽象类，没有 final，可以被继承
    public Interface         // 只用 public 继承
{
  virtual void f() final     // 虚函数，有 final，禁止子类重载
  { ... }
};
```

在必须使用继承的场合，建议只使用 public 继承，避免使用 virtual/protected，它们会让父类与子类的关系变得难以理解，带来很多麻烦。当到达继承体系底层时，要及时使用"final"，终止继承关系。例如：

```
class Implement final :      // 实现类，final 禁止其被继承
    public Abstract          // 只用 public 继承
{ ... };
```

2．default/delete 函数

在 C++里类有传统的"四大函数"，分别是构造函数、析构函数、复制构造函数、复制赋值函数。C++11 因为引入了右值（rvalue）和转移（move），又多出了两大函数——转移构造函数和转移赋

---

① C++里还有 override 标识符，可用来明确标记子类中的虚函数重载。在我的印象里，好像在 20 世纪 90 年代初，C++ 就有这个标识符，可能是后来 C++98 标准化时给去掉了。

值函数，所以在现代 C++里，一个类有六大基本函数：3 个构造函数、两个赋值函数、一个析构函数。^①

　　好在编译器会自动为我们生成这些函数的默认实现，省去手动重复编写的时间和精力。但我建议，对于比较重要的构造函数和析构函数，应该用"**= default**"的形式明确地告诉编译器（和代码阅读者）："应该实现这个函数，但我不想自己写。"这样编译器就得到了明确的指示，可以更好地进行优化。例如：

```
class DemoClass final
{
public:
    DemoClass() = default;        // 明确告诉编译器，使用默认实现
    ~DemoClass() = default;       // 明确告诉编译器，使用默认实现

    DemoClass(...) {...}          // 其他形式的构造函数，不用默认实现
    ~DemoClass(...) {...}         // 其他形式的析构函数，不用默认实现
};
```

　　还要说明的是，default 函数只是简化了默认构造/析构函数的写法，我们仍然可以写出其他形式的构造/析构函数，所以它们的作用相当于为类提供了一个"保底"实现。

　　"= default"是现代 C++新增的专门用于六大基本函数的，与之相似的还有"= delete"，它表示明确地禁用某个函数形式。^②

　　比如，如果想要禁止对象复制，就可以用"=delete"显式地把复制构造函数和复制赋值函数"删除掉"，让外界无法调用：

```
class DemoClass final
{
public:
    DemoClass(const DemoClass&)            = delete;   // 禁止复制构造函数
    DemoClass& operator=(const DemoClass&) = delete;   // 禁止复制赋值函数
};
```

　　这样做之后，运行下面的代码就会在编译时报错，从而保护我们的代码：

```
DemoClass obj1;              // 一个不可复制的对象
DemoClass obj2 = obj1;       // 禁止复制，编译出错
```

3. explicit 函数

　　C++有隐式构造和隐式转型的规则，如果类里有单参数的构造函数，或者是转型操作符函数，

① 现代 C++的新特性"move"可以消除对象复制的成本，现有的资料大多数把它翻译成"移动"，但作者用"转移"这个词，认为更贴切、形象。

② delete 函数的用法不限于构造或析构函数，可以用于任何函数，包括类成员函数和自由函数。

为了防止意外的类型转换，保证安全，最好使用 explicit 将这些函数标记为"显式"。示例代码如下：

```
class DemoClass final
{
public:
    explicit DemoClass(const string_type& str)  // 显式单参数构造函数
    { ... }

    explicit operator bool()                     // 显式转型为bool
    { ... }
};
```

这种做法不仅可以增强可读性，还能够约束对象的使用，防止类的调用者写出一些"偷懒"的代码，例如：

```
DemoClass obj = "sting ctor";                 // 错误，不能隐式转换
bool b = obj;                                 // 错误，不能隐式转换

DemoClass obj = (DemoClass)"sting ctor";      // 正确，能显式转换
bool b = static_cast<bool>(obj);              // 正确，能显式转换

if (obj) { ...}                               // 正确，能显式转换
```

3.1.4　实用技巧

除了 final/default/delete/explicit，现代 C++里还有很多能够让类变得更优雅的新特性。这里再从"投入产出比"的角度出发，挑出 4 个我很喜欢的特性，掌握了它们之后不用花太多力气就能很好地改善代码质量。

1．委托构造

如果类有多个不同形式的构造函数，为了初始化，成员肯定会有大量的重复代码。为了避免代码重复，常见的做法是把公共的部分提取出来，放到一个 init()函数里，然后用构造函数去调用。这种方法虽然可行，但效率和可读性较差，毕竟init()不是真正的构造函数。

现在我们就可以使用委托构造的新特性，即在一个构造函数中直接调用另一个构造函数，把构造工作"委托"出去，既简单又高效。例如：

```
class DemoDelegating final
{
private:
    int a;                                    // 成员变量
public:
    DemoDelegating(int x) : a(x)              // 基本的构造函数
```

```
{}

    DemoDelegating() :                    // 无参数的构造函数
        DemoDelegating(0)                 // 给出默认值，委托给第一个构造函数
    {}

    DemoDelegating(const string& s) :     // 字符串参数构造函数
        DemoDelegating(stoi(s))           // 转换成整数，再委托给第一个构造函数
    {}
};
```

注意这段代码里后两个构造函数，它们的函数体都是空的，实际的构造工作都委托给了第一个构造函数，由它来完成真正的构造工作。

2. 成员变量初始化

如果类有很多成员变量，那么在写构造函数的时候就比较麻烦，必须写出一长串的名字来逐个初始化这些变量，不仅不美观，还容易"手抖"而遗漏某个变量，带来某个变量未初始化的隐患。

而在现代 C++ 里，我们可以在类里声明变量的同时给它赋值，实现初始化，这样不但简单、清晰，也消除了隐患。可以看看下面的代码示例：

```
class DemoInit final            // 有很多成员变量的类
{
private:
    int              a = 0;          // 整数成员变量，赋值初始化
    string           s = "hello";    // 字符串成员变量，赋值初始化
    vector<int>      v{1, 2, 3};     // 容器成员变量，使用花括号初始化列表
public:
    DemoInit() = default;        // 默认构造函数
    ~DemoInit() = default;       // 默认析构函数
public:
    DemoInit(int x) : a(x) {}     // 也可以单独初始化成员变量，其他未被初始化的成
员变量用默认值
};
```

成员变量初始化的方法相当简单，也很符合直觉，建议在编写类时使用。

3. 静态成员变量初始化

对于类的静态成员变量来说，初始化有其特殊性。

如果是 const 的静态成员变量，那么 C++ 允许直接在声明的时候初始化。如果是非 const 的静态成员变量，则要求必须在实现文件里，也就是 "*.cpp" 里单独再初始化（因为需要分配唯一的存储空间）。例如：

```
class DemoInit final
{
public:
    static const int    x = 0;              // 静态常量总可以直接初始化
    static string        prefix = "xx";      // 无法通过编译
};

string DemoInit::prefix = "xx";             // 必须在类外单独初始化
```

这就造成了类成员变量初始化形式的不一致，写起来很别扭，不方便在一个头文件中实现类。

这个问题在 C++17 中有了解决方案，解决方案也很简单，加上一个 inline 关键字就可以，这被称为内联变量：

```
class DemoInit final
{
public:
    inline static string prefix = "xx";      // 在 C++17 里编译正常
};
```

使用内联变量，C++就可以保证：无论这个头文件被包含多少次，静态成员变量也只有唯一一个全局实例。

4. 类型别名

C++扩展了关键字 using 的用法，使它具备了 typedef 的能力，可以定义类型别名。

using 定义别名的格式与 typedef 正好相反：别名在左边，原名在右边，是标准的赋值形式，所以易写易读。例如：

```
using uint_t         =   unsigned int;      // 使用 using 定义别名
typedef   unsigned int        uint_t;       // 等价的 typedef 语句
```

在写类的时候，我们经常会用到很多外部类型，比如标准库里的 string/vector，还有其他的第三方库和自定义类型。这些外部类型的名字通常都很长（特别是带上名字空间、模板参数），书写起来很不方便，这个时候我们就可以在类里面用 using 给它们起别名，不仅可以简化名字，还可以增强可读性。示例代码如下：

```
class DemoClass final
{
public:
    using this_type       = DemoClass;       // 给类本身起别名
    using kafka_conf_type = KafkaConfig;     // 给外部类型起别名

public:
    using string_type     = std::string;     // 给字符串类型起别名
    using uint32_type     = uint32_t;        // 给整数类型起别名
```

```
using set_type          = std::set<int>;            // 给集合类型起别名
using vector_type       = std::vector<std::string>; // 给容器类型起别名

private:
    string_type   m_name = "tom";                   // 使用类型别名声明变量
    uint32_type   m_age  = 23;                       // 使用类型别名声明变量
    set_type      m_books;                           // 使用类型别名声明变量

private:
    kafka_conf_type m_conf;                          // 使用类型别名声明变量
};
```

类型别名不仅能够让代码规范、整齐，而且因为引入了这个"语法层面的宏定义"，将来在维护时还可以将类型别名随意换成其他类型。比如把字符串类型改成 string_view（参见第 4 章），把集合类型改成 unordered_set，只要变动别名定义即可，其他原代码不需要做任何改动。

3.1.5　面向对象编程小结

本节讨论了 C++里的基本范式——面向对象编程，关键知识点列举如下。

- 面向对象编程是一种设计思想，关键是抽象和封装，而继承和多态是衍生出的特性，不完全符合现实世界。
- 在 C++里应当少用继承和虚函数，降低对象的负担，绕过那些难懂易错的陷阱。
- 使用特殊标识符 final 可以禁止类或虚函数被继承，简化类的层次关系。
- 类有六大基本函数，对于重要的构造/析构函数，可以使用"= default"来显式要求编译器使用默认实现。
- 使用委托构造成员变量初始化等特性可以让创建对象的工作更加轻松。
- 使用 using 为类型起别名，既能够简化代码，又能够适应将来的变化。

不过"仁者见仁，智者见智"，本节的内容也只能算是我自己的经验和体会，不是普适性准则，不一定适合所有人。在实际的开发工作中到底要怎么用，还是要结合自己的具体情况，千万不要完全照搬。

3.2　自动类型推导

如果你有过一些 C++的编程经历，就一定听说过自动类型推导（auto type deduction）。

它是自 C++11 开始引入的一个关键的语言特性，个人认为是现代 C++中非常重要的特性，利用它可以让 C++代码写起来更轻松自如，也让我们拥有了原来只属于编译器的"至高权力"。

3.2.1　什么是自动类型推导

自动类型推导其实是一个非常"老"的特性，"C++之父"Bjarne Stroustrup 早在 C++ 诞生之初就设计并实现了它。但因为它与早期 C 语言的语义有冲突，所以被"雪藏"了近 30 年。直到 C99 消除了兼容性问题，C++11 才让它再度登场。[①]

那为什么要重新引入自动类型推导这个"老"特性呢？

我们可以先从字面上去理解，把这个词分解成 3 个部分：自动、类型和推导。

- 　自动就是让计算机去做，而不是人去做，相对的是手动。
- 　类型指的是操作目标，操作的是编译阶段的类型，而不是数值。
- 　推导就是演算、运算，把隐含的值给算出来。

我们再来看一看自动类型推导之外的其他几种排列组合，通过对比的方式来理解这个概念。

例如计算"x = 1 + 1"，我们可以在写代码的时候直接填上 2，这就是手动数值推导。我们也可以"偷懒"，只写表达式，让计算机在运行时自己算，这就是自动数值推导。

数值推导对于人和计算机来说都不算什么难事，所以手动和自动的区别不大，只有快慢的差异，但类型推导就不同了。

因为 C++是一种静态强类型的语言，任何变量都要有一个确定的类型，否则就不能用。在自动类型推导出现之前，我们写代码时只能手动推导类型。也就是说，在声明变量的时候，必须要在源码里明确地给出类型。

这在变量类型简单的时候还好说，比如 int/double 等类型，但在进行泛型编程的时候，麻烦就来了。因为泛型编程会应用很多模板参数，有的类型还有内部子类型、子子类型，一下子就把 C++原本简洁的类型体系复杂化了。这就迫使我们和编译器"斗智斗勇"，只有写对了类型，编译器才会"放行"（编译通过）。

下面的代码示范了手动类型推导的一些常见场景：

```
int        i = 0;                    // 整数变量，类型很容易知道
double     x = 1.0;                  // 浮点数变量，类型很容易知道

std::string str = "hello";          // 字符串变量，有了名字空间，麻烦了一点儿

std::map<int, std::string> m = ...;  // 关联数组，名字空间加模板参数，很麻烦
```

---

① 在 C 语言里，auto 关键字最早用于标识局部变量，与 static 同级，但因为用得极少，所以现代 C++就给"变废为宝"了。

```
std::map<int, std::string>::const_iterator    // 内部子类型，超级麻烦
  iter = m.begin();

??? f = std::bind(std::less<int>(), _1);       // 函数绑定，难以推导类型
```

虽然我们可以用 typedef/using 来简化类型名，减轻打字的负担，但关键的手动推导问题还是没有得到解决，还是要查看类型定义，找到正确的声明。在大部分场景里，表达式的类型会复杂到难以推导。这时，C++静态强类型的优势反而成为劣势，阻碍了程序员的工作，降低了开发效率。

其实编译器是知道（而且也必须知道）这些类型的，但它却没有办法直接告诉你，这就很尴尬了。一边急切地想知道答案，而另一边却只给判个对错，至于怎么错了、什么是正确答案，却"打死也不说"。

但如今有了自动类型推导，问题就迎刃而解了。这就像是在编译器紧闭的大门上开了道小口子，跟它说一声，就会递过来张小纸条，具体是什么不重要，重要的是里面写明了我们想要的类型。

这个"小口子"就是关键字 auto，在代码里的作用类似于占位符（placeholder）。只要写上它，就可以让编译器去自动"填上"正确的类型，既省力又省心。

使用自动类型推导后，刚才的代码就可以进行如下修改：

```
auto i = 0;                // 自动推导为 int 类型
auto x = 1.0;              // 自动推导为 double 类型

auto str = "hello";        // 自动推导为 const char [6]类型

std::map<int, std::string> m = {{1,"a"}, {2,"b"}};  // 无法自动推导

auto iter = m.begin();     // 自动推导为 map 内部的迭代器类型

auto f = std::bind(std::less<int>(), _1);  // 自动推导出类型，具体是啥不知道
```

需要注意的是，因为C++太复杂，自动类型推导有时候可能失效，无法给出想要的结果。比如在上面的这段代码里，就把字符串的类型推导成了"const char [6]"而不是"std::string"。[①]

而有时候编译器也确实理解不了代码的意思，推导不出恰当的类型，还得我们"亲力亲为"。比如上述代码里的 map，使用了花括号初始化列表，但最后要存储成什么类型比较合适，编译器也是不知道的。

在这个示例里，我们还可以直观感觉到自动类型推导让代码干净、整齐了很多，不用去写那

[①] C++14 新增了字面量后缀"s"来表示标准字符串，所以可以用"auto str = "..."s;"的形式直接推导出 std::string 类型，可参考第 4 章。

些复杂的模板参数了。

但如果把它理解为仅能简化代码、少打几个字，就实在是辜负了 C++标准委员会的一番苦心。

除了简化代码，自动类型推导还能避免对类型的硬编码，也就是说变量类型不是"写死"的，而是能够"自动"适应表达式的类型的。比如把 map 改为 unordered_map，那么后面的相关代码都不用动。这个效果和类型别名有点像，但我们完全不需要写出 typedef 或者 using，全由 auto "代劳"。

```
std::unordered_map<int, std::string> m = {...};  // 改为无序容器
auto  iter = m.begin();         // 代码不用改，即可自动推导为正确的迭代器类型
```

另外我们还应该认识到，自动类型推导实际上和 attribute 一样，是编译阶段的特殊指令，用于指示编译器去计算类型。所以它在泛型编程和模板元编程里还有更多的用处。

3.2.2 auto 关键字

自动类型推导常用的是 auto 关键字，但因为它有时候不会如设想的那样工作，所以在使用时有一些需要特别注意的地方。

首先我们要知道，auto 的自动推导能力只能用在初始化的场合。

具体来说，就是赋值初始化或者使用花括号初始化（初始化列表时），变量右边必须要有一个表达式（简单、复杂的都可以）。这样在左边写上 auto，编译器才能找到表达式，帮我们自动计算类型。

如果不是上述形式，只是纯变量声明，就无法使用 auto——因为此时没有表达式可以让 auto 去推导。例如：

```
auto x = 0L;          // 自动推导为 long
auto y = &x;          // 自动推导为 long*
auto z {&x};          // 自动推导为 long*

auto err;             // 错误，没有赋值表达式，不知道是什么类型
```

这里还有一个特殊情况，在类成员变量初始化（3.1.4 小节）的时候，目前 C++标准还不允许使用自动类型推导（但我个人觉得其实没有必要限制，也许以后会放开吧），所以在类里还是要老老实实地去进行手动类型推导：[1]

---

[1] C++标准又特别规定，类的静态成员变量允许使用自动类型推导，但我建议，为了与非静态成员变量保持一致，还是统一不使用自动类型推导比较好。

```
class X final
{
    auto a = 10;          // 错误，类里不能使用自动类型推导
};
```

知道了 auto 的应用场景，我们还需要了解 auto 的推导规则，以保证它能够按照我们的想法去工作。对比，虽然标准文档里规定得很复杂、细致，但我总结出了 3 条简单的规则，这 3 条规则在大多数情况下足够用了。

- auto 总是推导出值类型，绝不会推导出引用类型。
- auto 可以附加 const/volatile/*/&等类型修饰符，从而得到新的类型。
- "auto&&" 是特殊用法，总是推导出引用类型。

下面是一些使用 auto 的例子：

```
auto          x  = 10L;          // auto 推导为 long, x 是 long
auto&         x1 = x;            // auto 推导为 long, x1 是 long&
auto*         x2 = &x;           // auto 推导为 long, x2 是 long*
const auto&   x3 = x;            // auto 推导为 long, x3 是 const long&
auto          x4 = &x3;          // auto 推导为 const long*, x4 是 const long*
auto&&        x5 = x;            // auto 推导为 long, x5 是 long&
```

如代码所演示的那样，auto 就像一个占位符，它推导出的类型会因右边表达式和附带的修饰符而变化。如果不采用 "auto&&" 的形式，那么它最终推导的结果绝不会是引用，但可以是指针（指针也是一种值类型）。

3.2.3　decltype 关键字

在 auto 之外，C++的自动类型推导还会使用另外一个关键字：decltype。[①]

auto 只能用于初始化，但这种 "向编译器索取类型" 的能力非常有价值，把它限制在这么小的场合，实在是有点 "屈才" 了。

自动类型推导要求必须从表达式推导，那在没有表达式的时候，该怎么办呢？

其实解决思路也很简单，就是 "手中有粮，心中不慌"——自己带上表达式，这样就走到哪里都不怕了。

decltype 的形式很像函数，后面的圆括号里就是自带的、可用于计算类型的表达式（与 sizeof 有点类似），其他方面就和 auto 一样，也能附加 const/volatile/*/&来修饰。

但因为它已经自带表达式，所以不需要变量后面再有表达式，也就是说可以直接声明变量，

---

① 关键字 decltype 可以读作 "declare type"。

不用赋值、初始化。具体的用法可以看下面的示例：

```
int x = 0;                          // 整数变量
decltype(x)    x1;                  // 推导为 int, x1 是 int
decltype(x)&   x2 = x;              // 推导为 int, x2 是 int&, 引用必须赋值
decltype(x)*   x3;                  // 推导为 int, x3 是 int*
decltype(&x)   x4;                  // 推导为 int*, x4 是 int*
decltype(&x)*  x5;                  // 推导为 int*, x5 是 int**
```

对比一下 decltype/auto，简单来看好像就是把表达式改到了左边而已，但实际上，在推导规则上它们有一点细微且重要的区别：decltype 不仅能够推导出值类型，还能够推导出引用类型，也就是表达式的"原始类型"。

从下面的示例代码中我们就可以看到，decltype 直接从一个引用类型的变量推导出了引用类型 int&，而 auto 会把引用去掉，推导出值类型 int：

```
decltype(x2)   x6 = x2;  // x2 是 int&, x6 也是 int&
auto           x7 = x2;  // x2 是 int&, x7 是 int
```

所以我们完全可以把 decltype 表达式看成一个真正的类型名，用在变量声明、函数参数/返回值、模板参数等任何类型能出现的地方——只不过这个类型是在编译阶段通过表达式"计算"得到的。

如果不信的话，可以用 using 定义类型别名来试一试，因为类型别名定义必然要经过编译器的许可：

```
using int_ptr = decltype(&x);   // int *
using int_ref = decltype(x)&;   // int &
```

既然 decltype 类型推导更精确，那是不是可以替代 auto 了呢？

实际上 decltype 也有个缺点，就是写起来略麻烦，特别是在用于初始化的时候，表达式要重复两次（左边的类型计算，右边的初始化），当表达式比较复杂的时候就会完全抵消自动类型推导简化代码的优势。

所以我们还可以使用 decltype(auto) 的形式，这里的 auto 仍然起到了占位符的作用，从而既能够精确推导类型，又能够像 auto 一样便于使用：[1]

```
int x = 0;                          // 整数变量
decltype(auto)    x1 = (x);  // 推导为 int&, 因为(expr)是引用类型
decltype(auto)    x2 = &x;   // 推导为 int*
decltype(auto)    x3 = x1;   // 推导为 int&
```

---

[1] decltype(auto) 是 C++14 新增的形式，在 C++11 里不能用。

3.2.4　用好自动类型推导

现在我们了解了 auto/decltype 这两个自动类型推导的关键字，该怎么用好它们呢？下面就来说一下我的经验。

1. 使用 auto

因为 auto 写法简单，推导规则也比较好理解，所以在变量声明时应该尽量多用。

auto 有一个"最佳实践"，就是用于"range-based for"（基于范围的 for 循环）：不需要关心容器的元素类型、迭代器返回值、首末位置，就能非常轻松地完成遍历操作。不过为了保证效率，最好使用"const auto&"或者"auto&"。例如：

```
vector<int> v = {2,3,5,7,11};        // vector 顺序容器

for(const auto& i : v) {             // 采用常引用方式访问元素，避免复制代价
    cout << i << ",";                // 常引用不会改变元素的值
}

for(auto& i : v) {                   // 采用引用方式访问元素
    i++;                             // 引用会改变元素的值
    cout << i << ",";
}
```

C++14 之后，auto 还新增了一个应用场合，就是推导函数返回值。这样在写复杂函数的时候——比如返回一个二元组（pair）、容器或者迭代器的函数——就会非常省事。示例代码如下：

```
auto get_a_set()                     // auto 作为函数返回值的占位符
{
    std::set<int> s = {1,2,3};
    return s;                        // 返回一个容器对象
}
```

在 C++17 里，auto 的类型推导范围又扩大了，多了一个结构化绑定的功能。这种功能有些类似元组（tuple）的 tie() 函数，可以分解结构体或者数组，把多个变量绑定到那些有内部结构的对象上。

仅这么说似乎有点儿不太好理解，可以看一下示例代码：

```
tuple x{1, "x"s, 0.1};               // 有 3 个元素的元组

auto [a, b, c] = x;                  // 结构化绑定，取出内部的元素
assert(a == 1 && b == "x");
```

这段代码里先声明了一个元组对象 tuple，然后利用 auto 的结构化绑定功能（方括号），

把它里面的 3 个元素取了出来，分别赋值给 a、b、c 这 3 个变量。[①]

如果没有结构化绑定，我们就必须先声明变量，再分解结构体或者数组：

```
int a; string b; double c;              // 声明 3 个变量
std::tie(a, b, c) = x;                  // tie()函数
```

可以看到，auto 的这种用法实际上是原有的自动类型推导的拓展。从推导一个变量拓展到推导一组变量——更多的是起到"语法糖"的作用，省去了我们逐个声明变量处理结构对象的麻烦，在遍历容器或者获取函数返回值的时候可以简化不少代码。例如：

```
for (auto& [k,v] : amap) {              // 结构化绑定遍历 map 类型
    cout << k << "=>" << v << endl;     // 不需要访问 first/second 成员
}

auto [real, imag] = get_complex();      // 结构化绑定获取复数
```

另外，结构化绑定还相当于为结构体内部成员起了别名，所以采用有业务含义的名字会让代码更具可读性。

2. 使用 decltype

decltype 是 auto 的高级形式，更侧重于编译阶段的类型计算，所以常用在泛型编程里以获取各种类型，配合 typedef/using 使用会更加方便。当感觉"这里我需要一个特殊类型"的时候，选它就对了。

例如，定义函数指针在 C++里一直是令人比较头疼的问题，因为传统的写法实在是太"怪异"：

```
// UNIX 信号函数的原型，看着有些让人头晕，你能手写出函数指针类型吗
void (*signal(int signo, void (*func)(int)))(int)
```

但现在定义函数指针就简单了，只要手里有函数，就可以用 decltype 轻松得到指针类型：

```
// 使用 decltype 可以轻松得到函数指针类型
using sig_func_ptr_t = decltype(&signal) ;
```

这里实际上就是通过 decltype 向编译器发出了一个命令，向它"索取"了表达式的类型。

还有，因为 auto 在定义类的时候被禁用了，这时 decltype 就可以"大显身手"了。它可以搭配别名任意定义类型，再应用到成员变量、成员函数上，从而实现 auto 的功能：

```
class DemoClass final
{
public:
```

[①] 注意代码里的 tuple 应用了 C++17 的模板参数推导特性，可以不显式写出角括号里的类型，由编译器根据后面的初始化表达式来推导。

```
    using set_type      = std::set<int>;     // 集合类型别名
private:
    set_type      m_set;                      // 使用别名定义成员变量

    // 使用 decltype 计算表达式的类型, 定义别名
    using iter_type = decltype(m_set.begin());

    iter_type     m_pos;                      // 使用类型别名定义成员变量
};
```

3.2.5　自动类型推导小结

本节介绍了现代 C++ 里非常重要的自动类型推导, 我们一定要认真学习并掌握, 其中的关键知识点如下。

- 自动类型推导是给编译器下的指令, 让编译器去计算表达式的类型, 然后将类型返回给程序员。
- auto 用于初始化时的类型推导, 总是推导出值类型, 也可以加上修饰符推导出新的类型。它的规则比较好理解, 用法也简单, 应该尽量使用。
- C++17 为 auto 增加了结构化绑定的功能, 可以自动推导出一组变量的类型, 用来拆解有结构的对象 (如 pair/tuple), 简化代码。
- decltype 使用类似函数调用的形式计算表达式的类型, 能够用在任意场合, 因为它就是一个编译阶段的类型。
- decltype 能够推导出表达式的精确类型, 但写起来比较麻烦, 在初始化时可以采用 C++14 新增的 decltype(auto) 的简化形式。
- 因为 auto/decltype 不是硬编码的类型, 所以用好它们可以让代码更清晰, 降低后期维护的成本。

3.3　常量与变量

3.2 节介绍了自动类型推导, 提到推导出的类型可以附加 const/volatile 来修饰 (通常合称为 "cv 修饰符")。

别看就这么两个关键字, 里面的 "门道" 其实还挺多的, 本节就来说说它们, 以及另两个比较少见的关键字 mutable/constexpr。

3.3.1　const/volatile 关键字

我们都对 const 很熟悉, 正如它的字面含义, 表示常量, 较简单的用法就是定义程序里用到

的数字、字符串常量，代替宏定义等。例如：①

```
const int        MAX_LEN = 1024;
const std::string NAME    = "metroid";
```

但如果从 C++程序生命周期的角度来看的话，我们就会发现它和宏定义还是有本质区别的：const 定义的常量在预处理阶段并不存在，而是直到运行阶段才出现。

所以准确地说，它实际上是运行时的变量，只不过不允许修改，是只读的（read only），或许叫只读变量更合适。

既然它是变量，那么使用指针获取地址，再强制写入也是可以的。但这种做法破坏了常量性，绝对不提倡。下面是一个具有示范性质的实验：②

```
// 需要加上 volatile 修饰，运行时才能看到效果
const volatile int MAX_LEN  = 1024;

auto ptr = const_cast<int*>(&MAX_LEN);   // 强制类型转换，去除常量性
*ptr = 2048;                             // 向指针地址写入数据
cout << MAX_LEN << endl;                 // 输出 2048
```

这段代码最开始定义的常数是 1024，但是运行后输出的却是 2048。

请注意，const 后面有 volatile 的修饰，它是这段代码的关键。如果没有 volatile，那么即使用指针得到了常量的地址，并且尝试进行了各种修改，输出的仍然会是常数 1024。

原因何在呢？因为真正的常数对于计算机来说有特殊意义，它是绝对不变的，所以编译器就要想各种办法去优化。

const 常量虽然不是真正的常数，但在大多数情况下，它都可以被认为是常数，在运行期间不会改变。编译器看到 const 定义，就会采取一些优化手段，比如把所有 const 常量出现的地方都替换成原始值，从而将运行阶段的常量转换成编译阶段的常量。

所以，对于没有 volatile 修饰的 const 常量来说，虽然我们用指针修改了常量的值，但这个值在运行阶段根本没有用到——因为它在编译阶段就被"优化"掉了。

现在就来看看 volatile 这个关键字的作用。

它的含义是不稳定的、易变的。在 C++里，表示变量的值可能会以难以察觉的方式（比如操

---

① 和预处理阶段的规则类似，常量的名字通常都用全大写的形式，但也有另外一种风格：在名字前加上 "k" 前缀（这个 "k" 大概就是 constant 的简写）。

② const_cast 是 C++的 4 个转型操作符之一，可以代替旧式转型，专门用来去除常量性，用在某些极特殊的场景（例如调用纯 C 接口），但应当少用，最好不用。

作系统信号、外部其他的代码）被修改，所以禁止编译器进行任何形式的优化，每次使用的时候都必须"老老实实"地去取值。

现在再去看刚才那段示例代码我们就应该明白了：MAX_LEN 虽然是只读变量，但有 volatile 修饰，就表示它不稳定，可能会"悄悄地"改变。编译器在生成机器码的时候，就不会再去进行那些可能有副作用的优化，而是用"最保守"的方式去使用 MAX_LEN。

也就是说，编译器不会再把 MAX_LEN 替换为 1024，而是生成去内存里取值的 CPU 指令，到实际运行的时候 MAX_LEN 已经通过指针被强制修改了，所以这段代码最后输出的是 2048，而不是最初的 1024。

看到这里，是否被 const/volatile 这两个关键字的表面意思迷惑了呢？我的建议是，最好把 const 理解成 read only，把变量标记成 const 可以让编译器更好地进行优化。[①]

而 volatile 会禁止编译器进行优化，所以除非必要，应当少用 volatile。这也是我们几乎很少在代码里见到它的原因，我也建议最好不要用它（除非真的知道变量会如何被悄悄地改变）。

3.3.2　const 的使用方法

作为一个类型修饰符，const 的用途非常多，除了刚才提到的修饰变量外，它还有修饰常量引用、常量指针等很多用法，而 volatile 因为比较"危险"，就不再多介绍了。

1. 基本用法

在 C++里除了基本的值类型，还有引用类型和指针类型，它们加上 const 就成了常量引用和常量指针：

```
int          x   = 100;

const int&   rx  = x;                // 常量引用
const int*   px  = &x;               // 常量指针
```

"const &"被称为"万能引用"，也就是说，它可以引用任何类型，即不管是值、指针、左引用还是右引用，它都能"照单全收"。

而且，它还会给变量附加上 const 特性，这样变量就成了常量，只能读、不能写。编译器会帮助我们检查出所有对该常量的写操作，发出警告，从而在编译阶段防止有意或者无意的修改。这样一来，const 常量用起来就非常安全了。

---

① 这里的 read only 只是一种弱约定，实际上 C++在运行阶段没有什么是不可以改变的，即使是只读也可以强制写入。

因此在设计函数的时候，我建议尽可能地使用"const&"作为入口参数，一来可以保证效率，二来可以保证安全。[①]

const 用于指针的情况会略微复杂一点。常见的用法是：将 const 放在声明的最左边，表示指向常量的指针。这个其实很好理解，指针指向的是一个只读变量，不允许修改：

```cpp
string name = "uncharted";
const string* ps1 = &name;                // 指向常量
*ps1 = "spiderman";                       // 错误，不允许修改
```

另外一种比较"恶心"的用法是，将 const 被在"*"的右边，表示指针不能被修改，而指向的变量可以被修改：

```cpp
string* const ps2 = &name;                // 指向变量，但指针本身不能被修改
*ps2 = "spiderman";                       // 正确，允许修改
```

再进一步，那就是"*"两边都有 const，尝试猜测下面的代码是什么意思：

```cpp
const string* const ps3 = &name;          // 很难看懂，表示指向常量的常指针
```

实话实说，我个人对将 const 放在"*"后面的用法"深恶痛绝"，每次看到这种形式，脑子里都会"绕一下"（实在是太难理解了），似乎感觉到了代码作者"深深的恶意"。

还是那句话："代码是给人看的，而不是给机器看的。"

所以，我从来不用"* const"的形式，也建议读者不要用，而且这种形式在实际开发时也确实没有多大作用（除非你想"炫技"）。如果真有必要，也最好换成其他实现方式——让代码好懂一点儿，将来的代码维护者会感谢你的。

另外，在 C++17 中为了更好地让变量常量化，新增了一个辅助函数 std:: as_const()，它的作用有点类似于 const_cast，可以无条件把变量转换为常量引用。

因为 std::as_const() 返回的是引用类型，所以如果要使用自动类型推导就最好用 "auto&&"或者 decltype(auto) 的形式，以保证推导出正确的类型。例如：

```cpp
decltype(auto) s = std::as_const(name);          // 获取常量引用

assert(std::is_reference_v<decltype(s)>);        // 断言是引用类型
assert(std::is_const_v<                          // 断言常量性
    std::remove_reference_t<decltype(s)>         // 去掉类型里的引用
  >);
```

[①] 因为在 C++里函数的参数的语义是传值，所以对于简单的值类型，如 int/double，不用"const &"的形式也不会影响效率。

2. 高级用法

刚才说的 const 用法都是面向过程的，在面向对象里 const 也很有用。

定义 const 成员变量很简单，但你用过 const 成员函数吗？像这样：

```
class DemoClass final
{
private:
    const long    MAX_SIZE = 256;    // const 成员变量
    int           m_value  = 100;    // 非 const 成员变量
public:
    int get_value() const            // const 成员函数
    {
        return m_value;
    }

    void incr()                      // 非 const 成员函数
    {
        m_value++;
    }
};
```

这里 const 的用法有点特别。它被放在了函数的后面，表示这个函数是一个"常量"。[①]

const 成员函数的意思并不是函数不可修改。实际上，在 C++里函数并不是变量（lambda表达式除外），所以只读对于函数来说没有任何意义。它的真正含义是函数的执行过程是常量类型的，不会修改对象的状态（成员变量），也就是说，成员函数执行的是"只读操作"。

听起来有点平淡无奇吧，但如果我们把它和刚才讲的常量引用、常量指针结合起来，就不一样了。

因为常量引用、常量指针关联的对象是只读、不可修改的，也就意味着，对它的任何操作也应该是只读、不可修改的，否则就无法保证它的安全性。所以，编译器会检查 const 对象相关的代码，如果不是 const 成员函数，就不允许调用。

请看下面的示例代码：

```
DemoClass obj;                       // 声明一个变量
auto&&  cobj = std::as_const(obj);   // 对变量的 const 引用
cout << cobj.get_value() << endl;    // 调用 const 成员函数，正常

std::as_const(obj).incr();           // 调用非 const 成员函数，编译不通过
```

_____

[①] 类的成员函数有一个隐含的 this 参数，所以从语义上来说，const 成员函数实际上是传入了一个 const this 指针。但因为 C++语法限制，无法声明 const this，所以就把 const 放到了函数后面（如果放在函数前面，含义就变成了函数返回值是 const 的）。

这其实也是对常量语义的一个自然延伸：既然是 const 对象，那么它所有的相关操作也应该是 const 的。同样，保证了安全之后，编译器确认对象不会变，也可以更好地进行优化。

3.3.3　mutable 关键字

说到在类里使用 const，就必然涉及另一个关键字 mutable。

mutable 与 volatile 的字面含义有点像，但用法、效果却大相径庭。volatile 可以用来修饰任何变量，而 mutable 却只能修饰类定义里面的成员变量，表示变量即使是在 const 对象里也是可以修改的。

换句话说，就是标记为 mutable 的成员变量不改变对象的状态，也不影响对象的常量性，所以允许 const 成员函数改写标记为 mutable 的成员变量。

mutable 好像有点"多此一举"，它有什么用呢？

在我看来，mutable 像是语言里给 const 对象打的一个"补丁"，让它部分可变。

因为对象与普通的 int/double 不同，内部会有很多成员变量来表示状态，但由于封装特性，外界只能看到一部分状态。判断是否是 const 对象其实应该由这些外部可观测的状态来决定。

比如，对象内部用到了一个 mutex 来保证线程安全，有一个缓冲区来暂存数据，有一个原子变量来引用计数……这些都属于内部的私有实现细节，外面看不到，变与不变不会改变外界看到的常量性。这时，如果 const 成员函数不允许修改它们，就有点"说不过去"了。

所以对于这些有特殊作用的成员变量，我们可以给它加上 mutable，解除 const 的限制，让任何成员函数都可以操作它。

下面的代码就展示了 mutable 的部分用法：[①]

```
class DemoClass final
{
private:
    using mutex_type = int;          // 仅作为示范用的类型定义
    mutable mutex_type m_mutex;      // 标记为 mutable 的成员变量
public:
    void save_data() const           // const 成员函数
    {
        m_mutex++;                   // 只可以修改标记为 mutable 的成员变量
        m_value++;                   // 修改其他变量会导致编译错误
    }
};
```

———————

① C++11 之后 mutable 又多了一种用法，可以修饰 lambda 表达式，参见 3.5 节。

这样 const 成员函数就不仅仅是只读的了，也可以做一些修改操作，但仅限于操作标记为 mutable 的成员变量，对象的其他状态依然没有变化。

显而易见，mutable 也不能乱用，太多的 mutable 让对象总是处于变化状态，就丧失了 const 的好处。因此和 volatile 一样，在设计类的时候我们一定要仔细考虑，要少用、慎用 mutable。

3.3.4　constexpr 关键字

通过前面的讨论，我们看到了 const 的作用，它能够定义运行时的常量，虽然也可以当作编译期常量来用，但毕竟存在语义上的差异，不够"完美"。

所以，为了完善语言体系，与预处理常量、运行时常量区分开，C++引入了一个新的关键字"constexpr"，用来实现真正的编译期常量。

constexpr 这个关键字可以从字面意义上理解为常量表达式，它是一个特殊的类型修饰符，具有神奇的"魔力"：任何表达式、函数只要带上它，就会具有编译期常量的特性，能够用于编译期计算。例如：

```
constexpr int MAX = 100;                        // 编译期常量整数

constexpr long mega_bits()                      // 编译期常量函数
{
    return 1024*1024;
}

array<int, MAX> arr = {0};                      // 编译期常量，可用于模板参数
assert(arr.size() == 100);

static_assert(
    mega_bits() == 1024*1024);                  // 编译期常量，可用于静态断言
bitset<mega_bits()> bits;                       // 编译期常量，可用于模板参数
```

当然了，因为编译期计算的特殊性，constexpr 也无法让所有的变量、函数都在编译期可用，其用起来也有很多的限制。

对于表达式，基本的要求不能含有运行时语法元素，不能是 string/vector 等需要运行时动态分配内存的复杂类型，通常只能是整数、字符串等字面量，而 array 因为能够在编译期确定长度，是可以应用 constexpr 的：

```
constexpr auto val = 100;                       // 编译期整数常量
constexpr auto str = "hello";                   // 编译期字符串常量
constexpr array<int, 3> arr {1,2,3};            // 编译期数组常量
```

```
constexpr vector<int> vec;              // 编译错误
constexpr string s = "str";             // 编译错误
constexpr map<int,int> m;               // 编译错误
```

当用 constexpr 修饰函数的时候，限制就更多了，例如不能用 try-catch，不能是虚函数，不能动态分配内存……不过随着标准的不断发展，总的趋势是逐渐放宽约束条件，原则是只要不涉及复杂的运行时特性，就可以在编译期执行。[①]

用 constexpr 修饰函数后，计算 2.5.1 小节里的斐波那契数列时就不再需要写令人头疼的模板特化了，可以直接用普通递归函数的形式，让我们和编译器都得到"解放"：

```
constexpr int fib(int n)                // 编译期斐波那契函数
{
    if (n == 0 || n == 1) {             // C++14 之后可以使用条件语句
        return 1;
    }

    return fib(n -1) + fib(n -2);       // 递归调用
}

static_assert(fib(4) == 5);             // 编译期断言验证
static_assert(fib(5) == 8);             // 编译期断言验证
```

读者可以对比一下之前的模板特化形式，其实这两种实现非常相似，内在的逻辑一样，但应用的技术不同，显然用 constexpr 修饰函数的实现更加简洁、自然。

constexpr 的能力还远不止于此，在 C++17 中它还能用在 if 语句中，实现类似条件编译的编译期分支处理功能。在 C++20 中，它还衍生出了 consteval/constinit 两个新的关键字，不过这些都是为比较高级的泛型编程和模板元编程准备的，实际工作中用的并不多，所以这里就不做详细讲解了（在本书的 5.1 节有一个例子可以作为参考）。

3.3.5　常量与变量小结

本节介绍了与常量性相关的 const/volatile/mutable/constexpr 这 4 个类型修饰符，关键知识点如下。

- const 可以给任何对象附加上只读属性，以保证安全。
- const 可以修饰引用和指针，"const &"可以引用任何类型，是用作函数入口参数的最佳类型。
- const 还可以修饰成员函数，表示函数是只读的。const 成员函数不能修改对象的状态，

[①] 到 C++20 标准，用 constexpr 修饰函数的大多数限制都被解除了，但作者在 GCC 10 里测试还是不能直接使用 string/vector，而使用 new/delete/try-catch 是可以的。

const 对象只能调用 const 成员函数。

■ volatile 表示变量可能会以"难以察觉"的方式被修改，禁止编译器优化，会影响性能，应当少用。

■ mutable 用来修饰成员变量，表示允许 const 成员函数修改该变量。mutable 成员变量的改动不影响对象的常量性，但要小心，误用会导致对象损坏。

■ constexpr 是真正的编译期常量，可以修饰表达式和函数，用于编译期的计算和优化。

表 3-1 展示了对常量引用、常量指针、常量函数这些"比较绕"的概念的总结。

表 3-1

	const	非 const
对象（实例）	(const T) 对象只读，只能调用 const 成员函数	可以修改对象，调用任意成员函数
引用	(const T&) 引用的对象只读，只能调用 const 成员函数	
指针	(const T*) 指针指向的对象只读，只能调用 const 成员函数	
成员函数	(func() const) 只能修改 mutable 成员变量，其他不允许修改	可以修改任意成员变量

有了这些知识，我们今后在面向对象编程的时候就要认真想一想，哪些操作改变了内部状态，哪些操作没改变内部状态。对于只读的函数，就要用 const 修饰，写错了也不用怕，编译器会检查出来。

这方面我们还可以借鉴一下标准库，比如 vector：它的 empty/size/capacity 等查看基本属性的操作都是 const 的，而 reserve/clear/erase 等操作则是非恒定的。[①]

总之就是一句话：尽可能多用 const，让代码更安全。

这在多线程编程时尤其有用，让编译器帮我们检查对象的所有操作，把只读属性持续传递出去，避免"危险"的副作用。

3.4　异常

程序在运行的时候很少是一帆风顺的，经常会遇到各种各样的内外部故障，而我们写程序的

---

① 依据应用场景，有的成员函数可能既是 const 又是非 const，所以就会有两种重载形式，例如 vector 的 front/at 等。如果是 const 对象，编译器就会调用 const 版本。

人就要尽量考虑周全，准备各种"预案"，让程序即使遇到问题也能够妥善处理，也就是使程序正确且优雅地处理运行时的错误，保证程序的健壮性。

但想要达成这个目标还真不是件简单的事情。

C++处理错误的标准方案是异常。虽然它已经在 Java/C#/Python 等语言中得到广泛的认可和应用，但在 C++里却存在诸多争议。

我们可能都听到过一种说法：在现代 C++里应该使用异常。但具体的呢？应该怎么去使用异常呢？

本节就来讲解为什么要有异常、该怎么用好异常，以及使用异常时有哪些要注意的地方。

3.4.1　为什么要有异常

我们先从字面意义上理解一下异常（exception）。

异常就是意外、预想之外发生的事情，但这在计算机世界里却不太正确。

既然没有预料到，那就根本不会，也无法去处理；既然预料到了，那就会准备应对策略，也就不是"预想之外发生的事情"了。

所以，很多人对 C++里的异常这个词有严重的误解，认为它很可怕，一旦发生异常就是"了不得的大事"，下意识就会"敬而远之"，这其实是因为没有理解异常的真正含义。

实际上，我们可以把它理解成"异于正常"，就是正常流程之外发生的一些特殊情况、严重错误。一旦遇到这样的错误，程序就会跳出正常流程，甚至很难继续执行下去。

归根结底，异常只是 C++为了处理错误而提出的一种解决方案，当然也不是唯一的一种解决方案。

在 C++之前，处理异常的基本手段是错误码：函数执行后需要检查返回值或者全局的 errno，看是否正常，如果出错了，就执行另外一段代码来处理错误。例如：

```
int n = read_data(fd, ...);          // 读取数据

if (n == 0) {                         // 检查返回值
  ...                                 // 返回值不太对，适当处理
}

if (errno == EAGAIN) {                // 检查全局的 errno
  ...                                 // 适当处理错误
}
```

这种做法很直观，但也有一个问题：正常的业务逻辑代码与错误处理代码混在了一起，看起来很

乱，思维要在两个本来不相关的流程里来回跳转。而且有的时候，错误处理的逻辑要比正常业务的逻辑复杂、麻烦得多，看了半天，我们可能都会忘了它当初到底要干什么了，容易引起新的错误。（可以对比一下预处理代码与 C++代码混在一起的情景。）[①]

错误码还有另一个更大的问题：它是可以被忽略的。也就是说，我们完全可以不处理错误，"假装"程序运行正常，继续执行后面的代码，这就可能带来严重的安全隐患。（或许是无意的，因为确实不知道发生了什么错误。）

"没有对比就没有伤害"，作为一种新的错误处理方式，异常就是针对错误码的缺陷而设计的，它有 3 个特点。

第一，异常的处理流程是完全独立的。throw 抛出异常后就可以不用管，错误处理代码都集中在专门的 catch 块里。这样就彻底分离了业务逻辑与错误处理逻辑，看起来更清晰。

第二，异常是绝对不能被忽略的，必须被处理。如果我们有意或者无意不写 catch 块去捕获异常，那么它会一直向上"传播"，直至找到一个能够处理的 catch 块。如果实在没有，程序就会立即停止运行，明白地提示我们发生了错误，而不会"坚持带病工作"。

第三，异常可以用在错误码无法使用的场合。这也算是 C++的"私人原因"，因为它比 C 语言多了构造/析构函数、操作符重载等新特性，有的函数根本就没有返回值，或者返回值无法表示错误，而全局的 errno 实在是"太不优雅"了，与 C++的理念不符，所以也必须使用异常来报告错误。

这 3 个特点是在 C++里用好异常的基础，它们能够帮助我们从本质上理解异常的各种用法。

3.4.2　异常的用法

我们都很清楚 C++里异常的一般用法：用 try 把可能发生异常的代码"包"起来，然后编写 catch 块去捕获异常并处理。

3.4.1 节的错误码例子改用异常后，就会变得非常干净、清晰：

```
try
{
  int n = read_data(fd, ...);      // 读取数据，可能抛出异常

  ...                              // 任意操作
}
catch(...)
{
  ...                              // 集中处理各种错误情况
}
```

[①] Go 语言里没有异常，调用函数后通常要编写专门的错误检查代码，显得比较麻烦，这也招致不少外界对它的批评。

基本的 `try-catch` 语句谁都会写，那么怎样才能用好异常呢？

首先要知道，C++里对异常的定义非常宽松，任何类型都可以用 `throw` 抛出，也就是说，我们可以直接把错误码（`int`）或者错误消息（`char*/string`）抛出，`catch` 块都能接住并处理。

但我建议最好不要"图省事"，因为 C++为处理异常设计了一个配套的异常类型体系，定义在标准库的头文件<stdexcept>里。图 3-2 为异常类型体系的简略示意。

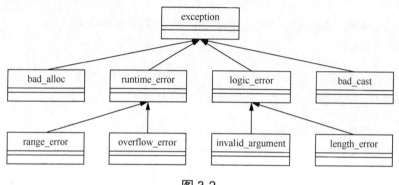

图 3-2

标准异常的类型体系有点复杂，最上面是基类 `exception`，下面是几个基本的异常类型，比如 `bad_alloc/runtime_error/logic_error/bad_cast` 等，再往下还有更细致的错误类型，如 `runtime_error` 就有 `range_error/overflow_error` 等。

回顾 3.1 节，如果类的继承深度超过 3 层，就说明有点"过度设计"。因此我们最好选择上面的第一层或者第二层的某个类型作为基类，不要再加深层次。

比如，我们可以从 `runtime_error` 派生出自己的异常类：

```
class my_exception : public std::runtime_error
{
public:
    using this_type     = my_exception;        // 给自己的异常类起个别名
    using super_type    = std::runtime_error;  // 给父类也起个别名
public:
    my_exception(const char* msg) :            // 构造函数
        super_type(msg)                        // 别名也可以用于构造函数
    {}

    my_exception() = default;                   // 默认构造函数
    ~my_exception() = default;                  // 默认析构函数
private:
    int code = 0;                               // 其他的内部私有数据
};
```

在抛出异常的时候，我建议最好不要直接用 throw 关键字，而是要将其封装成一个函数，这和不要直接用 new/delete 关键字是类似的道理——通过引入一个中间层来获得更高的可读性、安全性和灵活性。

封装抛出异常的函数没有返回值，所以应该用第 2 章里的属性实现编译阶段的优化：

```
[[noreturn]]                           // 属性标签
void raise(const char* msg)            //封装 throw 的函数没有返回值
{
    throw my_exception(msg);           // 抛出异常，也可以有更多的逻辑
}
```

使用 catch 块捕获异常的时候还要注意，C++允许编写多个 catch 块，可捕获不同的异常再分别处理，但异常只能按照 catch 块在代码里的顺序依次匹配，而不会去寻找最佳匹配。

这个特性导致实际开发的时候会有点麻烦，特别是当异常类型体系比较复杂的时候，有可能会因为不小心写错了顺序，进入本不想进的 catch 块。因此，我建议最好只用一个 catch 块，绕过这个"坑"。

因为写 catch 块就像写标准函数，所以它的捕获变量也应当使用"const &"的形式，避免异常对象复制的代价：

```
try
{
    raise("error occured");            // 函数封装 throw，抛出异常
}
catch(const exception& e)              // "const &"捕获异常，可以用基类
{
    cout << e.what() << endl;          // what()是 exception 的虚函数
}
```

try-catch 还有一个很有用的形式，即 function-try：就是把整个函数体视为一个大 try 块，而 catch 块放在后面，与函数体同级并列。例如：[①]

```
void some_function()
try                                    // 函数名之后直接写 try 块
{
    ...
}
catch(...)                             // catch 块与函数体同级并列
{
    ...
}
```

---

① 我一直感到非常奇怪，function-try 的形式如此简单、清晰，且早在 C++98 的时候就出现了，但知道的人却非常少。

这样做的好处很明显，不仅能够捕获函数执行过程中所有可能产生的异常，而且少了一个缩进层次，处理逻辑更清晰，建议实际开发时多用。

3.4.3　谨慎使用异常

掌握了异常和它的处理方式，下面我结合自己的经验，讨论一下应该在什么时候使用异常来处理错误。

目前的 C++世界里有 3 种使用异常的方式（或者说是观点）。

第一种是绝不使用异常，就是像 C 语言那样，只用传统的错误码来检查错误。

选择禁止使用异常的原因有很多，有的也很合理，但我觉得这无异于浪费了异常机制，对于改善代码质量没有帮助，属于"因噎废食"。

第二种则与第一种相反，主张全面采用异常，所有的错误都用异常的形式来处理。

但要知道，使用异常也是有成本的，抛出和处理都需要特别的栈展开（stack unwind）操作。

如果频繁地抛出异常，或者异常出现的位置很深又没有被及时处理，就会对运行性能产生很大的影响——这个时候 CPU 全忙着去处理异常了，正常逻辑反而被搁置。

这种观点我认为是"暴饮暴食"，也不可取。[①]

第三种就是两者的折中：区分非错误、轻微错误和严重错误，谨慎使用异常。我认为这应该算是"均衡饮食"。

具体来说，就是要仔细分析程序中可能发生的各种错误情况，按严重程度划分出等级，把握好"度"。

对于正常的返回值，或者不太严重、可以重试/恢复的错误，我建议不使用异常，把它们归到正常的流程里。

比如字符串未找到（非错误）、数据格式不对（轻微错误）、数据库正忙（可重试错误）等错误比较轻微，而且在业务逻辑里会经常出现，如果用异常处理就显得有些"小题大做"，影响性能。

剩下的那些中级、高级错误也不是都必须用异常来处理的，我们还要再分析，尽量降低引入异常的成本。

---

① 我曾经见过一个同事写 Python 程序，所有的错误全用 try-except 来处理，即使简单的字符串/数字转换也是如此，导致代码混乱不堪，通篇看起来似乎全是"错误"。

我自己总结了 4 个应当使用异常的判断准则。

- 不允许被忽略的错误。
- 极少情况下才会发生的错误。
- 严重影响正常流程，很难恢复到正常状态的错误。
- 本地无法处理，必须"穿透"调用栈，传递到上层才能被处理的错误。

规则可能有点儿不好理解，下面再用几个例子来解释一下。

比如构造函数。如果内部初始化失败，无法创建构造函数，那么后面的逻辑也就进行不下去了，所以这时就可以用异常来处理。

再比如读写文件。通常文件系统很少会出错，如果用错误码来处理文件不存在、权限错误等就显得太啰嗦，这时也应该使用异常。

相反的例子就是 Socket 通信。因为网络链路的不稳定因素太多，收发数据失败简直是"家常便饭"。虽然出错的后果很严重，但它出现的频率太高了，使用异常会大幅提高处理成本，为了性能考虑，还是检查错误码并重试比较好。

3.4.4　保证不抛出异常

异常就像把双刃剑，优缺点都有，难以取舍，有没有什么办法使我们既能享受异常的好处，又不用承担异常的成本呢？

还真有这样的办法，毕竟写 C++程序追求的就是性能，所以 C++标准又提出了一个新的编译指令：noexcept（不过它也有局限性，不是"万能"的）。

noexcept 专门用来修饰函数，告诉编译器：这个函数不会抛出异常。编译器看到 noexcept，就相当于得到了一个保证，可以对函数进行优化，不用付出栈展开的额外代码，降低异常处理的成本。

和 const 一样，noexcept 要放在函数后面：[1]

```
void func_noexcept() noexcept                // 声明绝不会抛出异常
{
    cout << "noexcept" << endl;
}
```

不过一定要注意，noexcept 只是做出了一个"不可靠的承诺"，不是强保证。编译器无法彻

---

① noexcept 也可以当作编译期运算符，指定在某个条件下才不会抛出异常，常用的 noexcept 其实相当于 noexcept (true)。

底检查它的行为，标记为 noexcept 的函数也有可能抛出异常，例如：

```
void func_maybe_noexcept() noexcept          // 声明绝不会抛出异常
{
    throw "Oh My God";                       // 但也可以抛出异常
}
```

noexcept 的真正意思是："我对外承诺不抛出异常，我也不想处理异常，如果真的有异常发生，请让我"死"得干脆点，直接崩溃（crash/core dump）。"

所以，我们也不要一股脑儿地给所有函数都加上 noexcept，毕竟我们无法预测内部调用的那些函数是否会抛出异常。[①]

3.4.5　异常小结

本节讨论了错误处理和异常。由于它出现和处理的时机都难以确定，当前的 C++ 也没有在语言层面提出更好的机制，因此我们要在编码阶段写好文档和注释，加上一些软约束，说清楚哪些函数、什么情况下会抛出什么样的异常，以及应如何处理这些异常。[②]

本节的关键知识点列举如下。

- 异常是针对错误码的缺陷而设计的，它不能被忽略，而且可以"穿透"调用栈，逐层传播到其他地方去处理。
- 使用 try-catch 机制处理异常能够分离正常业务逻辑与错误处理逻辑，让代码更清晰。
- throw 可以抛出任何类型的异常，但最好使用标准库里定义的 exception 类。
- 全用或全不用异常处理错误都不可取，应该合理分析，适度使用，降低异常处理的成本。
- 关键字 noexcept 用于标记函数不抛出异常，从而让编译器更好地进行优化。

3.5　函数式编程

在第 2 章中，我们就谈到过函数式编程，但只是简单提及，没有展开讲。

作为现代 C++ 里 5 种基本编程范式之一，函数式编程的作用和地位正在不断上升，而且在其

[①] 一般认为，重要的构造函数（普通构造函数、复制构造函数、转移构造函数）和析构函数应该尽量声明为 noexcept，以优化性能，而析构函数则必须保证绝不会抛出异常。

[②] 异常与智能指针密切相关。如果我们决定使用异常，为了确保出现异常的时候资源会正确释放，就必须禁用裸指针，改用智能指针，用 RAII 来管理内存，可参考第 4 章。

他语言里也非常流行，很有必要再深入研究一下。

掌握了函数式编程，我们就多了一件"趁手的兵器"，可以更好地运用标准库里的容器和算法，写出灵活、紧凑、优雅的代码。

3.5.1　关于函数的讨论

说到函数式编程，那肯定就要先从函数（function）说起。

C++里函数的概念源于 C，是面向过程编程范式的基本部件。但严格来说，它其实应该叫子过程（sub-procedure）、子例程（sub-routine），是命令的集合，也是对操作步骤的抽象。

函数的目的是封装执行的细节，简化程序的复杂度，但因为它有入口参数，有返回值，形式和数学里的函数很像，所以就被称为函数。

在语法层面上，C/C++里的函数是比较特别的。虽然有函数类型，但不存在对应类型的变量，不能直接操作，只能用指针（函数指针）去间接操作，这让函数在语言的类型体系里显得有点"格格不入"。

函数在用法上也有一些特殊之处。在 C/C++里，所有的函数都是全局的，没有生存周期的概念（static/namespace 的作用很弱，只是简单限制了应用范围，避免了名字冲突）。而且函数都是平级的，不能在函数里再定义函数，也就是不允许定义嵌套函数、函数套函数。

下面的代码示范了普通函数的一些性质：

```
void my_square(int x)              // 定义一个函数
{
    cout << x*x << endl;           // 函数的具体内容
}

auto pfunc = &my_square;           // 只能用指针操作函数，指针不是函数
(*pfunc)(3);                       // 可以用 "*" 访问函数
pfunc(3);                          // 也可以直接调用函数指针
```

所以在面向过程编程范式里，函数和变量虽然是程序里关键的两个组成部分，但却因为没有值、没有作用域而不能一致地处理。函数只能是函数，变量只能是变量，彼此之间虽不能说是"势同水火"，但至少是"泾渭分明"。

3.5.2　lambda 是什么

理解了函数，再来看看 C++11 引入的 lambda 表达式，下面是一个简单的例子：

```
auto func = [](int x)              // 定义一个 lambda 表达式
```

```
{
    cout << x*x << endl;                // lambda 表达式的具体内容
};

func(3);                                // 调用 lambda 表达式
```

暂时不考虑代码里面的语法细节，单从第一印象上，我们可以看到有一个函数，但更重要的是，这个函数采用赋值的方式存入了一个变量。

这就是 lambda 表达式与普通函数最大，也是最根本的区别之一。

因为 lambda 表达式是一个变量，所以我们可以"按需分配"，随时随地在调用点"就地"定义函数，限制它的作用域和生命周期，实现函数的局部化。

而且因为 lambda 表达式和变量都是"一等公民"，用起来比较灵活、自由，能对它做各种运算，生成新的函数。这就像数学里的复合函数：可以把多个功能简单的小 lambda 表达式组合成一个功能复杂的大 lambda 表达式。

如果读者比较熟悉 C++，或者看过一些相关的资料，可能会觉得 lambda 表达式只不过是函数对象（function object）的一种简化形式，只是一个好用的"语法糖"。

道理上是没错的，但如果把它简单地等同于函数对象，认为它只是免去了手写函数对象的麻烦，那就实在是有点太"肤浅"了。

lambda 表达式为 C++带来的变化可以说是"革命性"的。虽然它表面上只是一个很小的改进，即简化了函数的声明/定义，但其带来的深层次的编程理念的变化却是非常巨大的。

这和 C++当初引入 bool/class/template 等特性有点类似：乍看好像只是一点点的语法改变，但后果却如同多米诺骨牌效应，促使人们积极地去思考、探索新的编程方向，而 lambda 引出的全新思维方式就是函数式编程——把写计算机程序看作数学意义上的求解函数。

C++里的 lambda 表达式除了可以像普通函数那样被调用，还有一个普通函数所不具备的特殊本领，就是"捕获"外部变量，可以在内部的代码里直接操作。例如：

```
int n = 10;                             // 一个外部变量

auto func = [=](int x)                  // lambda 表达式，用"[=]"按值捕获
{
    cout << x*n << endl;                // 直接操作外部变量
};

func(3);                                // 调用 lambda 表达式
```

如果读者用过 JavaScript，那么一定会有种眼熟的感觉。没错，lambda 表达式就是在其

他语言中大名鼎鼎的闭包（closure），这让它真正超越了函数和函数对象。

　　闭包是什么很难一下子说清楚，这里也不详细解释了。说得形象一点儿，我们可以把闭包理解为一个活的代码块、活的函数。它虽然在出现时被定义，但因为保存了定义时捕获的外部变量，可以跳离定义点，把这段代码"打包"、传递到其他地方去执行——而仅凭函数的入口参数是无法做到的。

　　这就导致函数式编程与命令式编程（面向过程）在结构上有很大的不同，程序不再是按步骤执行的"死程序"，而是一个个"活函数"，像做数学题那样逐步计算、推导出结果。例如：

```
auto a = [](int x)              // a 函数执行一个功能
        {...}
auto b = [](double x)           // b 函数执行一个功能
        {...}
auto c = [](string str)         // c 函数执行一个功能
        {...}

auto f = [](...)                // f 函数执行一个功能
        {...}

return f(a, b, c)               // f 调用 a/b/c 得到运算结果
```

　　我们也可以对比面向对象来理解：在面向对象编程里，程序是由一个个实体对象组成的，对象通过通信完成任务。而在函数式编程里，程序是由一个个函数组成的，函数互相嵌套、组合、调用完成任务。

　　不过，毕竟函数式编程在 C++ 里是一种较新的编程范式，而且面向过程里的函数概念"根深蒂固"，说了这么多，可能还是不能领会它的奥妙，这也很正常。

　　下面就来讲讲 lambda 表达式的使用细节，掌握了以后多用，就能够更好地理解了。

3.5.3　lambda 的形式

　　要学好、用好 lambda，我觉得有 3 个重点：语法形式、变量捕获和泛型编程。

1. 语法形式

　　首先要知道，C++没有为 lambda 表达式引入新的关键字（C++标准里没有定义 lambda 这样的关键字），而是用了一个特殊的形式方括号"[]"，术语为"lambda 引出符"（lambda introducer）。[①]

　　在 lambda 引出符后面，可以像普通函数那样，用圆括号声明入口参数，用花括号定义函数体。

---

① 在 Python 语言里，为 lambda 表达式专门引入了关键字 lambda，个人感觉其在语法上没有 C++ 那么优雅。

下面的代码展示了我最喜欢的一个 lambda 表达式（也是比较简单的）：

```
auto f1 = [](){};                        // 相当于空函数，什么也不做
```

这条语句定义了一个相当于空函数的 lambda 表达式，3 个括号"排排坐"，看起来有种奇特的美感，让人不由得想起那句经典台词："一家人最要紧的就是整整齐齐。"（不过还是差了个角括号"<>"）。

当然了，实际开发中不会有这么简单的 lambda 表达式，它的函数体里可能会有很多语句，所以一定要有良好的缩进格式，特别是有嵌套定义的时候，要尽量让人能够一眼就看出 lambda 表达式的开始和结束，必要的时候可以用注释来强调。例如：

```
auto f2 = []()                    // 定义一个 lambda 表达式
{
    cout << "lambda f2" << endl;

    auto f3 = [](int x)           // 嵌套定义 lambda 表达式
    {
        return x*x;
    };// lambda f3                 // 使用注释显式说明表达式结束

    cout << f3(10) << endl;
}; // lambda f2
// 使用注释显式说明表达式结束
```

注意，这段代码在 lambda 表达式赋值的时候总是使用 auto 来推导类型。这是因为在 C++ 里每个 lambda 表达式都有一个独特的类型，而这个类型只有编译器才知道，我们是无法直接写出来的，所以必须用 auto。[①]

不过，因为 lambda 表达式毕竟不是普通的变量，所以 C++也鼓励程序员尽量匿名使用 lambda 表达式。也就是说，它不必显式赋值给一个有名字的变量，而是直接声明就能用，免去了我们费力起名的烦恼。

这样不仅可以让代码更简洁，而且因为匿名，lambda 表达式调用完后也就不存在了（也有被复制保存的可能），这就最小化了它的影响范围，让代码更加安全。

下面就是匿名使用 lambda 表达式的一个例子：

```
vector<int> v = {3, 1, 8, 5, 0};        // 标准容器

cout << *find_if(begin(v), end(v),      // 标准库里的查找算法
```

---

① 因为每个 lambda 表达式的类型都是唯一的，所以即使函数签名相同，lambda 变量也不能互相赋值。一个解决办法是使用标准库里的 std::function 类，它是函数的容器、智能函数指针，可以存储任意符合签名的可调用对象（callable object），搭配使用能够让 lambda 表达式用起来更灵活。

```
        [](int x)                       // 匿名使用 lambda 表达式，不需要显式赋值
        {
            return x >= 5;              // 用作算法的谓词判断条件
        }                               // lambda 表达式结束
    )
    << endl;                            // 语句执行完，lambda 表达式就不存在了
```

lambda 表达式不需要像函数那样明确声明返回值类型，它可以自动推导（相当于用了 auto）。但如果有的时候必须明确指定返回值类型，就得用比较"怪异"的返回值后置语法，在入口参数的圆括号后用 "-> type" 的形式来指定。例如：[①]

```
auto f3 = [](long x) -> int             // lambda 表达式显式指定返回值类型
    {
        return static_cast<int>(x);
    };
```

2. 变量捕获

lambda 的捕获功能需要在 [] 里实现。由于标准里实际的规则太多、太细，记忆、理解的成本比较高，因此这里只列出几个要点，便于帮助读者快速掌握。

- ■　[=] 表示按值捕获所有外部变量，表达式内部是值的复制，不能修改。
- ■　[&] 表示按引用捕获所有外部变量，内部以引用的方式使用，可以修改。
- ■　[] 里也可以明确写出外部变量名，指定按值捕获或者按引用捕获。

下面的代码示范了 lambda 表达式的变量捕获用法：

```
int x = 33;                         // 一个外部变量

auto f1 = [=]()                     // lambda 表达式，用"[=]"按值捕获
{
    //x += 10;                      // x 只读，不允许修改
};

auto f2 = [&]()                     // lambda 表达式，用"[&]"按引用捕获
{
    x += 10;                        // x 是引用，可以修改
};

auto f3 = [=, &x]()                 // lambda 表达式，用"[&]"按引用捕获 x，其他的按值捕获
{
    x += 20;                        // x 是引用，可以修改
};
```

---

① 这其实是 C++11 引入的函数返回值类型后置语法，一般在开发中不是很常用，与美国 Apple 公司开发的 Swift 语言很相似。

　　"[=]"的按值捕获特性还有一个特例，可以给 lambda 表达式加上 mutable，表示允许修改变量。注意这与按引用捕获不同，其修改的只是变量的内部复制，不影响外部变量的原值。[①]

```
auto f4 = [=]() mutable    // lambda 表达式，可以修改捕获变量的副本
{
    x += 10;               // 因为使用了 mutable，所以可以修改
};
```

　　捕获是使用 lambda 表达式的一个难点，关键是要理解外部变量的含义。

　　我们可以简单地按照其他语言的习惯（如 Lua）称外部变量为"upvalue"，也就是在 lambda 表达式定义之前所有出现的变量——不管它是局部的还是全局的。

　　这就涉及变量生命周期的问题。

　　当使用"[=]"按值捕获的时候，lambda 表达式使用的是变量的独立副本，非常安全。而使用"[&]"的方式捕获引用就存在风险，当 lambda 表达式在离定义点很远的地方被调用的时候，引用的变量可能会发生变化，甚至可能会失效，导致难以预料的后果。

　　在使用捕获功能的时候要小心，对于就地使用的小 lambda 表达式，可以用"[&]"来减少代码量，保持代码整洁；而对于非本地调用、生命周期较长的 lambda 表达式，应慎用"[&]"捕获引用，而且最好是在"[]"里显式写出变量列表，避免捕获不必要的变量。[②]

　　例如下面的代码，就只显式捕获了 this 指针：

```
class DemoLambda final
{
private:
    int x = 0;
public:
    auto print()                    // 返回一个 lambda 表达式供外部使用
    {
        return [this]()             // 显式捕获 this 指针
        {
            cout << "member = " << x << endl;
        };
    }
};
```

3. 泛型编程

　　在 C++14 里，lambda 表达式又多了一项新本领，可以实现泛型化，相当于简化了的模板函数，具体语法还要利用"多才多艺"的 auto：

---

① 可以把这种用法理解为 lambda 表达式对应了一个函数对象，捕获的变量都是 mutable 成员变量。

② 如果确实需要长期持有外部变量，为了避免变量失效可以考虑使用 shared_ptr。

```
auto f = [](const auto& x)              // 参数使用 auto 声明，泛型化
{
    return x + x;
};

cout << f(3) << endl;                   // 参数类型是 int
cout << f(0.618) << endl;               // 参数类型是 double

string str = "matrix";
cout << f(str) << endl;                 // 参数类型是 string
```

利用这个新特性来写泛型函数非常方便，摆脱了冗长的模板参数和函数参数列表。如果采用这种方式，在今后的代码里都可以使用 lambda 来代替普通函数，就能够少写很多代码。

auto 虽然让 lambda 表达式实现了泛型，但类型推导完全由编译器控制，有时候我们还是想自己来精确指明模板类型，所以 C++20 就为 lambda 增加了新的泛型形式。与传统的模板函数类似，同样使用 "<...>"，但不需要关键字 template，例如：

```
auto f = []<typename T>(const T& x)     // 明确指定泛型化参数
{
    static_assert(is_integral_v<T>)     // 编译期断言，要求是整数类型
    return x + x;
};
```

这种用法让 lambda 表达式的语义更加精确，也促成了 "括号全家福"（[]、<>、()、{}）。

3.5.4　函数式编程小结

本节介绍了 lambda 表达式，它不仅是对旧有函数对象的简单升级，还是更高级的闭包，给 C++带来了新的编程理念：函数式编程范式。

在 C 语言里，函数是一个静止的代码块，只能被动地接受输入，然后输出。而 lambda 的出现则让函数 "活" 了起来，极大地提升了函数的地位和灵活性。

对比智能指针的说法，lambda 完全可以称为智能函数，价值体现在就地定义、变量捕获等能力上，它也给 C++的算法、并发（线程、协程）等后续发展铺平了道路，在后面介绍标准库的时候，我们还会多次遇到它。

虽然目前在 C++里纯函数式编程还比较少见，但轻度使用 lambda 表达式也能够改善代码，比如用 "map+lambda" 的方式来替换难以维护的 if/else/switch，可读性要比大量的分支语句好得多。

本节的关键知识点列举如下。

- lambda 表达式是一个闭包，能够像函数一样被调用，像变量一样被传递。
- 可以使用自动类型推导存储 lambda 表达式，但 C++鼓励尽量就地匿名使用 lambda 表达式，缩小作用域。
- lambda 表达式使用"[=]"的方式按值捕获，使用"[&]"的方式按引用捕获，空的"[]"则表示无捕获（相当于普通函数）。
- 捕获引用时必须要注意外部变量的生命周期，防止变量失效，尽量显式捕获。
- C++14 后可以使用泛型的 lambda 表达式，相当于简化的模板函数。

再说一句，和 C++里的大多数新特性一样，滥用 lambda 表达式会产生一些难以阅读的代码，比如多个函数的嵌套和串联、调用层次过深。这就需要我们在实践中慢慢积累经验，从而找到适合自己的使用方式。

3.6　其他新特性精选

现代 C++从 11/14 一路发展到 20/23，增加了非常多的新特性，涉及语言的各个方面，几乎每一个传统特性都有所增强。

但过多的新特性也增加了用户的学习成本，特别是一些"边边角角"的修改，虽然完善了语言的定义，但对于大多数应用开发者来说却如同鸡肋。

本节就从中挑选出一些实用性强、能够明显改善代码质量的特性，供读者参考。

3.6.1　内联名字空间

名字空间允许匿名，但无名的名字空间可读性较差。C++11 为名字空间新增了一个内联特性，方法是加上 inline 关键字。

内联名字空间的效果与匿名名字空间差不多，里面的变量、函数等成员同样能够在外部直接使用，但也不排斥加名字空间限定，所以更加灵活。例如：

```
inline namespace tmp{              // 内联名字空间，作用类似匿名名字空间
    auto x = 0L;
    auto str = "hello";
}
  cout << x << endl;               // 可以直接使用内部成员，不需要名字空间限定
cout << tmp::str << endl;          // 也可以加名字空间限定
```

3.6.2　嵌套名字空间

当软件规模增大到一定程度时经常会出现多层次的名字空间，写法相当烦琐，例如：

```
namespace a {                        //多层次名字空间定义
  namespace b {
      namespace c {...}
  }
}
```

在 C++17 中引入了嵌套名字空间，形式与使用名字空间时相同，以"::"来分隔多个名字空间，从而简化了写法。

之前的多层名字空间定义就可以改写成这样，没有了冗余的缩进层次，看起来一目了然：

```
namespace a::b::c {                   // 简化的嵌套多层名字空间定义
  ...
}
```

3.6.3　强类型枚举

C++中的枚举（enum）类型来自 C 语言，基本上相当于整数的别名，可以直接与整数互相转换，是一种弱类型，容易误用，非常不安全。

C++11 强化了枚举，可以用 enum class/struct 的形式定义枚举类。

枚举类是一种强类型，虽然它的语义与枚举相同，也是一些整数值的列表，但枚举成员不能随意转换成整数，而且必须添加类名限定才能使用。

下面的代码定义了一个简单的枚举类，并示范了一些用法：[①]

```
enum class Company {                  // 强类型枚举
    Apple, Google, Facebook
};

Company x = 1;                        // 错误，不能从整数直接转换
auto v = Company::Apple;              // 必须加上类名限定，可以使用自动类型推导

int i = v;                            // 错误，不能直接转换为整数
auto i = static_cast<int>(v);         // 可以显式强制转换
```

枚举类虽然增强了安全性，但也缺失了普通枚举类型简便、易用的好处，所以 C++20 允许使用 using 关键字来"打开"枚举类，这样它用起来就和原先的形式一样了：

```
using enum Company;                   // 打开枚举类的作用域
auto v = Apple;                       // 不再需要类名限定
```

---

① 枚举类还可以在名字后添加 char/int/long 等整数，指定枚举值的存储占用空间，例如 enum class gender : char { ... };。

3.6.4   条件语句初始化

在 for 循环语句里可以初始化变量，变量仅在循环体里使用，例如：

```
for(int i = 0;i < 3;i++) {          // 在 for 语句里初始化局部变量
    ...                             // 变量 i 仅在 for 语句里有效
}                                   // 离开 for 语句，变量 i 即失效
```

而如今在 C++17 里，if/switch 语句也可以使用类似的形式了，在圆括号的条件表达式中添加仅在本语句中生效的变量，免去了有的时候必须在语句前声明临时变量的麻烦，例如：

```
vector<int> v {1,2,3};              // 一个向量容器

if (auto pos = v.end(); !v.empty()) {// 在 if 语句里初始化变量
    ...                             // 变量 pos 仅在 if 语句里有效
}                                   // 离开 if 语句，变量 pos 失效
```

我们可以通过对比它和 for 语句来学习。if/switch 语句的形式很像是"半截"的 for 语句，只有前两个表达式（初始化和条件判断）没有第三个增量表达式，所以花括号里的代码也只会执行一次。在概念上近似于加了 break 的 for 语句，即：[①]

```
if (init; cond) {                   // 在 if 语句里初始化变量
    ...                             // 初始化的变量仅在 if 语句里有效
}                                   // 离开 if 语句，init 变量即失效

for (init; cond;) {                 // 在 for 语句里初始化变量，没有第三个表达式
    ...                             // 初始化的变量仅在 for 语句里有效
    break;                          // 执行语句后立即结束
}                                   // 离开 for 语句，init 变量失效
```

对于带初始化的 if/switch 语句，一个比较容易想到的应用场景是在多线程编程里锁定互斥量，它可以在 if 判断结束后自动解锁：

```
if (scoped_lock g;tasks.empty()) {  // 锁定互斥量后检查任务队列
    ...                             // if 语句内互斥量被锁定
}                                   // 离开 if 语句，变量析构自动解锁
```

3.6.5   二进制字面值

我们都知道，在 C++程序里使用整数的时候可以加上 0/0x 这样的前缀，表示八进制和十六进制数，例如：

```
auto a = 10;                        // 十进制的 10
auto b = 010;                       // 八进制的 10，即十进制的 8
```

---

① 有初始化变量的 if 语句也可以带上 else/else if 部分，这时它就不能等同于 for 语句了。

```
auto c = 0x10;                          // 十六进制的 10，即十进制的 16
  assert(a == 10 && b == 8 && c == 16);  // 运行时动态断言
```

但 C++语言里却偏偏缺少了对基本的二进制的支持，这在许多需要位运算的时候就显得很不方便，只能用八进制或者十六进制来代替，最多也只能够用注释来附加说明。

C++14 终于补上了这个缺憾，增加了新的前缀 0b/0B，用来直接书写二进制数字，非常简单、清晰，示例如下：

```
auto x = 0b11010010;                    // 二进制数字
assert(x == 0xD2);                      // 运行时动态断言
```

3.6.6　数字分位符

二进制字面值的引入虽然方便了书写，但一长串"01"数字的可读性实在是太差了，很容易多写或者少写，导致发生不应该发生的低级错误。当然，这个问题不仅存在于二进制数字，任何比较长的十进制、十六进制数都存在这个问题。

为了方便阅读源码里的数字，增强代码的可读性，C++14 标准提供了数字分位符的特性，允许在数字里使用单引号"'"来分组，而且不限制分组的长度，例如：

```
auto a = 0b1011'0101;                   // 4 位分组
auto b = 07'6'6;                        // 1 位分组
auto c = 1'000'000;                     // 3 位分组
auto d = 0xFA'BE'03;                    // 2 位分组
  auto e = 9'777'1'88'10;              // 任意分组
```

显然，使用分位符后数字的含义就更加清晰了。[1]

3.7　常见问题解答

Q： 在头文件里实现类的全部功能，会不会导致所有成员函数都被内联？

A： 原则上是这样的，但最终函数是否被内联还是由编译器决定的。通常只有较小的函数才会被内联，而较大的函数则不会被内联，因为内联较大的函数成本反而高，不划算。

Q： 如果声明和定义都写在一个文件里，每次 `include` 都会把这个类的实现完整地包含进去，会不会导致这个类最终编译出许多份？

A： 理论上是这样的，但现代编译器会处理好这个问题，删除冗余，在最终的二进制程序里只保留一个实现，我们完全不需要担心。

---

① 这也和第 2 章的 2.3.1 小节所述的"留白的艺术"有些类似，通过恰当的视觉分隔来减少阅读的不适感。

Q：如果一个类用了 **final** 修饰，但到开发中后期发现需要继承它，该怎么办？

A：那就说明软件设计出了问题，既然类是 final 的，它就不应该被继承，要么是当初的设计错了，要么是现在的使用错了。我们并不一定非要用继承来复用代码，组合的方式可以达到近似的效果，而且更灵活。

Q：示例代码中为什么要在类定义里写多次 **public/private** 关键字呢？

A：这大概是借鉴了一点儿 Java 吧，用多个 public/private 来分组不同的逻辑段落，可以增强可读性，在视觉上也起到了一定的强调作用。

Q：auto 虽然很方便，但用多了也确实会隐藏真正的类型，增加阅读时的理解难度，这算是缺点吗？是否有办法克服或者缓解？

A：很多事都是"过犹不及"的，太多的 auto 就相当于把大量编译器的幕后工作给带到了前台，迫使代码阅读者充当编译器，不算太友好。所以用 auto 还是要掌握好度，大前提是在简化代码的同时不能降低可读性，对于比较关键的类型最好加上注释说明。

我建议初学者不要急于求成，可以先试着在 for 语句里用 auto，然后简化复杂类型的声明，有了足够的使用经验后再慢慢将其扩展到更多的应用场合。

Q：给函数的返回值类型加上 **const**，返回一个常量对象，有什么好处？

A：加上 const 可以强制函数的调用者无法修改返回值，对象不可变，所以外界用起来就会更安全。

Q：开发对外的功能库应该用异常，方便传递出错误信息。如果写业务应用，要多用错误码，将其输出到日志里，方便后续问题的跟踪。这种做法对不对？

A：我的观点恰恰相反，开发库最好还是用错误码的方式，不要把异常抛给外界处理。

因为外界不了解库的工作机制，也不知道怎么处理异常才好，或者可能根本就不知道会抛出异常，这样库用起来就非常不安全。一旦发生错误，外界很难排查。

对于业务应用，错误码和异常也要结合着用，轻微、可恢复的情况用错误码，严重、难以恢复的情况用异常。把这两者结合起来，取长补短才是正确的使用方式。

Q：lambda 表达式可以捕获外部变量，而普通函数也可以使用外部的全局变量，这两者有什么区别呢？

A：这两者有一些相似的地方，但本质上差距很大。函数只能"看到"全局变量，而 lambda 表达式是捕获任意的全局或者局部变量，还有引用、复制等多种方式，能够持有变量的副本，所以用起来比普通函数更灵活。

Q： **lambda** 表达式的形式非常简洁，可以在很多地方代替普通函数，那它能不能代替类的成员函数呢？

A： 不能。lambda 表达式是一个变量，在类里声明必须要有类型，而在目前的 C++ 里声明成员变量时不能用 auto，无法写出 lambda 的类型，也就无法将 lambda 表达式作为成员函数了。

虽然不能用 auto，但 C++ 里有函数容器，它可以容纳符合函数签名的任意可调用对象，用它来代替 auto 就可以存储 lambda 表达式作为成员变量了。

Q： 函数式编程就是"函数套函数"，会不会导致代码冗长、降低可读性？

A： 有这个可能，但这个其实并不是函数式编程自身的原因，其实面向过程、面向对象等编程范式如果写得不好也会有同样的结果。

函数式编程的一个比较明显的特征是多个函数的连续调用和嵌套，层次多了就会形成一个栈，阅读的时候要不停地压栈和弹栈，就会比较累，所以尽量不要写出难以理解的复杂函数的嵌套调用。

第 **4** 章 C++标准库

在第 2 章我们学习了 C++的生命周期和编程范式，在第 3 章我们学习了自动类型推导、异常、函数式编程等特性，本章我们要开始进入一个新的单元，即 C++标准库。

以前，C++这个词还只是指编程语言，但是现在，C++早已变成了一个更大的概念——不单指词汇、语法，还要加上完备、工整的标准库。只有语言、标准库"双剑合璧"，才能算是真正的C++。反过来说，如果只单纯用语言，拒绝标准库，就成了"天残地缺"。

以 C++20 官方发布的标准文档为例，正文（不包含附录）1500 多页，而语言特性只有约 450页，不足三分之一，其余的全是在讲标准库，可见它的分量有多重。

而且按照标准委员会的意思，今后 C++会更侧重于扩充库而不是扩充语言，所以将来标准库的地位还会不断上升，这也就意味着学习 C++就必须要掌握标准库。

C++标准库非常庞大，里面有各式各样的精巧工具，可谓"琳琅满目"。正因为如此，很多人在学习标准库时会感觉无从下手，找不到学习的突破口。

本章将着重介绍标准库中较基础、核心的几个组成部分，包括智能指针、字符串、容器、算法、线程等，从而实现由浅入深、以点带面，帮助读者学好、用好 C++标准库。

4.1 智能指针

第 3 章在讲 const 的时候说到，const 可以修饰指针，不过在实际开发中请忘记这种用法。在现代 C++中绝对不要再使用裸指针（naked pointer）了，而应该使用智能指针（smart pointer）。

很多人都听说过、用过智能指针，那么心里可能会产生一种疑惑：智能指针到底智能在哪里？难道它就是解决一切问题的"灵丹妙药"吗？

4.1.1 智能指针简介

所谓的智能指针，当然是相对于不智能指针，也就是裸指针而言的。

裸指针有时候也被称为原始指针，或者直接称为指针。它源自 C 语言，本质上是一个内存地址索引，代表了一小片内存区域（也可能会很大），能够直接读写内存。

因为它完全映射了计算机硬件，所以操作效率高，是 C/C++高效的根源。当然，这也是引起无数麻烦的根源。访问无效数据，指针越界，或者内存分配后没有及时释放，就会导致运行错误、内存泄漏、资源丢失等一系列严重的问题。

其他的编程语言，比如 Java/Go 就没有这方面的顾虑，因为它们内置了一个垃圾回收机制，会检测不再使用的内存，自动释放资源，让程序员不必为此费心。

其实 C++里也是有垃圾回收机制的，不过不是 Java/Go 那种严格意义上的垃圾回收机制，而是广义上的垃圾回收机制，这就是构造/析构函数和 RAII（Resource Acquisition Is Initialization）惯用法。

我们可以应用代理模式，把裸指针包装起来，将它在构造函数里初始化，在析构函数里释放。这样当对象失效、需要销毁时，C++就会自动调用析构函数，完成内存释放、资源回收等清理工作。

和 Java/Go 相比，这算是一种微型的垃圾回收机制，而且回收的时机完全自主、可控，非常灵活。当然也需要付出一些代价——必须要针对每一个资源手写包装代码，又累又麻烦。

智能指针就是代替我们来干这些"脏活、累活"的。它完全实践了 RAII，包装了裸指针，而且因为重载了"*""->"操作符，用起来和原始指针完全一样。

不仅如此，智能指针还综合考虑了很多现实的应用场景，能够自动适应各种复杂的情况，避免误用指针导致的隐患，非常"聪明"，所以被称为智能指针。

在 C++里有 3 种常用的智能指针：unique_ptr/shared_ptr/weak_ptr。接下来就对其进行逐一介绍。[①]

4.1.2　专有指针

unique_ptr（专有指针）是最简单、最容易使用的智能指针之一，在声明的时候必须用模板参数指定类型，例如：

```
unique_ptr<int> ptr1(new int(10));          // int 智能指针
assert(*ptr1 = 10);                          // 可以使用"*"取内容
assert(ptr1 != nullptr);                     // 可以判断是否为空指针
```

---

① 最早在 C++98 中定义过一个智能指针 auto_ptr，但它有很多缺陷，于是在 C++17 中就被彻底移除了。

```
unique_ptr<string> ptr2(new string("hello"));    // string 智能指针
assert(*ptr2 == "hello");                          // 可以使用 "*" 取内容
assert(ptr2->size() == 5);                         // 可以使用 "->" 调用成员函数
```

需要特别注意的是，unique_ptr 虽然叫指针，用起来也很像指针，但它实际上并不是指针，而是一个对象。所以不要试图对 unique_ptr 调用 delete，它会自动管理初始化时的指针，在离开作用域时释放资源。

另外，unique_ptr 也没有定义加减运算，不能随意移动指针地址，这就完全避免了指针越界等危险操作，让代码更安全：

```
ptr1++;                                            // 导致编译错误
ptr2 += 2;                                         // 导致编译错误
```

除了调用 delete、加减运算，智能指针的初学者还容易犯一个错误，即把它当成普通对象，不初始化，而是声明后直接使用：

```
unique_ptr<int> ptr3;                              // 未初始化智能指针
*ptr3 = 42 ;                                       // 错误！操作了空指针
```

未初始化的 unique_ptr 表示空指针，这样相当于直接操作了空指针，运行时会产生致命的错误（比如 core dump）。

为了避免这种低级错误，我们应该调用工厂函数 make_unique()，在创建智能指针的时候强制初始化，同时可以顺便利用自动类型推导（3.2 节）的 auto 少写一些代码：

```
auto ptr3 = make_unique<int>(42);                  // 调用工厂函数创建智能指针
assert(ptr3 && *ptr3 == 42);

auto ptr4 = make_unique<string>("Hello C++");      // 调用工厂函数创建智能指针
assert(!ptr4->empty());
```

make_unique() 定义在 C++14 标准中，好在它的原理比较简单。如果我们正在使用的是 C++11，也可以参考下面的代码，自己实现一个简化版的 make_unique()：[①]

```
template<class T, class... Args>                   // 可变参数模板
std::unique_ptr<T>                                 // 返回智能指针
my_make_unique(Args&&... args)                     // 可变参数模板的入口参数
{
    return std::unique_ptr<T>(                     // 构造智能指针
        new T(std::forward<Args>(args)...));       // "完美" 转发
}
```

使用 unique_ptr 的时候还要特别注意指针的 "所有权" 问题。

---

① 标准库里的 make_unique() 不是只返回智能指针对象那么简单，它的内部也有优化，通常要比手写的效率更高。

正如它的名字，指针的所有权是唯一的，不允许共享，任何时候只能有一个"人"持有它。

为了实现这个目的，unique_ptr 应用了 C++的转移语义，同时禁止了复制赋值。因此在向另一个 unique_ptr 赋值的时候要特别留意，必须用函数 std::move()显式地声明所有权转移。赋值操作之后，指针的所有权就被转移了，原来的 unique_ptr 变成了空指针，新的 unique_ptr 接替了所有权，从而保证了所有权的唯一性：

```cpp
auto ptr1 = make_unique<int>(42);        // 调用工厂函数创建智能指针
assert(ptr1 && *ptr1 == 42);             // 此时智能指针有效

auto ptr2 = std::move(ptr1);             // 使用 move()转移所有权
assert(!ptr1 && ptr2);                   // ptr1 变成了空指针
```

如果对右值、转移这些概念不是太理解也没关系，它们用起来也的确比较"微妙"。只要记住：尽量不要对 unique_ptr 执行赋值操作，让它"自生自灭"，完全自动化管理。

这里还有一个引申出来的结论：因为 unique_ptr 禁止复制，只能转移，所以如果在定义类时将 unique_ptr 作为成员，那么类本身也会是不可复制的。也就是说，unique_ptr 会把它的"唯一所有权"特性传递给它的持有者。

4.1.3　共享指针

shared_ptr（共享指针）是一个比 unique_ptr 更智能的智能指针。

初看上，shared_ptr 和 unique_ptr 差不多，也可以使用工厂函数来创建，也重载了"*""->"操作符，用法几乎相同——只是名字有变化，看看下面的代码吧：

```cpp
shared_ptr<int> ptr1(new int(10));              // int 智能指针
assert(*ptr1 = 10);                             // 可以使用"*"取内容

shared_ptr<string> ptr2(new string("hello"));   // string 智能指针
assert(*ptr2 == "hello");                       // 可以使用"*"取内容

auto ptr3 = make_shared<int>(42);               // 调用工厂函数创建智能指针
assert(ptr3 && *ptr3 == 42);                    // 可以判断是否为空指针

auto ptr4 = make_shared<string>("zelda");       // 调用工厂函数创建智能指针
assert(!ptr4->empty());                         // 可以使用"->"调用成员函数
```

但 shared_ptr 的名字表明了与 unique_ptr 最大的不同点：它的所有权可以被安全共享，即支持复制赋值，允许被多个"人"同时持有，就像原始指针一样。

下面的代码示范了 shared_ptr 的共享特点（这对于 unique_ptr 是完全不可能的），请注

意其中的成员函数 use_count()：[1]

```
auto ptr1 = make_shared<int>(42);        // 调用工厂函数创建智能指针
assert(ptr1 && ptr1.use_count() == 1 );  // 此时智能指针有效且唯一

auto ptr2 = ptr1;                        // 直接复制赋值，不需要使用 move()
assert(ptr1 && ptr2);                    // 此时两个智能指针均有效

assert(ptr1 == ptr2);                    // shared_ptr 可以直接比较

assert(ptr1.use_count() == 2);           // 智能指针均不唯一，且引用计数为 2
assert(ptr2.use_count() == 2);
```

shared_ptr 支持安全共享的秘密在于其内部使用了引用计数。

在最开始的时候，它的引用计数是 1，表示只有一个持有者。如果发生复制赋值，也就是共享的时候，引用计数就增加，而发生析构的时候，引用计数就减少。只有当引用计数减少到 0，也就是说没有任何人使用这个指针的时候，shared_ptr 才会真正调用 delete 来释放内存。

因为 shared_ptr 具有完整的值语义（可以复制赋值），所以它可以在绝大多数场合替代原始指针，不用再担心资源回收的问题，比如使容器存储指针，使函数安全返回动态创建的对象等。[2]

既然 shared_ptr 这么好，是不是就可以只用它而不再考虑 unique_ptr 了呢？

答案当然是否定的，不然也就没有必要设计多种不同的智能指针了。

虽然 shared_ptr 非常智能，但天下没有免费的午餐，使用它也是有代价的：引用计数的存储和管理都是成本，这是 shared_ptr 不如 unique_ptr 的地方。

所以如果不考虑应用场合，过度使用 shared_ptr 就会降低运行效率。不过我们也不需要太担心，shared_ptr 内部有很好的优化，在非极端情况下它的开销都很小。

shared_ptr 另外一个要注意的地方是它的销毁动作。

虽然我们把指针交给了 shared_ptr 去自动管理，但在运行阶段引用计数的变动是很复杂的，很难知道它真正释放资源的时机，无法像 Java/Go 那样明确掌控、调整垃圾回收机制。

我们要特别小心对象的析构函数，不要有非常复杂、易导致严重阻塞的操作。一旦

---

[1] shared_ptr 原本有一个单独的成员函数 unique()，可用来判断指针的所有权是否唯一，相当于 use_count() == 1，但因为线程安全的问题在 C++20 中已经被废弃。

[2] shared_ptr 还有很多高级用法，比如定制删除函数，不只是调用 delete 来释放内存，而是能够执行任意删除操作的代码。

shared_ptr 在某个不确定的时间点释放资源，就会阻塞整个进程或者线程，"整个世界都会静止不动"（Stop The World，也许用过 Go 的同学会深有体会）。千万不要写出类似下面的代码：[①]

```cpp
class DemoShared final           // 危险的类，随时会"引爆的炸弹"
{
public:
  DemoShared() = default;
  ~DemoShared()                  // 要特别注意析构函数
  {
    // Stop The World ...        // 复杂的操作会导致 shared_ptr 析构时世界静止
  }
};
```

4.1.4　弱引用指针

shared_ptr 的引用计数还会导致一个新的问题，就是循环引用，这在把 shared_ptr 作为类成员的时候极容易出现，典型的例子就是链表节点。

下面的代码演示了一个简化的场景：

```cpp
class Node final                 // 一个节点类
{
public:
  using this_type   = Node;      // 类型别名
  using shared_type = std::shared_ptr<this_type>;
public:
  shared_type    next;           // 使用智能指针来指向下一个节点
};

auto n1 = make_shared<Node>();   // 调用工厂函数创建智能指针
auto n2 = make_shared<Node>();   // 调用工厂函数创建智能指针

assert(n1.use_count() == 1);     // 引用计数为 1
assert(n2.use_count() == 1);

n1->next = n2;                   // 两个节点互指，形成了循环引用
n2->next = n1;

assert(n1.use_count() == 2);     // 引用计数为 2
assert(n2.use_count() == 2);     // 无法减到 0，无法销毁，导致内存泄漏
```

在这里，两个节点指针刚创建时引用计数是 1，但指针互指（复制赋值）之后，引用计数变成了 2。

_____

[①] 我曾经在实际开发中遇到一个类似的案例，排查起来费了很多功夫，真的是"血泪教训"。

　　这个时候，shared_ptr 就"犯傻"了，意识不到这是一个循环引用，多算了一次计数，后果就是引用计数无法减到 0，无法调用析构函数执行 delete，最终导致内存泄漏。

　　这个例子很简单，我们很容易就能看出存在循环引用。但在实际开发中，指针的关系可不像这个例子中那么清晰，很有可能会不知不觉地形成一个链条很长的循环引用，指针的关系复杂到根本无法识别，想要找出循环引用基本上是不可能的。

　　想要从根本上杜绝循环引用，光靠 shared_ptr 是不行的，必须要用到它的"小帮手"：weak_ptr。

　　weak_ptr，顾名思义，功能很"弱"。它专门为打破循环引用而设计，只观察指针，不会增加引用计数（弱引用）。但在需要的时候，weak_ptr 可以调用成员函数 lock()，获取 shared_ptr（强引用）。

　　在刚才的例子里，只要我们改用 weak_ptr，循环引用的烦恼就会烟消云散：

```cpp
class Node final
{
public:
    using this_type    = Node;

    // 注意这里，指针类型改用 weak_ptr
    using shared_type  = std::weak_ptr<this_type>;
public:
    shared_type      next;        // 因为用了别名，所以代码不需要改动
};

auto n1 = make_shared<Node>();    // 调用工厂函数创建智能指针
auto n2 = make_shared<Node>();    // 调用工厂函数创建智能指针

n1->next = n2;                    // 两个节点互指，形成了循环引用
n2->next = n1;

assert(n1.use_count() == 1);      // 因为使用了 weak_ptr，引用计数为 1
assert(n2.use_count() == 1);      // 打破循环引用，不会导致内存泄漏

if (!n1->next.expired()) {        // 检查 weak_ptr 是否有效
    auto ptr = n1->next.lock();   // 调用 lock() 获取 shared_ptr
    assert(ptr == n2);
}
```

　　在这段代码中，因为指针改用了 weak_ptr，是弱引用，所以它只会"观察"指针，在赋值的时候不会修改引用计数，所以能够保证共享指针总会被正确析构。

　　weak_ptr 提供了与 shared_ptr 类似的 use_count()，用于检查引用计数。特殊的成员

函数 expired() 相当于 use_count() == 0，用来判断 weak_ptr 是否有效。如果有效，就可以调用 lock() 把弱引用转化为强引用。

weak_ptr 的另一个重要用途是让类正确地自我创建 shared_ptr：对象内部用 weak_ptr 来保管 this 指针，然后调用 lock() 获取 shared_ptr。

这要用到辅助类 enable_shared_from_this。需要自我管理的类必须以继承的方式使用它，之后就可以用成员函数 shared_from_this() 创建 shared_ptr，或者调用成员函数 weak_from_this() 创建 weak_ptr。示例代码如下：

```
class SharedSelf final :              // 注意继承的用法
    public std::enable_shared_from_this<SharedSelf>
{ };

auto ptr1 = make_shared<SharedSelf>(); // 调用工厂函数创建智能指针
assert(ptr1.use_count() == 1);

auto ptr2 = ptr1->shared_from_this();// 正确获得共享指针
assert(ptr2.use_count() == 2);

auto ptr3 = ptr1->weak_from_this();          // 也可以获得弱指针
assert(!ptr3.expired() && ptr1.use_count() == 2);
```

要注意 enable_shared_from_this 的用法略微有些奇怪，需要在它的模板参数里填写子类的名字——这被称为 CRTP（Curiously Recurring Template Pattern），目的是让父类能够知道并操作子类。

4.1.5 智能指针小结

智能指针的话题很大，本节只介绍了一些 C++基本的知识，重点列举如下。

■ 智能指针是代理模式的具体应用，它使用 RAII 技术代理了裸指针，能够自动释放资源，无须程序员干预，所以被称为智能指针。
■ 如果指针是独占使用，就应该选择 unique_ptr，它为裸指针添加了很多限制，更加安全。
■ 如果指针是共享使用，就应该选择 shared_ptr，它的功能非常完善，用法几乎与原始指针一样。
■ 如果可能存在循环引用，或者不需要 shared_ptr 那样的强共享关系，就应该选择 weak_ptr，它不影响引用计数，也可以随时转换成 shared_ptr。
■ 应当调用工厂函数 make_unique()/make_shared() 来创建智能指针，强制初始化，还能用 auto 来简化声明。
■ shared_ptr 有较低的管理成本，有时也会引发一些难以排查的错误，所以不要过度使用。

还有一个很重要的建议：既然我们理解了智能指针，就尽量不要再使用裸指针/new/delete 来操作内存了。

如果严格遵守这条建议，用好 unique_ptr/shared_ptr/weak_ptr，那么我们的程序就不可能出现内存泄漏，也就不需要去费心研究、使用内存调试工具了，开发过程也会"美好"一点。[1]

4.2   字符串

字符串是一种常见的数据类型，它就像现实世界里的空气和水一样，因为常用反而容易被忽视。本节就来看看在 C++里该怎么用内置的字符串功能来处理文本数据。

4.2.1   字符串类型

我们都很熟悉 C++里的字符串类型 string，但它其实并不是一个真正的类型，而是模板类 basic_string 的特化形式，是一个类型别名：

```
using string = std::basic_string<char>;  // string 其实是一个类型别名
```

特化是什么意思呢？

所谓的字符串就是字符的序列。字符是人类语言、文字的计算机表示，而人类语言、文字又有很多种，相应的编码方式也有很多种。所以，C++就为字符串设计了模板类 basic_string，它是一个抽象的字符序列，用模板来搭配不同的字符串类型，就能够更有弹性地处理各种文字了。

说到字符和编码就不能不提到 Unicode。它的目标是用一种编码方式统一地处理人类语言、文字，使用 32 位（4 字节）来容纳过去或者将来所有的文字。

但这就与 C++产生了矛盾。因为 C++的字符串源自 C，而 C 里的字符都是单字节的 char 类型，无法支持 Unicode。

为了解决这个问题，C++就又新增了几种字符串类型：C++98 定义了 wchar_t；到了 C++11，为了适配 UTF-16/UTF-32，新增了 char16_t/char32_t；C++20 里又新增了 char8_t，它相当于 unsigned char，用来表示 UTF-8。

于是 basic_string 在模板参数里换上这些字符串类型，就可以适应不同的编码方式了：

---

[1] 有的资料不建议在函数的入口参数里使用 shared_ptr，原因是成本高。我的建议是程序的正确性和安全性是第一位的，先放手去用，保证功能正确之后再考虑，性能优化。

```
using wstring     = std::basic_string<wchar_t>;      // C++98
using u8string    = std::basic_string<char8_t>;      // C++20
using u16string   = std::basic_string<char16_t>;     // C++11
using u32string   = std::basic_string<char32_t>;     // C++11
```

不过在我看来，虽然 C++ 做了这些努力，但收效其实并不大。

因为字符编码和国际化的问题实在是太复杂了，仅有这几个基本的字符串类型根本不够。而 C++ 一直没有提供处理编码的配套工具，我们只能自己"造轮子"，用不好反而会把编码搞得一团糟。[①]

这就导致 wstring 等新字符串基本上没人用，大多数程序员为了不"自找麻烦"，还是选择基本的 string。万幸的是，Unicode 还有 UTF-8 编码方式，与单字节的 char 完全兼容，用 string 也足以适应大多数的应用场合。

所以我建议在开发中只用 string，而且在涉及 Unicode、编码转换的时候，尽量不要用 C++，目前它还不太擅长做这种工作，可能还是改用其他语言来处理更好。

4.2.2　字符串的用法

string 在 C++ 标准库里的身份比较特殊，虽然批评它的声音不少，比如接口复杂、成本略高，但它不像容器和算法，C++ 里直到现在仍然有且只有一个字符串类，"只此一家，别无分号"。

所以在这种"别无选择"的情况下，我们就要多了解它的优缺点，尽量用好它。

1. 基本接口

首先我们要看到，string 是一个功能比较齐全的字符串类，可以提取子串、比较大小、检查长度、搜索字符……基本满足一般人对字符串的要求。

下面的代码简单示范了对字符串的一些操作：[②]

```
string str = "abc";                   // 一个标准字符串

assert(str.length() == 3);            // 获取长度
assert(str < "xyz");                  // 比较字符串
assert(str.substr(0, 1) == "a");      // 取子串
assert(str[1] == 'b');                // 取单个字符
assert(str.find("1") == string::npos); // 查找字符
```

---

① C++11 曾经引入一个标准库组件<codecvt>，试图实现 Unicode 的编码转换，但实际用起来效果并不尽如人意，于是在 C++17 中它就被废弃了。

② 在从 string 转换到 C 字符串的时候需要注意 c_str() 与 data() 的区别：两个函数都返回 const char*指针，但 c_str() 必定会在末尾添加一个"\0"，而 data() 则是在 C++11 之后才等同于 c_str()。建议清晰起见，还是应该尽量调用 c_str()。

```
assert(str + "d" == "abcd");                // 字符串拼接
auto p = str.c_str();                       // 获取内部的字符串指针

assert(str.starts_with("ab"));              // C++20 新增接口，判断前缀
assert(str.ends_with("c"));                 // C++20 新增接口，判断后缀
```

string 的实际接口比较"乱"，除了字符串操作，还有 size/begin/end/push_back 等类似容器的操作，这很容易让人产生联想，把它当成一个字符容器。

但我不建议这样做——因为字符串和容器完全是两个不同的概念。

字符串是文本，里面的字符之间是强关系，顺序不能随便调换，否则就失去了意义，通常应该视为一个整体来处理。而容器是集合，里面的元素之间没有任何关系，可以随意增、删、改，更多的是操作里面的单个元素。

理解了这一点，把每个字符串都看作一个不可变的实体，我们才能在 C++里真正地用好字符串。

但有的时候我们也确实需要存储字符的容器，比如字节序列、数据缓冲区，这该怎么办呢？

这个时候，我建议最好改用 vector<char>，它的含义十分纯粹，只存储字符，无须 string 那些不必要的成本，用起来也就更灵活一些：

```
vector<char> v;                             // 字符容器，存储彼此无关的字符
v.push_back('a');                           // 在末端添加元素
v.push_back('b');
assert(v.front() == 'a');                   // 取首个元素
```

接下来我们再看看现代 C++里关于 string 的一些应用技巧。

2. 原始字符串

C++11 为字面量增加了一个"原始字符串"的新表示形式，比原来的引号多了一个大写字母 R 和一对圆括号，就像下面这样：

```
auto str = R"(nier:automata)";             // 原始字符串：nier:automata
```

这种形式初看上去显得有点多余，它有什么好处呢？

我们都知道 C++的字符有转义的用法：在字符前面加上一个"\"，就可以写出"\n""\t"来表示回车、跳格等不可输出字符。

但这个特性也会带来麻烦，有时我们不想转义，只想要字符串的原始形式，这在 C++里写起来就很烦琐了。特别是在用正则表达式的时候，由于它也有转义，两个转义效果"相乘"，就很容易出错。

比如，要在正则表达式里表示"\$"，需要写成"\\\$"，而在 C++里需要对"\"再次进行转义，就要写成"\\\\\\\$"，很难一眼数出来代码里面到底有多少个"\"：

```cpp
auto str = "\\\\\\\$";               // 转义后输出：\\\$，即正则的\$
```

如果使用原始字符串，我们就不会有这样的烦恼了。原始字符串不会对字符串里的内容做任何转换，完全保持了"原始风貌"，即使里面有再多的特殊字符都不怕：

```cpp
auto str1 = R"(char""'')";           // 原样输出：char""''
auto str2 = R"(\r\n\t\")";           // 原样输出：\r\n\t\"
auto str3 = R"(\\\$)";               // 原样输出：\\\$
```

不过想要在原始字符串里面写"引号+圆括号"的形式该怎么办呢？

对于这个问题，C++也准备了应对的办法，就是在圆括号的两边加上最多 16 个字符的特别界定符（delimiter），这样就能够保证不与字符串内容发生冲突。

例如，下面的原始字符串就添加了"=="作为界定符（也可以用其他任意字符序列）：

```cpp
auto str = R"==(R"(xxx)")==";        // 原样输出：R"(xxx)"
```

3.字符串转换函数

在处理字符串的时候，我们还会经常遇到字符串与数字互相转换的工作。以前只能用 C 函数 atoi()/atol()，它们的参数是 C 字符串而不是 string，用起来就比较麻烦，于是 C++11 就增加了几个新的转换函数。[①]

- stoi()/stol()/stoll()等可以把字符串转换成整数。
- stof()/stod()等可以把字符串转换成浮点数。
- to_string()可以把整数、浮点数转换成字符串。

这几个小函数在处理用户数据、输入和输出的时候会非常方便：

```cpp
assert(stoi("42") == 42);            // 字符串转整数
assert(stol("253") == 253L);         // 字符串转长整数
assert(stod("2.0") == 2.0);          // 字符串转浮点数

assert(to_string(1984) == "1984");   // 整数转字符串
```

4.字面值后缀

为更方便地使用字符串，C++14 新增了一个字面值后缀"s"，明确地表示它是字符串类型，

[①] Boost 程序库里有一个工具 lexical_cast，用于实现字符串和数字之间的转换，功能比 stoi()/to_string() 更强大，可参考第 5 章。

而不是 C 字符串。这样在声明的时候就可以利用自动类型推导，而且在其他用到字符串的地方，也可以省去声明临时字符串变量的麻烦，效率也会更高：

```cpp
using namespace std::literals;          //必须打开名字空间

auto str = "std string"s;               // 后缀 "s" 表示标准字符串，自动推导类型

assert("time"s.size() == 4);            // 标准字符串可以直接调用成员函数
```

要注意的是，为了避免与用户自定义字面量的冲突，后缀 "s" 不能直接使用，必须用 using 打开名字空间才行，这是它的一个小缺点。

4.2.3 字符串视图

string 对字符串是全量存储，这就显得有点儿 "重"，特别是大字符串，复制、修改代价会很大。所以我们通常都用 const string&，但在使用 C 字符串、获取子串等时还是无法避免，所以很有必要找一个轻量级的替代品。

C++17 为此增加了一个新的字符串类 string_view。顾名思义，它是一个字符串的视图，成本很低，内部只保存一个指针和长度，无论是复制还是修改都非常廉价。

在概念上，string_view 可以理解成如下的代码：[①]

```cpp
class string_view {                      // 字符串视图的概念演示
private:
    const char*    m_ptr;                // 指向字符串的起始地址
    std::size_t    m_size;               // 字符串的长度
public:
    ...                                  // 各种操作函数
};
```

从这段代码中可以看到，string_view 有 4 个关键的特点。

第一，因为内部使用了常量指针，所以它是一个只读视图，只能查看字符串而无法修改，相当于 "const string&"，用起来很安全。

第二，因为内部使用了字符指针，所以它可以直接从 C 字符串构造，没有 "const string&" 的临时对象创建操作，所以适用面广且成本低。

第三，因为使用的是指针，所以必须要当心引用的内容可能会失效，这一点和 4.1 节的 weak_ptr 有些类似，两者都是弱引用。

---

① 和 string 一样，string_view 其实是 basic_string_view<char> 的类型别名，而模板参数里应用其他字符串类型还有 wstring_view/u8string_view/u16string_view 等。

第四，因为它是一个只读视图，所以不能保证字符串末尾一定是 NULL，无法提供成员函数 c_str()。也就是说，不能把 string_view 转换成以 NULL 结尾的字符指针，不能把它用于 C 函数传参（这实在是非常可惜）。

下面的代码示范了 string_view 基本的创建方式：

```cpp
string_view sv;                          // 默认构造函数
assert(sv.empty());                      // 字符串视图为空

sv = "fantasy"s;                         // 从 string 构造
assert(sv.size() == 7);

sv = "c++";                              // 从 C 字符串构造
assert(sv.size() == 3);

string_view sv2("std c++", 3);           // 指定字符数组和长度构造
assert(sv2 == "std");
```

与 string 的字面值后缀"s"类似，我们也可以用后缀"sv"来表示 string_view，直接用 auto 来推导类型，当然也要打开名字空间 std::literals：

```cpp
using namespace std::literals;           // 必须打开名字空间
auto sv3 = "viewit"sv;                   // 后缀"sv"，直接用 auto 来推导类型
```

string_view 还提供了很多与 string 同名的成员函数来操作这个只读视图，用起来几乎没有什么区别（除了 c_str），包括 empty()/size()/front()/back()/find() 等：

```cpp
string_view sv {"god of war"s};          // 从 string 构造

assert(sv.starts_with("god"));           // C++20 新增接口，判断前缀
assert(sv.ends_with("war"));             // C++20 新增接口，判断后缀

assert(!sv.empty());                     // 字符串视图不空
assert(sv.size() == 10);                 // 取字符串视图的长度
assert(sv.front() == 'g');               // 取字符串视图的第一个字符
assert(sv[2] == 'd');                    // 可以使用"[]"直接访问字符
assert(sv.find('w') != string_view::npos); // 查找字符是否存在
```

虽然 string_view 不能直接修改字符串内容，但可以调整它内部的指针和长度，在被引用的字符串上移动视图，例如：

```cpp
assert(sv.substr(4, 2) == "of");         // 取子串

sv.remove_prefix(3);                     // 删除前缀
assert(sv == " of war");

sv.remove_suffix(4);                     // 删除后缀
assert(sv == " of");
```

了解了 string_view 的基本功能后,我们就可以细分字符串的应用领域,把它作为 string 的轻量级“替身”,用在只读、弱引用的场合,从而降低字符串的使用成本。

4.2.4 字符串格式化

在 C++ 里,字符串格式化长久以来都是个比较令人头疼的问题:printf() 太“古老”,而 iostream 又太“笨拙”。到了 C++20,这个问题终于有了一个比较令人满意的解决办法,那就是新增加的格式化库 format。[①]

它提供了一个专门的格式化函数 format(),作用类似 printf(),但使用了可变参数模板,从而既支持任意数量的参数,又实现了编译期类型检查,用起来非常安全。

format() 的格式化语法与 printf() 差别很大,更“现代化”一些,不再使用传统的“%”,而是使用与 Python/C# 类似的“{}”,可读性非常好。

下面是字符串格式化的两个小例子:

```
format("{}", 100L);                          // 直接格式化输出整数
format("{0}-{0}, {1} {2}",                   // 可以用序号引用后面的参数
       "hello", 2.718, 3.14);                // 参数数量必须与格式一致

100                                          // 输出结果
hello-hello, 2.718 3.14                      // 输出结果
```

格式占位符的基本形式是“{序号:格式标志}”,里面不仅可以用序号(从 0 开始)引用后面的参数,还可以添加各种标志来定制格式,简单列举如下。

- <:数据左对齐。
- >:数据右对齐。
- +:为数字添加正负号标记。
- -:为负数添加“-”标记,正数无标记。
- 空格:为负数添加“-”标记,正数前加空格。
- b:格式化为二进制整数。
- d:格式化为十进制整数。
- o:格式化为八进制整数。
- x/X:格式化为十六进制整数。
- #:非十进制数字显示“0b”“0o”“0x”前缀。
- 数字:格式化输出的宽度。

---

① 目前 GCC 10 里的标准库还比较滞后,没有实现对 format 库的支持,不能直接用“#include <format>”(因为不存在),不过我们可以使用一个功能完全兼容的第三方库 fmtlib 来代替。

这些标志位看起来好像有点儿多，但仍然遵循了语言的惯例，很容易掌握，可以通过下面的几个例子来学习：

```
format("{:>10}", "hello");              // 右对齐，10 个字符的宽度
format("{:04}, {:+04}", 100L, 88);      // 指定填充和宽度，默认是十进制
format("{0:x}, {0:#X}", 100L);          // 格式化为十六进制
format("{:04o}, {:04b}", 7, 5);         // 格式化为八进制/二进制，宽度是 4

    hello                               // 输出结果
0100, +088
64, 0X64
0007, 0101
```

与原始字符串类似，因为"{}"被用于格式化，所以想要在字符串里输出"{}"，就要用特殊的"{{}}"形式，例如：

```
format("{{xxx}}");                      // 输出{xxx}
```

如果读者熟悉 Python，那么 format 用起来就几乎没有难度，不然可能就要去查一下它的接口说明了——不过也不是太难，我认为至少比 printf() 要容易多了。

4.2.5　正则表达式

string/string_view 只是解决了文本的存储和表示问题，而面对判断前缀和后缀、模式匹配和查找等问题时它们还是无能为力，那么在 C++ 里到底该如何处理文本呢？

使用标准算法显然是不行的，因为算法的工作对象是容器，而字符串与容器是两个完全不同的东西，大部分算法都无法直接套用到字符串上，所以文本处理也一直是 C++ 的"软肋"。

好在 C++11 终于引入了正则表达式库 regex，利用它的强大功能，我们就能够任意操作字符串以及文本。

1.　正则表达式简介

正则表达式是一种特殊的模式描述语言，专门为处理文本而设计，它定义了一套严谨的语法规则，按照这套规则去书写模式——也就是正则表达式，就可以实现复杂的匹配、查找和替换工作。

正则表达式是一种通用的技术，相关的很多资料也很容易获取，这里只简略介绍一下它的基本语法规则，当作备忘速查。[①]

- ■　.：匹配任意的单个字符。
- ■　$：匹配行的末尾。

---

① 更详细的正则表达式的语法可以参考 PCRE 网站。

- ■　^：匹配行的开头。
- ■　()：定义子表达式，可以被引用或者重复。
- ■　*：表示元素可以重复任意多次。
- ■　+：表示元素可以重复一次或多次。
- ■　?：表示元素可以重复 0 次或 1 次。
- ■　|：匹配它两侧的元素之一。
- ■　[]：定义字符集合，列出单个字符、定义范围，或者是集合的补集。
- ■　\：是转义符，特殊字符经转义后与自身匹配。

2．正则表达式对象

C++正则表达式主要用到两个类。[①]

- ■　regex　：表示一个正则表达式，是 basic_regex 的特化形式。
- ■　smatch：表示正则表达式的匹配结果，是 match_results 的特化形式。

下面是两个正则表达式的例子：

```
regex reg1 {R"(\d+\.\d)"};              // 形如 12.23 的数字
regex reg2 {R"(a*b{2,3})"};             // 形如 abb/abbb/bb 的字符串
```

在创建正则表达式对象的时候，我们还可以传递一些特殊的标志，用于控制正则的处理过程。这些标志都位于名字空间 std::regex_constants 中，比较常用的有以下几种。

- ■　icase：匹配时忽略大小写，即大小写不敏感。
- ■　optimize：要求尽量优化正则表达式，但会增加正则表达式对象的构造时间。
- ■　ECMAScript：使用 ECMAScript 兼容语法，这也是默认的语法。
- ■　awk/grep/egrep：使用 awk/grep/egrep 等语法。

例如，想要忽略大小写且优化表达式，就可以写成这样：

```
using namespace std::regex_constants;  // 打开标志所在的名字空间
regex reg1 {"xyz", icase|optimize};    // 忽略大小写且尽量优化
```

不过简单起见，后续的示范代码都没有传递标志参数，请读者留意。

3．正则表达式算法

C++正则表达式有 3 种算法，分别实现匹配、查找和替换，注意它们都是只读的，绝不会变

[①] basic_regex/match_results 针对 char*/string 有不同的特化形式，但命名上却不太一致，有 cmatch/smatch，却没有对应的 cregex/sregex，个人建议最好使用类型别名来保持对应关系，看起来更清楚。

动原字符串。[①]

- ■　regex_match：完全匹配一个字符串。
- ■　regex_search：在字符串里查找一个正则匹配。
- ■　regex_replace：先正则查找再替换。

所以，我们只要用 regex 定义好一个表达式对象，再调用相应的匹配算法，就可以立刻得到结果。不过在写正则表达式的时候，记得最好用原始字符串，不然转义符会让人备受折磨。

接下来我们定义两个简单的 lambda 表达式来创建正则表达式对象，主要是为了方便用自动类型推导。当然，这同时隐藏了具体的类型信息，将来可以随时变化（这也有点儿函数式编程的味道了）：

```
auto make_regex = [](const auto& txt)    // 创建正则表达式
{
    return std::regex(txt);
};

auto make_match = []()                   // 返回正则匹配结果
{
    return std::smatch();
};
```

4. 正则匹配

有了正则表达式对象之后，我们就可以调用 regex_match 检查字符串，它返回 bool 值，表示目标是否完全匹配正则表达式里定义的模式：

```
auto reg =
    make_regex(R"(^(\w+)\:(\w+)$)");     // 使用原始字符串定义正则表达式

assert( regex_match("a:b", reg));        // 正则匹配成功
assert(!regex_match("a,b", reg));        // 正则匹配失败
```

regex_match 还有一个包含 3 个参数的重载形式，如果匹配成功，结果就会存储在第二个参数 what 里，然后像数组那样去访问子表达式：

```
auto str = "neir:automata"s;             // 待匹配的字符串

auto what = make_match();                // 准备获取匹配的结果

assert(regex_match(str, what, reg));     // 正则匹配成功

assert(what[1] == "neir");               // 第一个子表达式
```

[①] regex 库里还有另外两个工具，即 regex_iterator/regex_token_iterator，实现了正则迭代和分词，但用法比较复杂，感兴趣的读者可参考其他资料了解。

```
assert(what[2] == "automata");          // 第二个子表达式
for(const auto& x : what) {              // 使用 for 遍历匹配所有子表达式
    cout << x << ',';
}                                        // 输出 neir:automata,neir,automata,
```

这个正则表达式表示的是以 ":" 分隔的两个单词,其中的两个单词又定义成了子表达式,所以 regex_match 匹配成功后会得到 3 个结果:第 0 号元素是整个匹配串,其他的则是子表达式匹配串。

在使用 regex_match 的时候需要注意一点,如果想要获取捕获结果,那么目标字符串绝不能是临时对象,也就是说不能直接写字面值,若使用下面的写法会出现编译告警:

```
regex_match("xxx", what, reg);          // 不能是字面值等临时对象
```

原因也很简单,因为匹配结果需要引用字符串,而临时变量在函数调用后就消失了,会导致引用无效。

5. 正则查找

regex_search 的用法和 regex_match 非常相似,它不要求全文匹配,只要找到一个符合模式的子串就行,见下面的示例代码:

```
auto str = "god of war"s;               // 待匹配的字符串

auto reg =
  make_regex(R"((\w+)\s(\w+))");        // 使用原始字符串定义正则表达式
auto what = make_match();               // 准备获取匹配的结果

auto found = regex_search(              // 正则查找,和匹配类似
            str, what, reg);

assert(found);                          // 断言找到匹配
assert(!what.empty());                  // 断言有匹配结果
assert(what[1] == "god");               // 第一个子表达式
assert(what[2] == "of");                // 第二个子表达式
```

这段代码里的正则表达式定义了两个子表达式,表示两个以空格分隔的连续单词,然后用 regex_search 搜索,在匹配结果里以数组索引的形式输出。

regex_search 搭配正则表达式里的 "^$" 就可以解决字符串的前缀和后缀的检查问题:[1]

```
auto reg1 = make_regex(R"(^unix)");     // 必须有 "unix" 前缀
auto reg2 = make_regex(R"(com$)");      // 必须有 "com" 后缀
```

---

[1] C++20 为 string 新增了两个成员函数 starts_with()/ends_with(),也可以用来检查前缀和后缀。

```
assert(regex_search("unix_time", reg1));   // 检查前缀成功
assert(regex_search("abc.com", reg2));      // 检查后缀成功

assert(!regex_search("win_os", reg1));      // 检查前缀失败
assert(!regex_search("abc.org", reg2));     // 检查后缀失败
```

6. 正则替换

　　regex_replace 的用法与 regex_match/regex_search 略有不同，它不是要匹配结果，而是要提供一个替换字符串。例如：

```
auto new_str = regex_replace(          // 正则替换，返回新字符串
    str,                               // 原字符串不改动
    make_regex(R"(\w+$)"),             // 正则表达式对象
    "peace"                            // 需要指定替换的文字
);

cout << new_str << endl;               // 输出 god of peace
```

　　regex_replace 搭配 "^$" 可以完成字符串的"修剪"工作

```
cout << regex_replace(                 // 正则替换
    "   xxx   ",                       // 原字符串
    make_regex("^\\s+"), ""            // 删除前导空格
    ) << endl;                         // 输出 "xxx   "

cout << regex_replace(                 // 正则替换
    "   xxx---",                       // 原字符串
    make_regex("\\-+$"), ""            // 删除后面的 "-"
    ) << endl                          // 输出 "   xxx"
```

　　因为算法是只读的，所以 regex_replace 会返回修改后的新字符串。善用这一点，就可以把它的输出作为另一个函数的输入，用"函数套函数"的形式实现函数式编程：

```
cout << regex_replace(                 // 嵌套正则替换
        regex_replace(                 // 正则替换，返回新字符串
            str,                       // 原字符串不改动
            make_regex("\\w+$"),       // 正则表达式对象
            "peace"                    // 要替换的文字
        ),
        make_regex("^\\w+"),           // 正则表达式对象
        "godness"                      // 要替换的文字
    ) << endl;                         // 输出 "godness of peace"
```

　　regex_replace 第三个参数（也就是替换文本）也遵循 PCRE 正则表达式标准，可以用"$N"

来引用匹配的子表达式，用"$&"引用整个匹配结果，例如：[1]

```
cout << regex_replace(                    // 正则替换
    "hello mike",                         // 原字符串不改动
    make_regex(R"((\w+)\s(\w+))"),        // 正则表达式对象，有两个子表达式
    "$2-says-$1($&)"                      // 替换引用了子表达式
    ) << endl;                            // 输出"mike-says-hello(hello mike)"
```

7. 注意事项

在使用 regex 的时候，我们还要注意正则表达式的成本。因为正则表达式对象无法由 C++ 编译器做静态检查，它只有在运行阶段才会由正则引擎处理，而语法检查和动态编译的代价很高，所以我们尽量不要反复创建正则表达式对象，能重用就重用。在使用循环的时候更要特别注意，一定要把正则表达式放到循环体外。

下面就是一个误用正则表达式的反例：

```
for (int i = 0;i < 100; i++) {            // 很大的循环
    auto reg = make_regex(R"(\w+)");      // 会多次编译正则表达式对象，降低运行效率
    ...
}
```

4.2.6   字符串小结

本节介绍了字符串类 string/string_view、格式化工具 format 和正则表达式库 regex，它们是 C++标准库里处理文本的唯一工具，虽然离完美还有些距离，但我们也别无选择。目前我们能做的，就是充分掌握一些核心技巧，规避一些使用误区。

本节的关键知识点列举如下。

- C++支持多种字符串类型，常用的 string 其实是模板类 basic_string 的特化形式。
- 目前 C++对 Unicode 的支持还不太完善，建议尽量避开国际化和编码转换。
- 应当把 string 视为一个完整的字符串来操作，不要把它当成容器来使用。
- 字面量后缀"s"表示字符串类，可以用来自动推导 string 类型。
- 原始字符串不会转义，是字符串的原始形态，适合在代码里写复杂的文本。
- string_view 是轻量级的字符串视图，成本很低，非常适合只读的场合，但要当心引用失效。
- C++20 里新增的格式化功能非常易用，比传统的 printf()/iostream 都要好。
- 处理文本应当使用正则表达式库 regex，它支持匹配、查找、替换，功能非常强大。

---

[1] 非常可惜，regex_replace 不支持将函数作为第三个参数，无法实现更复杂的替换策略，所以也就实现不了大小写转换，只能改用标准算法。

4.3　标准容器

容器是标准库里的一块"重地"，也是 C++泛型编程范式的基础。[①]

计算机先驱、图灵奖获得者尼克劳斯·沃斯（Niklaus Wirth）有句经典名言："算法 + 数据结构 = 程序。"在 C++里，容器就是这个公式里面的"数据结构"，专门用来容纳、存放各式各样的元素。

本节着重从数据结构的角度讲解标准库里各种容器的区别、优缺点，以及如何选择合适的容器。

4.3.1　容器简介

所谓的数据结构，就是数据在计算机里的存储和组织形式，比如堆、数组、链表、二叉树、B+树、散列表等。

在计算机的发展历史上，众多"大牛"孜孜不倦地发明和创造了这么多"花里胡哨"的数据结构，为什么呢？

因为没有一种数据结构是万能的，是可以应用于任何场景的。毕竟，不同的数据结构存储的形式不一样，效率也就不一样——有的是连续存储，有的是分散存储，有的存储效率高，有的查找效率高，我们必须要依据具体的应用场景来合理取舍。[②]

我们在学校里都学过这些数据结构，也知道它的实现原理，自己写也不是什么太难的事情。但是对于基本、经典的数据结构，我们完全没有必要去"自己造轮子"，因为 C++标准库里的容器已经把它们给实现了。

标准容器其实就是 C++对数据结构的抽象和封装，而且因为标准库的开发者功力很深，对编译器的了解程度更是远超你我，所以容器的性能和优化水平要比我们自己写得好很多倍，这一点绝对不用质疑。

我们要做的就是仔细品鉴标准容器这盘大餐，从中找出适合自己口味的那道菜。

由于容器相关的资料已经有很多，无论是线上还是线下都可以找到非常详细的接口文档，因此这里就不去浪费版面罗列每个容器的具体操作方法，而把重点放在特性介绍上。

[①] 扯远一点儿，在云时代容器这个词还有另一个含义，就是基于 Linux 的 namespace/chroot/cgroups 等技术从一个镜像运行起来的进程。

[②] 评判数据结构的基本指标是空间复杂度和时间复杂度，后者就是我们常说的"Big O"。

掌握了这些特性，今后我们在面临选择的时候就不用太纠结，就能够轻松地选出适合自己的容器。

4.3.2 容器的特性

C++里的容器很多，但可以按照不同的标准分门别类，常见的一种分类是依据元素的访问方式，分成顺序容器、有序容器和无序容器三大类别。先来看一下所有容器都具有的一个基本特性：容器保存元素采用的是值语义，也就是说，里面存储的是元素的复件、副本，而不是引用。

从这个基本特性可以得出一个推论，容器操作元素的很大一块成本就是值的复制。所以，如果元素比较大，或者非常多，那么操作时的复制成本就会很高，性能也就不会太好。

一个解决办法是尽量为元素实现转移构造函数和转移赋值函数，在加入容器的时候使用 std::move() 来转移元素，降低元素复制的成本。例如：

```
Point p;                          // 一个复制成本很高的对象

v.push_back(p);                   // 存储对象，复制构造，成本很高
v.push_back(std::move(p));        // 定义转移构造函数后就可以转移元素，降低成本
```

我们也可以使用 C++11 之后容器新增加的 emplace() 操作函数，它可以就地构造元素，免去了构造后再复制、转移的成本，不但高效，而且用起来也很方便：

```
v.emplace_back(...);              // 直接在容器里构造元素，不需要复制或者转移
```

当然，有人可能还会想到通过在容器里存放元素的指针来间接保存元素，但我不建议采用这种方案。

虽然指针的成本很低，但因为它是间接持有，就不能利用容器自动销毁元素的特性了，我们必须要自己手动管理元素的生命周期，麻烦而且非常容易出错，有内存泄漏的隐患。

如果真的有这种需求，可以考虑使用智能指针 unique_ptr/shared_ptr，让它帮我们自动管理元素。建议再仔细复习一下 4.1 节的内容，弄清楚这两个智能指针之间的差异，区分"独占语义""共享语义"。

一般情况下，shared_ptr 是一个更好的选择，它的共享语义与容器的值语义一致。而使用 unique_ptr 就要当心，它不能被复制，只能被转移，不太好控制指针的所有权。

4.3.3 顺序容器

顺序容器就是数据结构里的线性表，一共有 5 种：array/vector/deque/list/forward_list。

这 5 种容器又可以按照内部的存储结构细分成两组。

- 连续存储的数组：`array/vector/deque`。
- 指针结构的链表：`list/forward_list`。

`array/vector` 直接对应 C 的内置数组，内存布局与 C 完全兼容，所以是成本最低、速度最快的容器。

它们的区别在于容量能否动态增长：`array` 是静态数组，大小在初始化的时候就固定了，不能再容纳更多的元素；而 `vector` 是动态数组，虽然初始化的时候设定了大小，但可以在后续运行时按需增长，容纳任意数量的元素。

下面的代码示范了这两个容器的基本用法：

```
array<int, 2> arr;              // 初始化一个静态、数组，长度是 2
assert(arr.size() == 2);        // 静态数组的长度总是 2

vector<int> v(2);               // 初始化一个动态数组，长度是 2
for(int i = 0; i < 10; i++) {
    v.emplace_back(i);          // 追加多个元素
}
assert(v.size() == 12);         // 长度动态增长到 12
```

`deque` 也是一种可以动态增长的数组，它与 `vector` 的区别是它可以在两端高效地插入和删除元素，这也是它的名字 “double-end queue” 的来历，而 `vector` 则只能用 `push_back` 在末端追加元素。

`deque` 的示范用法如下：

```
deque<int> d;                   // 初始化一个动态数组，长度是 0

d.emplace_back(9);              // 在后端添加一个元素
d.emplace_front(1);             // 在前端添加一个元素
assert(d.size() == 2);          // 长度动态增长到 2
```

`vector/deque` 里的元素因为是连续存储的，所以在中间插入和删除效率很低（必须移动元素来 “腾地方”）；而 `list/forward_list` 因为是链表结构，插入和删除操作只需要调整指针，所以在任意位置的操作都很高效。

链表结构的缺点是查找效率低，只能沿着指针顺序访问，这方面不如 `vector` 随机访问的效率高。`list` 是双向链表，可以向前或者向后遍历，而 `forward_list`，顾名思义，是单向链表，只能向前遍历，查找效率就更低了。

因为必须要为每个元素附加一个或两个指针，指向链表的前、后节点，所以链表结构与数组结构相比，还有一个存储成本略高的缺点。

vector/deque 和 list/forward_list 都可以通过动态增长来容纳更多的元素，但它们的内部扩容机制却是不一样的。

当 vector 的容量到达上限的时候，它通常会再分配一块两倍大小的新内存，然后把旧元素复制或者移动过去。这个操作的成本是非常大的，所以我们在使用 vector 的时候最好能够预估容量，使用成员函数 reserve() 提前分配足够的空间，降低动态扩容的复制成本。

vector 的做法太"激进"，而 deque/list 的扩容策略就"保守"多了，只会按照固定的步长（例如 N 字节、一个节点）去增加容量。但在短时间内插入大量数据的时候，这种做法就会频繁分配内存，效果反而不如 vector 一次分配。

说完了这 5 个容器的优缺点，我们该怎么选择呢？

我的看法是：如果没有什么特殊需求，首选的容器就是 array/vector，它们的速度最快、成本最低，数组的形式也令它们最容易使用，搭配算法也可以快速实现排序和查找。[①]

剩下的 deque/list/forward_list 则适合对插入和删除性能比较敏感的场合。如果还很在意空间成本，那就只能选择非链表的 deque。

4.3.4　有序容器

顺序容器的特点是元素的次序由它插入的次序而决定，所以访问元素时也按照最初插入的顺序来访问。而有序容器则不同，它的元素在插入容器后就被按照某种规则自动重新调整次序，所以是有序的。

C++的有序容器使用的是树结构，通常是红黑树——有着最好查找性能的二叉树。

标准库里一共有 4 种有序容器：set/multiset 和 map/multimap。set 是集合，map 是关联数组（在其他编程语言里也叫字典）。

有 multi 前缀的容器表示可以容纳重复的 key，而内部结构与无前缀的相同，所以也可以认为只有两种有序容器。

因为有序容器的数量很少，所以使用的关键就是要理解它的有序概念。也就是说，容器是如何判断两个元素的先后次序的，知道了这个才能正确地应用排序。

这就导致有序容器与顺序容器的另一个根本区别：在定义容器的时候必须要指定 key 的比较

---

① 现在有了 vector，就绝对不要再使用"new/delete"来创建和删除动态数组了。

函数。只不过这个函数通常默认为 less()，表示小于关系，不用特意写出来。

我们可以看一下 vector/set/map 的类型声明：

```
template<
    class T                              // 模板参数只有一个元素类型
> class vector;                          // 向量

template<
    class Key,                           // 模板参数是 key 类型，即元素类型
    class Compare = std::less<Key>       // 比较函数
> class set;                             // 集合

template<
    class Key,                           // 第一个模板参数是 key 类型
    class T,                             // 第二个模板参数是元素类型
    class Compare = std::less<Key>       // 比较函数
> class map;                             // 关联数组
```

C++里的 int/string 等基本类型都支持比较排序，放进有序容器里毫无问题。但很多自定义类型没有默认的比较函数，要作为容器的 key 就有点麻烦。虽然这种情况不多见，但有的时候这还真是个"刚性需求"。

解决这个问题有两个办法：一个是重载比较操作符 "<"，另一个是自定义模板参数。

假设我们有一个 Point 类，它是没有大小概念的，但只要给它重载比较操作符 "<"，添加 "小于" 比较的次序关系，就可以将它放进有序容器里了：

```
bool operator<(const Point& a, const Point& b)
{
    return a.x < b.x;                    // 自定义比较运算
}

set<Point> s;                            // 现在就可以正确地放入有序容器
s.emplace(7);
s.emplace(3);
```

第二个办法是编写专门的函数对象或者 lambda 表达式，然后在容器的模板参数里将其指定为比较函数。这种方式更灵活，而且可以实现任意的排序准则。

下面的代码就示范了这种做法，定义了比较函数 comp()，然后使用 decltype 得到它的类型，并将它作为容器的模板参数：

```
set<int> s = {7, 3, 9};                  // 定义集合并初始化 3 个元素

for(auto& x : s) {                       // 循环输出元素
    cout << x << ",";                    // 从小到大排序:3,7,9
```

```
}

auto comp = [](auto&& a, auto&& b)          // 定义一个 lambda 表达式,用来比较大小
{
    return a > b;                           // 定义大于关系
};

set<int, decltype(comp)> gs(comp)           // 使用 decltype 得到 lambda 表达式的类型

std::copy(begin(s), end(s),                 // 复制算法,复制数据到另一个容器
        inserter(gs, gs.end()));            // 使用插入迭代器

for(auto& x : gs) {                         // 循环输出元素
    cout << x << ",";                       // 从大到小排序:9,7,3
}
```

除了比较函数,有序容器其实没有什么太多好说的,因为只有两种,选择起来很简单:集合关系就用 set,映射关系就用 map。

不过还是要再提醒一点,因为有序容器在插入的时候会自动排序,所以就有隐含的插入排序成本。当数据量很大的时候,容器内部的位置查找、树旋转成本可能会比较高。

还有,如果需要实时插入排序,那么选择 set/map 是没问题的。如果需要非实时插入排序,那么最好还是用 vector,全部数据插入完成后再一次性排序,效果肯定会更好。

4.3.5　无序容器

有有序容器,那自然会有对应的无序容器了,而这两类容器不仅在字面上对应,在其他方面也真的是完全对应。

无序容器也有 4 种,名字里也有 set 和 map,只是加上了 unordered 前缀,分别是 unordered_set/unordered_multiset/unordered_map/unordered_multimap。

无序容器同样是集合和关联数组,用法与有序容器几乎是一样的,区别仅在于内部的数据结构:它不是红黑树,而是散列表,也叫哈希表(hash table)。

因为它采用散列表存储数据,元素的位置取决于计算的散列值,没有规律可言,所以是无序的,我们也可以把它理解为乱序容器。

下面的代码简单示范了无序容器的操作,虽然接口与有序容器一样,但输出元素的顺序是不确定的乱序:

```
using map_type =                            // 类型别名
    unordered_map<int, string>;             // 使用无序关联数组
```

```
map_type dict;                          // 定义一个无序关联数组

dict[1] = "one";                        // 添加 3 个元素
dict.emplace(2, "two");
dict[10] = "ten";

for(auto& x : dict) {                    // 遍历输出
    cout << x.first << "=>"              // 顺序不确定
        << x.second << ",";              // 既不是插入顺序,也不是大小顺序
}
```

有序容器和无序容器的接口基本一样,这两者该如何选择呢?

其实看数据结构就清楚了。如果只想要单纯的 set/map,没有排序需求,就应该用无序容器,没有比较排序的成本,它的速度就会非常快。[①]

无序容器虽然不要求排序,但是对 key 的要求反而比有序容器更"苛刻"一些。来看一下 unordered_map 的声明:

```
template<
    class Key,                          // 第一个模板参数是 key 类型
    class T,                            // 第二个模板参数是元素类型
    class Hash = std::hash<Key>,        // 计算散列值的函数对象
    class KeyEqual = std::equal_to<Key> // 相等比较函数
> class unordered_map;
```

它要求 key 具备两个条件,一是可以计算散列值,二是可以执行相等比较操作。第一个是因为散列表的要求,只有计算散列值才能放入散列表;第二个是因为散列值可能会冲突,所以当散列值相同时,就要比较真正的 key 值。

与有序容器类似,要把自定义类型作为 key 放入无序容器就必须要实现以下两个函数。

相等比较函数比较简单,可以用与"<"函数类似的方式,通过重载操作符来实现:

```
bool operator==(const Point& a, const Point& b)
{
    return a.x == b.x;                  // 自定义相等比较运算
}
```

---

① 散列表理论上的时间复杂度是 $O(1)$,也就是常数,比红黑树的 $O(logN)$ 要快。但要注意,如果对元素里的大量数据计算散列值,这个常数可能会很大,也许会超过 $O(logN)$。另外,如果散列值不均匀,有散列值冲突,那么性能还会进一步降低,最差就成了 $O(n)$。

散列函数就略麻烦一点，通常可以用函数对象或者 lambda 表达式实现，在内部最好调用标准的散列函数对象，而不要自己直接计算，否则很容易造成散列值冲突。例如：

```
auto hasher = [](const auto& p)                 // 定义一个 lambda 表达式
{
    return std::hash<int>()(p.x);               // 调用标准散列函数对象计算
};
```

有了相等比较函数和散列函数，再搭配上 decltype，自定义类型就可以放进无序容器了：

```
unordered_set<Point, decltype(hasher)> s(10, hasher);

s.emplace(7);
s.emplace(3);
```

4.3.6　标准容器小结

本节从数据结构的角度全面介绍了 C++标准库里的各种容器，只有我们了解这些容器的基本特性，知道内部结构上的优缺点，今后在写程序的时候才不会犯"选择困难症"。

判断容器是否合适的基本依据是"不要有多余的操作"。也就是说，不要为不需要的功能付出代价。例如，只在末尾添加元素，就不要用 deque/list；只想快速查找元素，不用排序，就应该选 unordered_set。

本节的关键知识点如下。

- 标准容器可以分为三大类：顺序容器、有序容器和无序容器。
- 所有容器中最应该优先选择的是 array/vector，它们的速度最快。成本最低。
- list/forward_list 是链表结构，插入和删除的效率高，但查找效率低。
- 有序容器是红黑树结构，对 key 自动排序，查找效率高，但有插入成本。
- 无序容器是散列表结构，由散列值计算存储位置，查找和插入的成本都很低。
- 有序容器和无序容器都属于关联容器，元素有 key 的概念，操作元素实际上是在操作 key，所以要定义对 key 的相等比较函数或者散列函数。[①]

还有一个使用这些容器的小技巧：就是多利用类型别名，而不要"写死"容器定义。因为容器的大部分接口是相同的，所以只要变动别名定义，就能够随意改换不同的容器，对于开发、测试都非常方便。

---

① 有序容器和无序容器里还有等价（equivalent）与相等（equality）的概念。等价的意思是"!(x < y) && !(x > y)"，而相等的意思是"=="。等价基于次序关系，对象不一定相同，而相等表示两个对象完全相同。

4.4　特殊容器

传统意义上 C++ 里的容器指的就是 4.3 节介绍的顺序容器、有序容器和无序容器,但随着语言的发展,标准库里也增加了一些新的数据结构。它们不完全符合容器的定义,但在用法、用途上又很像容器(例如提供了 emplace() 函数),所以这类数据结构一般就统称为"特殊容器"。[①]

目前 C++ 提供 optional/variant/any/tuple 这 4 种特殊容器。

4.4.1　可选值

C++ 提供的函数只能返回一个值,这在需要表示无效概念的时候就会比较麻烦,无效值通常是一个特殊的 0 或者-1,例如分配内存返回 nullptr,查找字符返回 npos。

但还有很多时候可能并不存在这种无效值,比如在实数域上求平方根,如果操作对象是负数,那么函数就没有恰当的方法来处理。当然,我们可以把这种情况视为错误,通过抛出异常来报错,但这样的成本太高,而且异常的使用也可能受到限制。[②]

所以,我们就需要一个简单、轻量级的概念,它能够表示任何的无效值,这在现代 C++ 中就是模板类 optional。

optional 可以近似地看作只能容纳一个元素的特殊容器,通过判断容器是否为空来检查有效或者无效,因此可以调用成员函数 has_value(),示例代码如下:

```
optional<int> op;                 // 持有 int 的 optional 对象
assert(!op.has_value());          // 默认是无效值

op = 10;                          // 赋值,持有有效值
if (op.has_value()) {             // 判断是否有效
  cout << "value is valid" << endl;
}
```

如果 optional 有效,那么我们可以调用成员函数 value() 来获取值的引用,而另一个成员函数 value_or() 则更灵活些,如果 optional 无效就会返回给定的替代值:

```
optional<int> op1 = 42;           // 初始化有效值的 optional

if (op1.has_value()) {            // 判断是否有效
    cout << op1.value() << endl;  // 获取值的引用
```

① 标准库里还有 3 个容器适配器,即 stack/queue/priority_queue,分别表示 LIFO 栈/FIFO 队列/优先队列,它们并非真正的容器,而是由其他容器(通常是 deque)的"适配"而实现的,使用接口上有变化,而内部结构相同。

② 其实还有一种方式,用 pair<T, bool> 的形式表示结果,如 set.insert(),但缺点是不直观,也不方便。

```
}

optional<int> op2;                          // 初始化无效值的 optional
cout << op2.value_or(99) << endl;           // 无效，返回给定的替代值
```

但另一方面，optional 的行为又很像指针，可以用"*""->"来直接访问内部的值，也能够显式转换为 bool 值，或者用 reset() 清空内容，用起来非常像 unique_ptr：

```
optional<string> op {"zelda"};              // 持有 string 的 optional 对象
assert(op);                                 // 可以像指针一样用于 bool 型逻辑判断
assert(!op->empty() && *op == "zelda");     // 使用"*""->"访问内部的值

op.reset();                                 // 清空内部的值
assert(!op);                                // 此时是无效值
```

同样，optional 也可以用工厂函数 make_optional() 来创建。不过与直接构造不同，即使不提供参数，工厂函数也必定会创建出一个持有有效值的 optional 对象，例如：

```
auto op1 = make_optional<int>();            // 使用默认值构造有效值
auto op2 = make_optional<string>();         // 使用默认值构造有效值

assert(op1 && op2);                         // make_optional()总是有效的
assert(op1 == 0);                           // 值是默认的 0
assert(op2->empty());                       // 值是空字符串

auto op3 = make_optional<string>("hi");       // 带参数创建 optional
auto op4 = make_optional<vector<int>>({1,2,3});  // 带参数创建 optional

assert(op3->size() == 2);
assert(op4->at(0) == 1);
```

有了 optional 之后，当函数需要返回可能无效的值的时候就简单了，只需要把返回值用 optional 包装就可以，比如之前说到的在实数域上求平方根：

```
auto safe_sqrt = [](double x) {             // 用 lambda 表达式求平方根
    optional<double> v;                     // 默认是无效值

    if (x < 0) {                            // 负数无法求平方根
        return v;                           // 返回无效值
    }

    v = ::sqrt(x);                          // 正数平方根有效
    return v;                               // 返回有效值
};

assert(!safe_sqrt(-1));                     // 负数无法求平方根
assert(safe_sqrt(9).value() == 3);          // 正数平方根有效
```

　　关于 optional 最后要注意的一点是，当它内部持有 bool 类型的 optional 对象时，由于它本身可以转换成 bool 类型，但这个 bool 值表示的是 optional 的有效性，而并非内部的 bool 真假，就必须判断两次，不留意的话很容易误用，例如：

```
optional<bool> op {false};         // 持有bool类型的optional对象

if (op) {                          // 错误用法，实际上判断的是有效性
    cout << "misuse" << endl;
}

if (op && op.value()) {            // 正确用法，有效后再检查值
    cout << " right " << endl;
}
```

4.4.2　可变值

　　C++ 里有一种特殊的数据结构 union，它可以把多种不同的类型聚合在一起，运行的时候能够随时切换身份。例如：

```
union {                            // 定义一个联合体
    int     n;                     // 可以是整数或者浮点数
    float   f;
    double  d;
} x;                               // 定义的同时声明变量

x.d = 3.14;                        // 像类成员变量那样操作
x.n = 10;                          // 同一时刻只能有一种数据类型
```

　　不过 union 的功能比较弱，只能聚合平凡(trivial)的数据类型，遇到像 string/ vector 等比较复杂的类型就派不上用场。

　　C++17 新引入了一个模板类 variant，它可以说是一个智能 union，可以聚合任意类型，同时用起来又和 union 几乎一样。

　　以容器的视角来看 variant，它像只能容纳一个元素的"异质"容器，想知道当前哪种元素可以调用成员函数 index()：[1]

```
variant<int, float, double> v;     // 可以容纳3种不同的整数

v = 42;                            // 直接赋值为int
assert(v.index() == 0);            // 索引是0
```

---

[1] variant 要求内部的第一个类型具有默认构造函数，这样才能保证 variant 默认构造成功。但为了容纳某些无法默认构造的类型，可以使用辅助类 std::monostate 作为第一个类型来"占位"，这将令 variant 处于比较危险的"空状态"。

```
v = 3.14f;                              // 直接赋值为 float
assert(v.index() == 1);                 // 索引是 1

v = 2.718;                              // 直接赋值为 double
assert(v.index() == 2);                 // 索引是 2
```

与 union 不同，variant 不能用成员变量的形式来访问内部的值，必须要用外部的模板函数 get() 来获取值，模板参数可以是类型名或者是索引。

很显然，因为 variant 任意时刻只能持有一种类型，如果用 get() 访问了不存在的值就会出错，以抛出异常的方式来告知用户。例如：

```
v = 42;                                 // 赋值为 int
assert(get<0>(v) == 42);                // 取索引为 0 的值，即 int

v = 2.718;                              // 赋值为 double
auto x = get<double>(v);                // 取 double 的值，即索引为 2

get<int>(v);                            // 当前是 double，所以出错，抛出异常
```

不过抛出异常的方式不太友好，处理起来比较麻烦，所以我们还可以用另一个函数 get_if()，它以指针的方式返回 variant 内部的值，如果内部的值不存在，就返回空指针：

```
auto p = get_if<int>(&v);               // 取 int 的值，不存在就返回空指针
assert(p == nullptr);
```

函数 visit() 提供了 get()/get_if() 之外的另一种更灵活的使用方式，不需要考虑类型的索引，而是以一个集中业务逻辑的访问器函数来专门处理 variant 对象。[①]

因为 variant 是异质的，所以这个访问器函数最好是泛型的 lambda 表达式，写起来更方便：

```
variant<int, string> v;                 // 可以容纳 int 和 String

auto vistor = [](auto& x) {             // 泛型的 lambda 表达式，不用写模板参数
    x = x + x;                          // 输入值加倍
    cout << x << endl;
};

v = 10;                                 // 赋值为 int
std::visit(vistor, v);                  // 输出 20

v = "ok";                               // 赋值为 string
std::visit(vistor, v);                  // 输出 okok
```

---

① 函数 visit() 实际上应用了访问者设计模式，可参考第 6 章。

需要特别注意，在实现访问器函数的时候，它必须能够处理 variant 的任何可能类型，否则就无法通过编译。如果我们在这里把 lambda 里的赋值语句改成 “x = x * x”，那么它肯定是无法应用于 string 的，所以就会报出一大堆编译错误。

variant 的异质容器的特性非常有价值，深入思考一下就会发现，它完全可以在不使用继承、虚函数的情况下实现面向对象编程里的多态特性，也因为没有了虚表指针，它的运行效率会更高。

下面我们用 variant 来实现第 3 章所讨论的面向对象编程中的鸟类的例子。假设有天鹅、鸵鸟、凤凰这 3 种鸟类，它们不需要有继承关系，只需要有相同的接口函数：[1]

```
struct Swan final {                      // 天鹅类，可以飞
    void fly() {                         // 使用 struct 只是为了方便，不用写 public
        cout << "swan flies" << endl;
    }
};

struct Ostrich final {                   // 鸵鸟类，不能飞
    void fly() {                         // 使用 struct 只是为了方便，不用写 public
        cout << "ostrich can't fly" << endl;
    }
};

struct Phoenix final {                   // 凤凰类，可以飞
    void fly() {                         // 使用 struct 只是为了方便，不用写 public
        cout << "phoenix flies high" << endl;
    }
};
```

然后我们定义能够容纳它们的 variant 类型，就能够以泛型的方式来实现多态特性：

```
variant<Swan, Ostrich, Phoenix> bird;    // 异质的鸟类类型
auto fly_it = [](auto& x) {              // 泛型的 lambda 表达式
    x.fly();                             // 调用 fly() 接口函数
};

bird = Swan();                           // 天鹅对象
std::visit(fly_it, bird);                // 天鹅可以飞

bird = Ostrich();                        // 鸵鸟对象
std::visit(fly_it, bird);                // 鸵鸟不能飞
```

---

[1] 如果应用 constexpr 的编译期条件语句，甚至还可以不要求它们具有相同的接口函数。

4.4.3   任意值

variant 部分突破了 C++的类型体系，让一个对象在运行时动态改变类型，但它有一个限制条件，它的类型只能是模板参数列表中指定的几个类型，所以是有界的。

而 any（注意它不是模板类）则更进了一步，能够在运行时任意改变类型，是无界的，用起来和 JavaScript/Python/Lua 等脚本语言几乎一样，例如：

```
any a;                                  // any 对象，无模板参数

a = 10;                                 // 存入整数
a = 0.618;                              // 存入浮点数
a = "hello any"s;                       // 存入字符串
a = vector<int>(10);                    // 存入向量容器
```

any 在基本用法上与之前介绍的 optional 有点像，可以用 has_value() 检查是否有值，可以用 reset() 清空内容，也可以调用工厂函数 make_any() 存入值：

```
auto a = make_any<long>(99);            // 调用工厂函数存入整数
assert(a.has_value());                  // 检查是否有值

a.reset();                              // 清空存储的值
assert(!a.has_value());                 // 检查是否有值
```

但 any 的目标不是标记值的有效性，它不提供类似指针的操作，而且接口比 variant 的还少，没有 get()/get_if()，只能用模板函数 any_cast() 指定类型来进行转换得到内部值，用法上和传统的转型操作符 static_cast/dynamic_cast 很像。不过在进行类型转换的时候，我们应当尽量用引用或指针的形式，否则它会创建出一个临时对象，带来额外的成本。

下面的代码示范了 any_cast() 的各种用法：

```
a = 100L;                               // 存入整数
assert(any_cast<long>(a) == 100);       // 转型成长整型，有临时成本

auto& v = any_cast<long&>(a);           // 转型成引用，推荐使用
v = 200L;                               // 引用可以直接赋值
assert(any_cast<long>(a) == 200);       // 转型成长整型

a = "any"s;                             // 存入字符串

auto p = any_cast<string>(&a);          // 转型成指针，推荐使用
assert(p && p->size() == 3);
```

当然了，如果类型不对，转型失败，any_cast() 就会抛出异常，但如果是指针形式，则会返回空指针，这和 variant 的 get_if() 行为上有点接近：

```
any_cast<int>(a);                            // 类型不对，抛出异常
assert(any_cast<int>(&a) == nullptr);        // 指针转型失败，返回空指针
```

想要检查 any 是否持有某种特定的类型，可以使用成员函数 type()，该函数返回 std::type_info 对象，与其他类型用 typeid 计算后比较是否相等：

```
a = 10;                                       // 存入整数
assert(a.type() == typeid(int));              // 比较整数的 typeid

a = "string"s;                                // 存入字符串
assert(a.type() == typeid(string));           // 比较字符串的 typeid
```

用好 type()/typeid()，我们就可以对 any 的运行时动态类型进行检查：

```
if (a.type() == typeid(long)) {               // any 是 long
    ...
} else if(a.type() == typeid(string)) {       // any 是 string
    ...
}
```

另一种方式是用使用带初始化语句的 if，调用 any_cast()转换出指针型变量，通过空指针来判断类型是否正确，写法上可能会比 type()/typeid()方便一些：

```
if (auto p = any_cast<long>(&a); p) {         // 初始化，转换成指针再判断
    cout << *p << endl;                        // 以指针的方式使用 any 变量
}
```

对比 variant 我们可以看到，any 偏重于运行时的灵活性，也可以实现异质容器和泛型多态。但 any 没有 variant 的编译期检查功能，所以也就没有那么多自带的工具可用，要求我们自己去写更多的运行时类型判断代码，这大概算是"鱼与熊掌不可兼得"吧！

4.4.4　多元组

我们都知道 C++里有 pair 类型，它可以持有两个不同类型的值，也就是二元组。而新的数据结构 tuple 是对 pair 的进一步增强，能够持有任意多个不同类型的值，相应地，它可以被称为"多元组"，或者简称为"元组"。[1]

tuple 的声明和 pair 差不多，都需要在模板参数列表里声明元素类型，或者使用工厂函数 make_tuple()。[2]

但因为 tuple 的元素数量很多，所以在访问成员时不能用固定名字的 first/second，而

---

[1] 其他语言里也有元组的概念，广为人知的应该算是 Python 里的 tuple 了，它相当于一个只读的列表。

[2] 在声明 tuple 时也可以使用 C++17 的新特性——模板参数推导，不用显式指定模板列表，让编译器根据后面的初始化表达式自动推导，效果和使用工厂函数类似，但更简洁。不过本书为了代码清晰，尽量不用这种方式。

要用和 variant 类似的 get() 函数，可通过索引或者类型来定位。例如：[1]

```cpp
tuple<int, double, string> t1 {0, 1, "x"};      // 三元组

assert(get<0>(t1) == 0);                          // 指定索引取成员
assert(get<1>(t1) == 1);                          // 指定索引取成员
assert(get<string>(t1) == "x");                   // 指定类型取成员

auto t2 = make_tuple(1L, "string"s);              // 调用工厂函数创建元组
assert(get<long>(t2) == 1);                       // 指定类型取成员

get<1>(t2) = "hi";                                // get()获取的是引用类型
assert(get<1>(t2) == "hi");                       // 指定索引取成员
```

表面上看，从 pair 到 tuple 仅仅是元素数量的增多，但这实际上是从量变到质变，因为 tuple 里的元素数量没有限制，所以它完全可以替代 struct，可以更简洁、方便地定义"数据打包"，称它是一个"智能 struct"并不为过。例如：

```cpp
using Student =                                   // 使用 using 定义类型别名
    tuple<int, string, double>;                   // 3 个成员

struct Student {                                  // 等价的 struct 定义
    int        id;
    string     name;
    double     score;
};
```

tuple 另一个常见的用法就是作为函数的返回值，让函数轻松地返回任意多个值：

```cpp
auto f = []() {                                   // 示范 tuple 用法的 lambda 表达式
    return make_tuple(true, "ok"s);               // 使用 tuple 返回多个值
};
```

为了获取函数返回的 tuple 内部成员变量，我们可以使用配套函数 tie()，不过在 C++17 引入了更方便的"结构化绑定"（参见 3.2 节）之后，它就没有什么存在的必要了：

```cpp
auto [flag, msg] = f();                           // 结构化绑定自动类型推导
assert(flag && msg == "ok");                      // 直接得到 tuple 内部成员
```

此外，从另一种角度来看，tuple 还可以认为是在编译期容纳多种类型的"类型容器"，这让它成为模板元编程的重要构件，不过这超出了本书的范围，所以就不过多介绍了。

---

[1] 因为 tuple 相当于 pair 的泛化，C++标准要求 get() 也能应用于 pair，所以 first 相当于 get<0>()，second 相当于 get<1>()。

4.4.5　特殊容器小结

本节介绍了 C++传统容器之外的 4 种新型数据结构：`optional/variant/any/tuple`。其实它们并不是容器，没有迭代器，也不能应用算法，但和标准容器一样能够容纳元素，所以可以视为特殊的容器。

本节的关键知识点如下。

- `optional` 主要用来表示值有效或者无效，用法很像智能指针。
- `variant` 是一种异质容器，可以在运行时改变类型，实现泛型多态。
- `any` 与 `variant` 类似，但可以容纳任意类型，在运行时检查类型会更灵活。
- `tuple` 可以打包多种不同类型的数据，也可以算是一种异质容器。
- `optional/variant/any` 在任何时刻只能持有一个元素，而 `tuple` 则可以持有多个元素。

4.5　标准算法

之前提到了计算机科学里的经典公式："算法 + 数据结构 = 程序"，公式里的"数据结构"就是 C++里的容器。容器我们学过了，本节就来学习公式里的"算法"。

虽然算法是 STL（标准库前身）里的三大部件之一（容器/算法/迭代器），也是 C++标准库里非常重要的一部分，但它却没有像容器那样被大众广泛接受。

从我周围的情况来看，很多人都会在代码里普遍应用 `vector/set/map`，但几乎从来不用任何算法，聊起算法这个话题，也经常是"一问三不知"的，这的确是一个比较奇怪的现象。[①]

但是在 C++里，算法的地位是非常高的：早期它是泛型编程的示范和应用，而在引入 `lambda` 表达式后，它又成了函数式编程的具体实践。因此学习并掌握算法能够很好地训练我们的编程思维，帮助我们开辟出面向对象之外的新天地。

4.5.1　算法简介

从纯理论上来说，算法就是一系列定义明确的操作步骤，并且会在有限次运算后得到结果。

计算机科学里有很多种算法，如排序算法、查找算法、遍历算法、加密算法等，但是在 C++里，算法的含义就要狭窄很多了。

[①] 我对其他语言不是很熟，不过好像 Java/Python 也对算法不太"上心"，不像 C++这样有专门的算法库。具体是什么原因不好妄自猜测，但也许这正反映了 C++对算法、对效率的重视程度吧！

C++里的算法指的是工作在容器上的一些泛型函数，能够对容器内的元素实施各种操作，从而完成一些常见的、通用的任务。

C++标准库目前提供了上百个算法，真的可以说是"五花八门"，涵盖了绝大部分的日常工作。比如 remove 用于移除某个特定值，sort 用于快速排序，binary_search 用于执行二分查找，make_heap 用于构造堆结构……

不过要是"说白了"，算法其实并不神秘，因为所有的算法本质上都是 for/while，通过循环遍历来逐个处理容器里的元素。

以 count 算法为例，它的功能非常简单，就是统计某个元素的出现次数，因此完全可以用 range-for 来实现同样的功能：

```
vector<int> v = {1,3,1,7,5};        // 向量容器

auto n1 = std::count(              // count 算法统计元素的出现次数
    begin(v), end(v), 1            // begin()/end() 获取容器的范围
);

int n2 = 0;
for(auto& x : v) {                 // 手写 for 循环
    if (x == 1) {                  // 判断条件，然后统计
        n2++;
    }
}
```

既然是这样，我们直接写 for 循环不就好了吗，为什么还要调用算法来"多此一举"呢？

在我看来，这是一种境界——追求更高层次上的抽象和封装，这也是函数式编程的基本理念。

每个算法都有一个清晰、准确的命名，不需要额外的注释便可让人一眼知道操作的意图，而且算法还抽象和封装了反复出现的操作逻辑，有利于重用代码，减少手写的错误。

以上面的代码为例，我们第一眼看到算法 count，就可以判断出它的工作是统计数量，而下面的 for 循环就不那么直观了，第一眼只能判断出它要遍历容器，具体干了什么还得看下面的循环体里的条件语句，脑子里要转一两个弯儿才能明白。很显然，算法对代码的阅读者来说是更加友好的。

还有更重要的一点：和容器一样，算法是由那些"超级程序员"创造的，它的内部实现肯定要比我们随手写出来的循环更高效，而且必然经过了良好的验证测试，无 bug，无论是功能还是性能，都是上乘之作。

如果放在以前，不使用算法还有一个勉强可以说得过去的理由，就是很多算法必须要传入一

个函数对象，写起来很麻烦。但是现在，因为有可以"就地定义函数"的 lambda 表达式，算法的形式就和普通循环非常接近了，所以刚刚说的那些也就不再是什么问题了。

为算法加上 lambda 表达式，我们就可以初步体验函数式编程的感觉（函数套函数）了。例如下面的代码，就使用了 count_if 算法，再加上 lambda 表达式实现判断条件：

```
auto n = std::count_if(          // count_if 算法计算元素的数量
    begin(v), end(v),            // begin()/end() 获取容器的范围
    [](auto x) {                 // 定义一个 lambda 表达式
        return x > 2;            // 判断条件
    }                            // lambda 表达式结束
);                               // 大函数里面套了 3 个小函数
```

4.5.2　迭代器简介

在详细介绍算法之前，我们还有一个必须要了解的概念，那就是迭代器（iterator），它相当于算法的"手和脚"。

虽然刚才说算法操作容器，但实际上它看到的并不是容器，而是指向起始位置和结束位置的迭代器。算法只能通过迭代器去间接访问容器以及元素，所以算法的处理范围和能力是由迭代器决定的。

与面向对象正好相反，泛型编程分离了数据和操作。算法可以不关心容器的内部结构，以一致的方式去操作元素，适用范围更广，用起来也更灵活。

当然万事无绝对，这种方式也有弊端。因为算法是通用的，免不了有的数据结构虽然可行但效率比较低。所以对于 merge/sort/unique 等一些特别的算法，容器会提供专门的替代成员函数（相当于特化，具体情况后述）。

C++ 里的迭代器也分很多种，比如输入迭代器、输出迭代器、双向迭代器、随机访问迭代器等，概念解释起来不太容易。

不过我们也没有必要把它们搞得太清楚，因为常用的迭代器用法都是差不多的。我们可以把迭代器简单地理解为另一种形式的智能指针——只是它强调的是对数据的访问，而不是生命周期的管理。

容器一般会提供成员函数 begin()/end()/cbegin()/cend()，调用它们就可以得到表示两个端点的迭代器，有"c"前缀的函数返回的是常量迭代器，但具体类型最好用自动类型推导，我们不必关心：

```
vector<int> v = {1,2,3,4,5};     //向量容器

auto iter1 = v.begin();          // 成员函数获取迭代器，用自动类型推导
auto iter2 = v.end();
```

　　不过我建议使用更加通用的全局函数 `begin()`/`end()`/`cbegin()`/`cend()`，虽然效果是一样的，但写起来比较方便，看起来也更清楚，例如：[①]

```
auto iter3 = std::begin(v);        // 全局函数获取迭代器，用自动类型推导
auto iter4 = std::end(v);
```

　　迭代器和指针类似，也可以前进和后退，但绝不能假设它一定支持 "++" "--" 操作符，最好用函数来操作。常用的函数有下面 3 个。

- `advance()`：迭代器前进或者后退指定步数。
- `next()`/`prev()`：获得迭代器前后的某个位置，迭代器自身并不移动。
- `distance()`：计算两个迭代器之间的距离。

　　可以参考下面的示例代码快速了解上述函数的作用：

```
array<int, 5> arr = {0,1,2,3,4};     //静态数组容器

auto b = begin(arr);                 // 全局函数获取迭代器，首端
auto e = end(arr);                   // 全局函数获取迭代器，末端

assert(distance(b, e) == 5);         // 迭代器的距离

auto p = next(b);                    // 获取下一个位置
assert(distance(b, p) == 1);         // 迭代器的距离
assert(distance(p, b) == -1);        // 反向计算迭代器的距离

advance(p, 2);                       // 迭代器前进两个位置，指向元素 3
assert(*p == 3);
assert(p == prev(e, 2));             // 是末端迭代器的前两个位置
```

　　接下来我们就要大量使用各种函数，进入算法的函数式编程领域。

4.5.3　遍历算法

　　首先我们来认识一个基本的算法 `for_each`，它是手写 for 循环的真正替代品，在逻辑和形式上与 for 循环几乎完全相同：

```
vector<int> v = {3,5,1,7,10};        // 向量容器

for(const auto& x : v) {             // range-for 循环
    cout << x << ",";
}
```

----

① 容器通常还提供成员函数 `rbegin()`/`rend()`，用于逆序（reverse）迭代，也有相应的全局函数 `rbegin()`/`rend()`/`crbegin()`/`crend()`。

```
auto print = [](const auto& x)          // 定义一个 lambda 表达式
{
    cout << x << ",";                    //输出元素
};
for_each(cbegin(v), cend(v), print);   // for_each 算法，搭配 lambda 表达式

for_each(                                // for_each 算法，内部定义 lambda 表达式
    cbegin(v), cend(v),                  // 获取常量迭代器
    [](const auto& x)                    // 匿名 lambda 表达式
    {
        cout << x << ",";
    }
);
```

for_each 算法在这段代码里初看上去显得有些累赘，既要指定容器的范围，又要写 lambda 表达式，没有 range-for 那么简单明了。

对于很简单的 for 循环来说确实如此，我也不建议对简单的 for 循环采用 for_each 算法。

但更多的时候 for 循环里会做很多事情，会由 if-else/break/continue 等语句组成很复杂的逻辑。而单纯的 for 循环是无意义的，我们必须去查看注释或者代码，才能知道它到底做了什么（回想一下曾经被巨大体量的 for 循环所支配的恐惧吧）。

for_each 算法的价值就体现在这里，它把要做的事情分解成了两部分，也就是两个函数（一个遍历容器元素，另一个操纵容器元素），而且名字的含义更明确，代码也有更好的封装。

自 C++17 开始，for_each 算法又多了一个小伙伴，即 for_each_n，可以不用遍历容器，只需处理容器的前 n 个元素，满足了一些特殊的应用场合，例如：[1]

```
for_each_n(                              // 内部定义 lambda 表达式
    cbegin(v), 3,                        // 指定起点和个数
    [](const auto& x)                    // 匿名 lambda 表达式
    { ... }
);
```

我自己是很喜欢用 for_each 算法的，我也建议读者尽量多用 for_each 来替代 for，因为它能够促使我们更多地以函数式编程思维来思考，使用 lambda 来封装逻辑，得到更干净、更安全的代码。[2]

---

[1] 注意，GCC 7.5 的标准库 libstdc++中还没有实现 for_each_n，这段代码需要更高版本的 GCC 才能编译通过。

[2] for_each 算法还有一个不同于 for 循环的地方：它可以返回传入的函数对象。但因为 lambda 表达式只能被调用，没有状态，所以搭配 lambda 表达式的时候 for_each 算法的返回值就没有意义。

4.5.4　排序算法

for_each 是 for 的等价替代，还不能完全体现出算法的优越性。但对于排序这个计算机科学里的经典问题，我们是绝对没有必要自己写 for 循环的，必须坚决地选择标准库中的算法。

在上学、求职的时候我们都手写过不少排序算法，如选择排序、插入排序、冒泡排序等，但标准算法一般比我们所能写出的任何实现都要好。

说到排序，大多数人脑海里跳出的第一个算法可能就是 sort，它的内部实现是经典的快速排序（quicksort）算法，通常用它准没错：

```
std::sort(begin(v), end(v));            // 快速排序
for_each(cbegin(v), cend(v), print); // for_each 算法，使用 lambda 表达式输出元素
```

不过排序也有多种不同的应用场景，sort() 虽然快，但它是不稳定的，而且要全排所有元素。[①]

很多时候这样做的成本比较高，比如在处理前几名、中位数等问题的时候，我们只关心一部分数据，如果用 sort 算法就相当于 "杀鸡用牛刀"，是一种算力浪费。

C++为此准备了多种不同的算法，不过名字不全叫 sort，所以要认真理解它们的含义。

下面就来介绍一些常见问题对应的算法。

- 反转已有次序，用 reverse。
- 随机乱序重排，用 shuffle。[②]
- 要求排序后仍然保持元素的相对顺序，用 stable_sort。
- 选出前几名（TopN），用 partial_sort。
- 选出前几名，但不要求对其再排出名次（BestN），用 nth_element。
- 求中位数（Median）、百分位数（Percentile），用 nth_element。
- 按照某种规则把元素划分成两组，用 partition/stable_partition。
- 求第一名和最后一名，用 minmax_element。

这些算法的示范代码如下，请注意它们函数套函数的形式：

```
vector<int> v = {3,5,1,7,10,99,42};               // 待排序的向量容器

std::reverse(begin(v), end(v));                    // 反转容器的元素次序

minstd_rand rand;                                  // 简单的随机数发生器
std::shuffle(begin(v), end(v), rand);              // 随机乱序重排元素
```

---

① 在排序算法中，稳定是指原序列中的两个元素在排序操作之后依然保持相对的先后顺序。
② 标准库中早期有一个 random_shuffle 算法，效果与 shuffle 相同，但在 C++17 后已经被移除。

```cpp
// TopN
std::partial_sort(
    begin(v), next(begin(v), 3), end(v));        // 取前 3 名

// BestN
std::nth_element(
    begin(v), next(begin(v), 3), end(v));        // 取前 3 名，且不对其再排序

// Median
auto mid_iter =                                  // 中位数的位置
    next(begin(v), size(v)/2);
std::nth_element(begin(v), mid_iter, end(v));    // 排序得到中位数
cout << "median is " << *mid_iter << endl;

// partition
auto pos = std::partition(                       // 找出所有大于 9 的数
    begin(v), end(v),
    [](const auto& x)                            // 定义一个 lambda 表达式
    {
        return x > 9;
    }
);
for_each(begin(v), pos, print);                  // 输出分组后的数据

// min-max
auto [mi, ma]= std::minmax_element(              // 找出第一名和倒数第一名
    cbegin(v), cend(v)
);
```

在使用这些排序算法时还要注意一点，它们对迭代器的要求比较高，通常都是随机访问迭代器（minmax_element 除外），所以最好在顺序容器 array/vector 上调用。

如果想要对 list 容器排序，应该调用成员函数 sort()，它对链表结构做了特别的优化。有序容器 set/map 本身就已排好序，直接对迭代器进行运算就可以得到结果。而对无序容器，则不要调用排序算法，因为散列表结构的特殊性质导致迭代器不满足要求、元素无法交换位置。

4.5.5　查找算法

使用排序算法的目标是让元素有序，这样就可以快速查找，节约时间。

在有序区间上查找，首选的算法必然是二分查找，在标准库里就对应算法 binary_search，示例如下：

```
vector<int> v = {3,5,1,7,10,99,42};      // 向量容器
std::sort(begin(v), end(v));             // 快速排序

auto found = std::binary_search(         // 二分查找，只能确定元素在不在
    cbegin(v), cend(v), 7
);
```

但糟糕的是，binary_search 只返回一个 bool 值，可告知元素是否存在，而更多的时候我们是想定位到那个元素，所以 binary_search 几乎没什么用。

想要在有序容器上执行更有效的二分查找，就要用到一个名字比较怪的算法——lower_bound，它返回第一个大于等于值的位置，也就是下界：

```
decltype(cend(v)) pos;                   // 声明一个迭代器，使用 decltype

pos = std::lower_bound(                  // 找到第一个大于等于 7 的位置
    cbegin(v), cend(v), 7                // 常量迭代器
);
found = (pos != cend(v)) && (*pos == 7); // 可能找不到，所以必须要判断
assert(found);                           // 7 在容器里

pos = std::lower_bound(                  // 找到第一个大于等于 9 的位置
    cbegin(v), cend(v), 9                // 常量迭代器
);
found = (pos != cend(v)) && (*pos == 9); // 可能找不到，所以必须要判断
assert(!found);                          // 9 不在容器里
```

注意观察代码，lower_bound 的返回值是一个迭代器，所以执行后还要做一点儿判断工作，才能知道是否真的找到了元素。而判断的条件有两个：一个是迭代器是否有效，另一个是迭代器的值是不是要找的值。

lower_bound 的查找条件是大于等于，而不是等于，所以它的真正含义是大于等于目标值的第一个位置。相应的也就有大于等于目标值的最后一个位置，算法叫 upper_bound，它返回的是第一个大于目标值的元素，也就是上界。例如：

```
pos = std::upper_bound(                  // 找到第一个大于 9 的位置
    cbegin(v), cend(v), 9                // 常量迭代器
);
```

因为这两个算法不是简单地判断相等，作用有点儿绕，不太好掌握，下面再来解释一下。

它们的返回值构成一个区间，这个区间往前就是所有比被查找值小的元素，往后就是所有比被查找值大的元素，区间内就是所有等于值的元素，所以可以写出一个简单的不等式：

```
begin <   x <= lower_bound    < upper_bound    < end
```

比如在上面的这个例子里，对数字 9 执行 lower_bound/upper_bound，就会返回[10, 10]
这样的区间。

如果想要一次性获得[lower_bound, upper_bound]这个区间，可以选择 equal_range
算法，从而省去一次函数调用：

```
auto [lower, upper] = std::equal_range(      //结构化绑定获得两个迭代器
    cbegin(v), cend(v), 7                      //入口参数相同
);
```

有序容器 set/map 就不需要调用这几个算法了，它们有等价的成员函数 find()/
lower_bound()/upper_bound()/equal_range()，效果是一样的。

不过要注意，find 算法与 binary_search 算法不同，find 的返回值不是 bool 而是迭代
器，可以参考下面的示例代码：

```
multiset<int> s = {3,5,1,7,7,7,10,99,42};    //允许重复

auto pos = s.find(7);                         // 二分查找，返回迭代器
assert(pos != s.end());                       // 与 end()比较才能知道是否找到

auto lower_pos = s.lower_bound(7);            // 获取区间的左端点
auto upper_pos = s.upper_bound(7);            // 获取区间的右端点

for_each(                                     // for_each 算法
    lower_pos, upper_pos, print               // 输出 7,7,7
);

auto [p1, p2] = s.equal_range(7);             //结构化绑定获得左、右端点
```

除了 binary_search/lower_bound/upper_bound/equal_range，标准库里还有一
些查找算法可以用于未排序的容器，虽然肯定没有排序后的二分查找速度快，但也正因为不需要
排序，所以适用范围更广。

这些算法以 find/search 命名，不过可能是当时制定标准时的疏忽，名称有点混乱，其中用于
查找区间的 find_first_of/find_end，或许更应该叫作 search_first/search_last。

这几个算法调用形式都是差不多的，用起来也很简单，示例如下：

```
vector<int> v = {1,9,11,3,5,7};               // 向量容器

decltype(v.end()) pos;                        // 声明一个迭代器，使用 decltype

pos = std::find(                              // 查找算法，找到第一个指定元素出现的位置
    begin(v), end(v), 3
```

```
);
assert(pos != end(v));                  // 与 end() 比较才能知道是否找到

pos = std::find_if(                     // 查找算法，用 lambda() 表达式判断条件
    begin(v), end(v),
    [](auto x) {                        // 定义一个 lambda 表达式
        return x % 2 == 0;              // 判断是否是偶数
    }
);
assert(pos == end(v));                  // 与 end() 比较才能知道是否找到

array<int, 2> arr = {3,5};              // 数组容器
pos = std::find_first_of(               // 查找一个子区间
    begin(v), end(v),
    begin(arr), end(arr)
);
assert(pos != end(v));                  // 与 end() 比较才能知道是否找到
```

4.5.6 范围算法

自 C++98 以来，标准算法一直是使用迭代器来定义算法处理的区间的，虽然很明确、直观，但写多了还是挺麻烦的——很多时候即便我们想直接操作整个容器，也得用 begin/end 来显式声明区间端点，有种信息冗余的感觉。

所以 C++20 引入了新的 range 类型，它是容器上的一个抽象概念，可以理解成指明首末位置的迭代器，即 pair<begin,end>。这样 range 自身就包含能用于算法的足够信息，大多数算法只要用这一个 range 参数就可以工作了，再也不必显式写出 begin/end。

基于 range 的概念，C++在名字空间 std::ranges 提供了与标准算法同名、但却是使用 range 参数的算法，写法很简洁。

下面的代码示范了之前用到的部分算法。注意，因为函数名称相同，所以范围算法一定要加上名字空间限定：[1]

```
vector<int> v = {9,5,1,7,3};            // 向量容器

auto print = [](const auto& x){         // lambda 表达式，用于查看容器
    cout << x << ",";
};

namespace ranges = std::ranges;         // 名字空间别名，用于简化代码
```

---

[1] 比起标准算法，范围算法还多了一个缺省参数 Proj，可以定义一个小的投影函数操作元素（比如提取类成员）。因为它增加了算法的学习成本，所以本书不进行介绍。

```
ranges::for_each(v, print);                   // 范围 for_each 算法

ranges::count_if(                             // 范围 count_if 算法
    v, [](auto& x){                           // 算法要求的条件，使用 lambda 表达式
        return x >= 5;
    });

ranges::shuffle(v, rand);                     // 范围随机重排元素

ranges::stable_sort(v);                       // 范围保持相对顺序
ranges::binary_search(v, 7);                  // 范围二分查找算法
auto pos = ranges::lower_bound(v, 3);         // 范围二分查找是否存在

ranges::partial_sort(v, next(begin(v), 3));   // 范围部分排序
auto [mi, ma] = ranges::minmax_element(v);    // 范围查找最小值和最大值
```

简化算法的调用形式仅仅是 range 最基本的应用之一。以它为基础，C++又发展出了 view 的概念。它是容器的视图，具有一定的数据操作能力，而且还重载了"|"，能够实现多个 view 的串联操作，形式上与 UNIX 的管道操作很像。[①]

C++20 里的 view 位于名字空间 std::views。不过现有的 view 功能比较有限，还不能完全发挥出它真正的威力，比较常用的如下所示。

- take：选出 view 里的前 *N* 个元素。
- drop：跳过 view 里的前 *N* 个元素。
- keys：选出 pair 里的 first 成员。
- values：选出 pair 里的 second 成员。
- reverse：逆序（反转）view 里的所有元素。
- filter：使用谓词函数筛选出 view 里的特定元素。

由于管道操作符的出现，view 的使用方式和传统函数调用的差异非常大，初看上去很难相信是合法的 C++代码，例如：

```
vector<int> v = {3,7,2,4,9,6,8,1,5};          // 向量容器

namespace views = std::views;                 // 名字空间别名，用于简化代码

for (auto&& x :                               // 范围 for 循环
    v | views::drop(3) | views::reverse) {    // 管道操作符串联 view 操作
```

[①] 这里说的 view，实际上是 range adaptor，它以 view 为参数，返回另一个新的 view，管道操作符 "V | F" 其实就是 "F(V)"，而 "V | F1 | F2" 就是 "F2(F1(V))"。

```
        cout << x << ",";                      // 输出范围里的元素
}                                               // 输出 5,1,8,6,9,4,
```

这段代码中用了范围 for 循环，但后面的表达式实在是有点儿"古怪"，如果不了解 range/view 的概念还有管道操作符重载，可能不太容易理解它的含义和工作流程。

我来详细解释一下。

v 是一个向量容器，它符合 range/view 的概念，就可以应用于 view 操作。

"v | views::drop(3)" 表示把 drop 作用于 v，跳过前面的 3 个元素，只保留剩余的元素，也就是{4,9,6,8,1,5}。它操作之后得到的仍然是一个 view，所以还可以继续使用管道操作符。

之后的"| views::reverse"表示反转操作，把前面的 view 逆序。最终得到的 view 就是{5,1,8,6,9,4}，再传递给 for 循环，然后逐个输出元素的值。

把这些步骤拆开来，就等价于下面的代码：

```
auto r1 = v | views::drop(3);                   // 跳过前面 3 个元素
auto r2 = r1 | views::reverse;                  // 逆序所有元素
ranges::for_each(r2, print);                    // 调用范围算法输出结果
```

显然这种写法没有管道操作符串联那么简单明了。如果我们理解了 view 的工作机制，就应当尽量用管道操作符的方式来操作 view。

下面的代码进一步示范了 view 的用法：

```
ranges::for_each(                               // 范围遍历算法
    v | views::filter(                          // 选出特定元素
        [](auto& x) {                           // 使用 lambda 表达式确定筛选条件
            return x % 2 == 0;                  // 只选择偶数
        }),
    print                                       // 输出 2,4,6,8,
);

decltype(v) v2;                                 // 用 decltype 声明一个容器
ranges::copy(v | views::take(3),                // 只取前 3 个元素
        back_inserter(v2));                     // 将元素插入新容器，得到 3,7,2,

vector<pair<int,string>> pairs = {              // 存储 pair 的容器
    {1, "one"}, {2, "two"}, {3, "three"}
};

ranges::for_each(                               // 范围遍历算法
```

```
    pairs | views::take(2) | views::values,    // 取前两个元素，再取 second 成员
    print                                        // 输出 one,two,
);
```

4.5.7　标准算法小结

C++里有上百个算法，篇幅所限，本节只挑选了个人认为比较有用的 3 类算法，即遍历、排序和查找，以及它们相应的范围版本。

C++里的算法像是一个大宝库，非常值得我们去发掘，比如类似 memcpy 的 copy/move 算法（搭配插入迭代器）、检查元素的 all_of/any_of 算法、修改元素的 transform 算法……用好了可以替代很多手写 for 循环。[1]

读者可以学习本书后仔细阅读标准文档，对照自己的现有代码，看看哪些能用得上，再试着用算法来改写实现，体会一下算法和函数式编程的简洁、高效。

本节的关键知识点列举如下。

- 算法是专门用来操作容器的函数，是一种智能 for 循环，它的最佳搭档是 lambda 表达式。
- 算法通过迭代器来间接操作容器，使用两个端点指定操作范围，迭代器决定了算法的能力。
- for_each 算法是 for 的替代品，以函数式编程替代了面向过程编程，更具可读性。
- 有多种排序算法，基本的是 sort，但应该根据实际情况选择 stable_sort/partial_sort 等更合适的算法，避免浪费。
- 在有序容器上可以执行二分查找，应该使用的算法不是 binary_search，而应该是 lower_bound。
- list/set/map 提供了等价的排序、查找函数，更适用于自己的数据结构。
- find/search 系列是通用的查找算法，效率不高，但不必排序也能使用。
- C++20 新增了 range/view 的概念，可以让算法有更强的表达能力，用起来更简单、轻松。

与容器一样，使用算法也有一个小技巧：因为标准算法的名字实在是太普通、太常见了，所以建议一定要显式写出 std/ranges 限定名字空间，这样看起来更加醒目，也避免了无意的名字冲突。

4.6　线程并发

在 20 年前，大多数人对多线程（multithreading）这个词还是十分陌生的。那个时候 CPU

---

[1] C++17 标准允许某些算法并行处理，但需要传递 std::execution::par 等策略参数，以提升大规模数据量运算时的效率，但 GCC 7.5 还不支持，需要 GCC 9 以上。

的性能不高，要做的事情也比较少，单进程、单线程就能够解决大多数问题。[①]

但到了现在，计算机硬件飞速发展，不仅主频达到 GHz，还有了多核心，运算能力大幅度提升，只使用单线程很难"喂饱"CPU。而且随着互联网、大数据、图像影音处理等新需求的不断涌现，运算量也越来越大。这些软硬件上的变化迫使多线程成为每个技术人都不得不面对的课题。

多线程的应用范围很广，本节只聚焦 C++的标准库，介绍标准库为多线程编程提供的工具，以及在语言层面应该如何改善多线程应用。有了这个基础，我们再去看其他资料时就可以省很多力气，开发时也能少走些弯路。

4.6.1   线程简介

线程（thread）的概念可以分成好几个层次，从 CPU、操作系统等不同的角度看它的定义也不同，本小节单从编程语言的角度来分析它。[②]

在 C++语言里，线程就是一个能够独立运行的函数。比如我们写一个 lambda 表达式，就可以让它在线程里运行起来：

```
auto f = []()                           // 定义一个lambda表达式
{
   cout << "tid=" <<
      this_thread::get_id() << endl;     //输出线程ID
};

thread t(f);                            // 启动一个线程，运行函数f()
```

任何程序一开始就有一个主线程，它从 main()开始运行。主线程可以调用底层接口，创建出子线程。子线程会立即脱离主线程的控制流程单独运行，但共享主线程的数据。程序创建出多个子线程，执行多个不同的函数，从而形成了多线程。

多线程有很多好处，比如任务并行、避免 I/O 阻塞、充分利用 CPU、提高用户界面响应速度等。但它也对程序员的思维、能力提出了极大的挑战。不夸张地说，它带来的麻烦可能要比好处更多。

这些问题我们都很清楚，随手就能数出几个来，比如同步、死锁、数据竞争、系统调度开销……每个写过实际多线程应用的人，可能都有"一肚子的苦水"。

[①] 在我读本科的时候，个人电脑还是 486/Pentium 级别，主频有 66MHz 就很厉害了，到了研究生阶段，流行的芯片主频也就 200MHz 左右。

[②] 例如 Intel CPU 就有所谓的"超线程"技术，而在 Linux 操作系统里，线程实际上是轻量级进程（Light Weight Process，LWP）。

其实多线程编程这件事"说难也不难，说不难也难"。

说它不难，是因为线程本身的概念是很简单的。只要规划好要做的工作，不与外部有过多的竞争读写，很容易就能避开"坑"，可充分利用多线程"跑满"CPU。

说它难，则是因为现实的业务往往非常复杂，很难做到"完美"的解耦。一旦线程之间有共享数据的需求，麻烦就接踵而至，要考虑各种情况、用各种手段去同步数据。随着线程数量的增加，复杂程度会以几何量级攀升，一不小心就可能会导致灾难性的后果。

首先，我们要知道一个基本但也容易被忽视的常识："读而不写"就不会产生数据竞争。

所以在 C++多线程编程里读取 const 变量总是安全的，对类调用 const 成员函数、对容器调用只读算法也总是安全的。

知道了这一点，我们就应该多实践第 3 章里的做法，多用 const 关键字，尽可能让操作是只读的，为多线程打造一个坚实的基础。

然后我要说一个多线程开发的基本原则，也是一句有点儿"自相矛盾"的话：

最好的并发就是没有并发，最好的多线程就是没有线程。

简单来说，就是在大的、宏观的层面上"看得到"并发和线程，而在小的、微观的层面上"看不到"线程，减少死锁、同步等恶性问题的出现概率。

接下来会介绍在 C++里具体该如何实践这个原则。

4.6.2　单次调用

程序免不了要初始化数据，这在多线程里却是一个不大不小的麻烦。因为线程并发，如果没有某种同步手段来控制，就会导致初始化函数多次运行。

为此，C++提供了单次调用的功能，来轻松地解决这个问题。

这个功能用起来也很简单，只要先声明一个 once_flag 类型的变量，最好是静态、全局的（线程可见），作为初始化的标志：

```
static std::once_flag flag;          // 全局的初始化标志
```

然后调用专门的函数 call_once()，以函数式编程的方式传递这个标志和初始化函数。这样 C++就会保证，即使多个线程重入 call_once()，也只有一个线程会成功初始化。

下面是一个简单的示例，使用了 lambda 表达式来模拟实际的线程函数：

```
auto f = []()                        // 在线程里运行的 lambda 表达式
```

```
{
    cout << "tid=" <<                           // 输出线程 ID
        this_thread::get_id() << endl;

    std::call_once(flag,                         // 仅一次调用，注意要传 flag
        [](){                                    // 匿名 lambda 表达式，初始化函数，只会执行一次
            cout << "only once" << endl;
        }                                        // 匿名 lambda 表达式结束
    );                                           // 在线程里运行的 lambda 表达式结束
};

thread t1(f);                                    // 启动两个线程，运行函数 f()
thread t2(f);
```

运行这段代码，输出可能是这样的：

```
tid=140370420406016                             // 第一个线程的 ID
only once                                       // lambda 表达式只运行了一次
tid=140370412013312                             // 第二个线程的 ID
```

call_once 完全消除了初始化时的并发冲突，在它的调用位置根本看不到并发和线程。因此按照上面说的基本原则，它是一个很好的多线程工具。

call_once 也可以很轻松地解决多线程领域里被争论许久的双重检查锁定问题，用它替代互斥量检查来实现初始化。

4.6.3　局部存储

读写全局（或者局部静态）变量是另一个比较常见的数据竞争场景，因为共享数据，多线程操作时就有可能导致数据状态不一致。

但如果仔细分析我们就会发现，有的时候全局变量并不一定是必须共享的，可能仅仅是为了方便线程传入和传出数据，或者是本地缓存，而不是为了共享所有权。

换句话说，所有权应该由线程独占，而不应该由多线程共同拥有，术语叫线程局部存储（thread local storage）。

这个功能在 C++里由关键字 thread_local 实现，它是一个和 static/extern 同级的变量存储说明，由 thread_local 标记的变量在每个线程里都会有一个独立的副本，是线程独占的，所以就不会产生竞争读写的问题。[1]

---

[1] 在 C 语言（C11，不是 ANSI C）里也有 thread_local 的功能，但它提供的只是一个宏，GCC 也有自己的 __thread 关键字。

下面是示范 thread_local 的代码。其中，先定义了一个线程独占变量，然后用 lambda 表达式捕获引用，再将其放进多个线程里运行：

```
thread_local int n = 0;              // 线程局部存储变量

auto f = [&](int x)                  // 在线程里运行的 lambda 表达式，捕获引用
{
    n += x;                          // 使用线程局部变量，互不影响
    cout << n;                       // 输出，验证结果
};

thread t1(f, 10);                    // 启动两个线程，运行函数 f()
thread t2(f, 20);
```

程序执行后可以看到，两个线程分别输出了 10 和 20，互不干扰。

我们可以试着把变量的声明改成 static 再运行一下。这时，因为两个线程共享变量，所以 n 就被连加了两次，最后的结果就是 30。

```
static int n = 0;                    // 静态全局变量
...                                  // 代码与刚才的相同
```

我们还需要注意由 thread_local 标记的变量的生命周期：它仅在线程的生命周期里有效，在线程启动时构造，在线程结束时析构，比全局变量的生命周期短，但比局部变量的生命周期长。

和 call_once 一样，thread_local 也很容易使用。但它的应用场合不是那么显而易见的，这要求我们对线程的共享数据有清楚的认识，区分出独占的那部分，消除多线程对变量的并发访问。

4.6.4　原子变量

thread_local 解决了线程专有变量的问题，那么对于那些必须在线程间共享、非独占的数据该怎么办呢？

要想保证多线程读写共享数据的一致性，关键是要解决同步问题，不能让两个线程同时写，也就是要实现互斥。

这在多线程编程里早就有解决方案了，即互斥量。但它的成本太高，所以对于小数据，采用原子化方案更好。

原子（atomic）在多线程领域里的意思就是不可分的。操作要么完成，要么未完成，不能被任何外部操作打断，总是有一个确定的、完整的状态，所以也就不会存在竞争读写的问题，不需

要使用互斥量来同步，成本也更低。[1]

但不是所有的操作都可以原子化的，否则多线程编程的工作就太轻松了。目前，C++只能让一些基本的类型原子化，例如：

```cpp
using atomic_bool    = std::atomic<bool>;       // 原子化的 bool
using atomic_int     = std::atomic<int>;        // 原子化的 int
using atomic_long    = std::atomic<long>;       // 原子化的 long
```

这些原子变量都是模板类 atomic 的特化形式，包装了原始的类型，具有相同的接口，用起来和 bool/int/long 几乎一模一样，但却是原子化的，多线程读写不会出错。

不过原子变量与内置整数类型还是有少量的差异点，一个重要的区别是，它禁用了复制构造函数，所以在初始化的时候不能用 "=" 的赋值形式，只能用圆括号或者花括号：[2]

```cpp
atomic_int     x {0};              // 初始化，不能用 "="
atomic_long    y {1000L};          // 初始化，只能用圆括号或者花括号

assert(++x == 1);                  // 自增运算

y += 200;                          // 加法运算
assert(y < 2000);                  // 比较运算
```

除了模拟整数运算，原子变量还有一些特殊的原子化操作，如下。[3]

- store：写操作，向原子变量存入一个值。
- load：读操作，读取原子变量里的值。
- fetch_add：加法操作，返回原值。
- fetch_sub：减法操作，返回原值。
- exchange：交换操作，存值之后返回原值。

这些操作的示例代码如下：

```cpp
atomic_uint  x {0};               // 初始化为 0

x.store(10);                      // 存值
assert(x.load() == 10);           // 取值
```

---

[1] 原子变量中还有一个内存顺序（memory order）的问题，可以更精确、更高效地控制在多核心、多线程的场景里使用原子变量，但也更难理解、难以使用。如果没有特殊需求，通常建议使用默认值 std::memory_order_seq_cst。

[2] C++11 里有一个专门用来初始化原子变量的函数 atomic_init()，但在 C++20 里它已经被废弃。

[3] C++20 中为原子变量增加了 wait()/notify_one()/notify_all() 等新的成员函数，它们可以像条件变量一样用于线程的等待或通知，但更高效。

```
auto v = x.fetch_add(5);              // 加法操作，返回原值
assert(v == 10 && x == 15);

v = x.fetch_sub(2);                   // 减法操作，返回原值
assert(v == 15 && x == 13);

auto u = x.exchange(100);             // 交换两个值
assert(u == 13 && x == 100);
```

atomic 还有两个成员 compare_exchange_weak/compare_exchange_strong，它们是 exchange 的增强版，也就是比较并交换（Compare And Swap，CAS）操作：先比较原值，如果相等则写入，否则返回原值。

假设原子变量现在的值是 100，下面的代码中先用 100 比较，赋值成功，再用 0 比较，赋值失败：

```
unsigned int w = 100;                              // 无符号整数
auto flag = x.compare_exchange_strong(w, 42);      // CAS，如果是 100 则赋值 42
assert(flag && x == 42);                           // 赋值成功

w = 0;                                             // 测试另一个值
flag = x.compare_exchange_strong(w, 10);           // CAS，如果是 0 则赋值 10
assert(!flag && w == 42);                          // 赋值失败，输出原值
```

而 TAS（Test And Set，TAS）操作，则需要用到一个特殊的原子类型 atomic_flag。

它不是简单的 bool 特化（不是 atomic<bool>），没有 store/load 的操作，只用 test_and_set() 来实现 TAS，保证绝对无锁（其他原子变量可能有锁）。

下面的代码简单示范了 atomic_flag 的用法：

```
static atomic_flag flag {false};         // 原子标志位，初值为 false

auto f = [&]()                           // 在线程里运行的 lambda 表达式
{
    auto value = flag.test_and_set();    // 将 TAS 置为 true，返回原值

    if (value) {                         // true 表示已经被设置
        cout << "flag has been set." << endl;
    } else {                             // 本线程设置了 true
        cout << "set flag by " <<
            this_thread::get_id() << endl; // 输出线程 ID
    }
};

thread t1(f);                            // 启动两个线程，运行函数 f()
thread t2(f);
```

了解了这些原子变量，那么在 C++ 里我们该如何应用呢？

基本的用法是把原子变量当作线程安全的全局计数器或者标志位，但它还有一个更重要的应用领域，就是实现高效的无锁（lock-free）数据结构。

但我不建议自己尝试去写无锁数据结构，因为无锁编程的难度比互斥量更高，可能会掉到各种难以察觉的"坑"（例如 ABA）里，最好还是用现成的库。[1]

4.6.5 线程接口

前面介绍了 call_once/thread_local/atomic 这 3 个 C++ 里的工具，它们都不与线程直接相关，但却能够用于多线程编程，尽量消除显式的使用线程。

但是必须要用线程的时候，我们也不能逃避。

1. 辅助函数

名字空间 std::this_thread 里有 4 个方便的线程管理辅助工具，可用来实现线程的自我调度和管理，如下。

- get_id()：获取当前线程的 ID。
- yield()：暂时让出线程的执行权，让系统重新调度。
- sleep_for()：使当前线程睡眠等待一段时间。
- sleep_until()：使当前线程睡眠等待至某个时间点。

这些函数的用法都比较简单，之前我们也用过几次，可以参考下面的代码进一步了解它们：

```
auto task = [](bool flag)                    // 在线程里运行的 lambda 表达式
{
  auto tid = this_thread::get_id();          // 获取当前线程的 ID

  if (flag) {
    cout << tid << "thread yield" << endl;
    this_thread::yield();                     // 暂时让出线程的执行权
  }

  auto time =                                 // 获取一个确定的时间点
      chrono::system_clock::now() + 100ms;
  this_thread::sleep_until(time);             // 睡眠到 100 毫秒之后
```

---

[1] 遗憾的是，目前标准库在这方面还帮不上忙，虽然网上可以找到不少开源的无锁数据结构，但经过实际检验的不多，个人觉得可以考虑 boost.lock_free。

```
    cout << tid << " sleep until" << endl;
};

thread t1(task, true);                        // 启动两个线程
thread t2(task, false);
```

2. 线程类

自 C++11 开始，标准库里就提供了专门的线程类 thread，使用它就可以简单地创建线程。但 thread 在使用时有一个小小的缺点，我们必须在线程启动后手动调用成员函数 join() 来等待线程结束，例如：

```
auto task = []()                              // 在线程里运行的 lambda 表达式
{
    this_thread::sleep_for(1s);               // 线程睡眠 1 秒
    cout << "sleep for 1s" << endl;           // 睡眠后输出字符串
};

thread t(task);                               // 启动线程
t.join();                                     // 必须调用 join() 等待，否则线程强制结束
```

在这段代码里，线程里运行的函数会睡眠 1 秒再输出字符串，必须要调用 join() 等待，否则 thread 析构时就会自动销毁线程，里面的函数也就无法正确完成了。

于是，在 C++20 里又新增了一个特殊的线程类 jthread。从名字上就可以看出来，它多出了一个自动的 join 动作，即对象析构的时候不是简单地销毁线程，而是先调用 join()，等待线程结束后才销毁。有了它之后，刚才的代码就可以简化成如下的形式：[①]

```
jthread jt{task};                             // 启动线程，会自动阻塞等待线程结束
```

3. 异步运行

用 thread/jthread 编写多线程程序是通用的做法，但我建议尽量不要直接使用这两个原始的线程概念，最好把它们隐藏到底层，因为"看不到的线程才是好线程"。

具体的做法是调用函数 async()，它用于异步运行一个任务，隐含的动作是启动一个线程去执行，但不绝对保证立即启动。当然，我们也可以在第一个参数处传递标志 std::launch::async，显式要求立即启动线程。

大多数 thread 能做的事情也可以用 async() 来实现，但不会看到明显的线程，例如：

```
auto task = [](auto x)                        // 在线程里运行的 lambda 表达式
{
```

---

① jthread 还允许在外部取消线程，使用起来更具灵活性。

```
    this_thread::sleep_for( x * 1ms);        // 线程睡眠
    cout << "sleep for " << x << endl;
    return x;
};

auto f = std::async(task, 10);               // 启动一个异步任务
f.wait();                                    // 等待任务完成

assert(f.valid());                           // 确实完成了任务
cout << f.get() << endl;                     // 获取任务的执行结果
```

其实这还是函数式编程的思路，从更高的抽象级别去看待问题，异步运行多个任务。让底层去自动管理线程，要比我们自己手动控制更好。[①]

async()调用后会返回一个 future 变量，可以认为该变量是代表了执行结果的"期货"。如果任务有返回值，就可以用成员函数 get() 获取。

不过我们要特别注意，get() 只能调用一次，再次获取结果会发生错误，抛出异常 std::future_error。

另外这里还有一个很隐蔽的"坑"。

如果不显式获取 async() 的返回值（future 对象），函数返回值没有被接收，就成了临时对象（C++语义要求它必须在调用点完成析构），会同步阻塞直至任务完成。于是"async"就变成了"sync"，异步非阻塞变成了同步阻塞，相当于构造了一个临时的 jthread 对象。

因此即使我们不关心返回值，也要用 auto 来配合 async()，避免程序运行时被不经意地阻塞，就像下面的示例代码那样：

```
std::async(task, ...);                       // 没有显式获取 future，被同步阻塞
auto f = std::async(task, ...);              // 只有上一个任务完成后才能被执行
```

4．其他工具

标准库里还有很多用于线程间同步的 mutex/lock_guard/condition_variable 等工具，不过它们大多数都是广为人知的概念在 C++里的具体实现，用法上没太多新意，所以这里就不再介绍了。

不过在 C++17 中新增的 scoped_lock 还是挺有用的，它是一个 RAII 型互斥量锁定工具，可以自动在作用域范围内锁定/解锁，而且用起来比 lock_guard/unique_lock 都要方便。

scoped_lock 非常适合搭配第 3 章介绍的条件语句初始化使用，先锁定整个 if 语句，再自

---

① async()底层会使用线程来运行函数，但可能是在内部的线程池里运行。

动解锁：[①]

```
int x = 0;
mutex mu1, mu2;                          // 两个互斥量

if (scoped_lock guard(mu1, mu2);        // 同时锁定多个互斥量
    x == 0) {                           // 锁定后判断条件
    cout << "scoped_locked" << endl;    // if 语句内互斥量被锁定
}                                        // 离开 if 语句，变量析构自动解锁
```

这里要注意一点，我们必须给 scoped_lock 一个明确的名字，否则它就会成为一个临时变量，被初始化后立即销毁从而解锁，无法作用于整个 if 语句。

4.6.6　线程并发小结

本节并没有讲太多线程相关的东西，更多是在讲不用线程的思维方式。

所谓当局者迷，如果我们一头扎进多线程的世界，全力去研究线程、互斥量、锁等细节，就很容易"钻进死胡同""一条道走到黑"。很多时候我们应该跳出具体的编码，换个角度来看问题，就能够"柳暗花明又一村"，得到新的、优雅的解决办法。[②]

本节的关键知识点列举如下。

- 多线程是并发常用的实现方式，好处是任务并行、可以避免阻塞，坏处是开发难度高，有数据竞争、死锁等很多"坑"。
- call_once 实现了单次调用的功能，可以避免多线程初始化时的冲突。
- thread_local 实现了线程局部存储，可以让每个线程都独立访问数据，互不干扰。
- atomic 实现了原子化变量，可以用作线程安全的计数器，也可以实现无锁数据结构。
- async 启动一个异步任务，相当于开启一个线程，但内部通常会有优化，比直接使用线程 thread/jthread 更好。

4.7　常见问题解答

Q：智能指针隐藏了指针管理的细节，是否意味着效率下降？在追求"极致"运行效率的系统中是否需要避免使用智能指针，而用 **new/delete** 来管理裸指针？

---

① scoped_lock 是一个模板类，但因为 C++17 的模板参数推导特性，我们可以不用显式写出模板参数列表。

② C++20 正式加入了协程（关键字 co_wait/co_yield/co_return）。它是用户态的线程，没有系统级线程那么麻烦，使用它可以写出成本更低、性能更高的并发程序。不过目前 C++20 里的协程接口还很底层，不适合大多数程序员，只能等 C++23 来完善。

A：如果要追求"极致"性能，那当然还是自己管理比较好，但这样就要自己承担安全责任。建议在这种情况下用 unique_ptr，它的速度与裸指针几乎相同，没有引用计数的成本。

Q：值语义比较难理解，这个概念到底是什么？值该怎么理解？

A：值和引用是对应的。值是有实体的，可以复制，而引用是虚的，只是个别名。C++里的大部分概念都是值语义，比如整数、字符串、容器，指针可以复制，所以也是值语义。

Q：shared_ptr 本身是线程安全的，为什么它所管理的对象不是线程安全的呢？

A：shared_ptr 就像一个盒子，它自己保证是安全操作的，但一旦把里面的东西拿出来，脱离了 shared_ptr 的掌控，就无法保证线程安全了。

Q：除了智能指针，如何在实际开发中应用 RAII 思想？

A：RAII 就像一个微型的垃圾回收机制，关键是利用 C++构造函数和析构函数的特性，编译器会保证对象在创建时自动调用构造函数，而在离开作用域或作用域失效时自动调用析构函数。

理解了作用域和对象的生命周期，就可以在构造函数里自动获取资源，在析构函数里自动释放资源。智能指针、互斥锁的 LockGuard 用的都是 RAII，只要想自动管理资源，就可以用 RAII。

Q：如何在函数参数中使用 unique_ptr？

A：unique_ptr 不允许复制，所以在函数参数中应该采用引用的形式，或者用 std::move()。但我们要明确，为什么要传递 unique_ptr 到函数，所有权是否还是唯一的、是否要转移，如果不清楚就很容易误用导致错误。

Q：函数如何返回一个 unique_ptr？

A：很简单，直接使用 return 返回就行了，它会自己转移所有权，不需要再调用 std::move()，make_unique() 函数就是这样做的。

Q：string_view 有什么优势，可以做哪些 string 做不了的事？

A：string_view 只有指针和长度，而 string 会持有所有字符的复制。string_view 是字符串的轻量级引用，只读，而 string 表示真实的字符串、可以复制和修改。

比如有一个 1MB 的字符串，使用 string 就必须占 1MB 内存，而使用 string_view 只占几字节。

string_view 经常用在函数的参数列表里，代替 const string&，接收字符数组或者字符串，没有构造临时对象的成本。但最好不要在函数返回值里使用 string_view，容易导致引用失效。

Q：正则表达式的性能怎么样？

A：标准库里的正则表达式库肯定不能说是最好的，但它的性能也不会很差。其实使用正则表达式就相当于在 C++ 里又嵌入了一个小型语言，怎么把它与 C++ 结合好、用好才是我们真正要关心的问题。一般来说，正则表达式对象一定要提前编译、尽量复用，不要写出过于复杂的正则表达式，否则优化不好容易造成正则匹配回溯，影响性能。

Q：deque 为什么会对插入和删除敏感呢？

A：deque 内部是多段不连续的数组。既然是数组，如果要在中间插入和删除元素，为了保持数据的连续性，就要在操作位置前后移动元素，这就是插入和删除的成本。

Q：在存储大量数据的时候，map/unordered_map 哪个效率更高？

A：在存储大量数据的时候最好用测试数据来说话，通常来说无序容器效率高，标准库的散列函数适用性还是比较好的（当然我们也可以在模板参数里自己换）。

Q：如何理解容器的自动销毁元素？

A：因为容器也是对象，会有析构函数，所以就可以在析构的时候执行特殊操作，逐个调用容器内部元素的析构函数，自动销毁元素了。

Q：push_back 和 emplace_back 有什么区别？

A：push_back 是传递一个对象，然后将其复制到容器中，而 emplace_back 是给出参数，在容器内直接构造元素，就省去了对象的复制成本。所以如果要把现有的对象加入容器，最好实现转移构造函数，避免复制代价。

Q：在对 variant/tuple 调用函数 get() 的时候，为什么不能在模板参数里写变量来访问，比如 get<i>()？

A：这里一定要分清楚 C++ 编译期和运行时这两个阶段。函数 get() 是模板函数，要求模板参数必须在编译期可计算，而变量是运行时才会出现的，编译期无法得到。

Q：for_each 算法能否完全代替 for 循环？

A：大多数时候 for_each 算法能够代替 1for 循环，但它是专门为遍历容器设计的，不能实现 break。如果想要实现 break，可以改换其他的算法，不赞成在 lambda 表达式里抛出异常，感觉有点"剑走偏锋"了。

但在 lambda 表达式里可以用 return 结束本次操作，实现类似 continue 的效果。

Q：用 thread/async 启动线程的时候，对函数有什么特殊的要求吗？

A：没有特别的要求，全局函数、静态函数、成员函数、lambda 表达式等都可以，只要是符合 C++语义的可调用对象，再传递足够的运行参数就行。

不过对于成员函数有点特殊，第一个参数必须传递对象的指针或者引用，这样成员函数才能绑定到对象实例上执行。

Q：互斥量的 lock/try_lock 有什么区别？

A：lock 是直接锁定，如果之前已经被锁定就会阻塞等待，而调用 try_lock，如果锁定失败就会返回 false，不会阻塞。所以我一般愿意调用 try_lock，安全、灵活。

Q：C++里容器和算法是线程安全的吗？

A：出于效率的考虑，C++标准容器和算法不提供线程安全的版本，但我们可以根据自己的需求来为它们加锁实现线程安全，一些第三方库也提供线程安全的容器和算法。

第 5 章 C++进阶技能

在前几章里，我们学习了 C++的生命周期、编程范式、核心特性、标准库等内容，本章起我们的学习之旅将开启一个新的篇章。

C++语言和标准库的功能强大而灵活，但也只能算是构建软件这座大厦的基石。想要仅凭它们去"打天下"，不能说是绝对不可行的，但至少是"吃力难讨好"。

还是那句话："不要重复造轮子"（Do not reinventing the wheel）。虽然很多 C++程序员都热衷于此，但我觉得还是要珍惜自己的时间和精力，把有限的资源投入到能有更多产出的事情上。

本章将介绍一些其他 C++库和工具来弥补语言和标准库的不足，节约我们的开发成本，让我们的工作更有效率。

5.1 准标准库

C++标准库组件繁多，但和 Java/Python/Go 等语言比起来还是欠缺很多工具，所以标准之外就出现了大量的第三方库，我们将要介绍的就是有着"准标准库"美誉的 Boost 程序库。

Boost 程序库之所以被称为准标准库，是因为它的出发点就是要成为标准库的试验田，负责向标准库输送组件。

Boost 社区长期与 C++标准委员会保持密切合作，许多 Boost 程序库的作者也是委员会的成员，他们在提交标准草案的时候通常都会指定 Boost 程序库作为实际的参考实现。现在 C++标准库里的大部分组件，例如第 4 章中介绍的 smart_ptr/string_view/regex 等，都是先在 Boost 程序库中经过多年的实践检验和反复讨论后才最终进入了 C++标准。使用 Boost 程序库就相当于超前应用了 C++最新标准。例如，虽然基于协程的 networking 库要等到 C++23 才能发布，但现在 Boost 里就有它的前身 boost.asio。

Boost 程序库并不一味追求使用最新的 C++标准，它其实非常注重对编译器和系统的兼容。Boost 程序库利用预处理编程和模板元编程等多种手段，尽量让程序库实现跨标准、跨平台，让暂时无法切换到新编译器、新系统的用户也能够享用到最新的 C++发展成果。也就是说，即使我们由于操作系统的原因只能停留在 C++11/14，但仍然可以使用 C++17/20 里才有的 variant/any 等组件。

所以，Boost 程序库有时候也被称为"C++世界里第二好用的轮子"（第一好用的当然就是标准库了），被许多公司选用为标准库的补充，以构建自己的高性能 C++应用。

Boost 程序库是完全开源的，可以从官网下载压缩包后自己编译和安装。通常各 Linux 发行版也提供了编译好的库，用 apt-get/yum 直接安装即可，例如：

```
apt-get install libboost-dev          # 安装 Boost 的所有头文件库
apt-get install libboost-all-dev      # 安装 Boost 的所有头文件库和二进制库
```

不过 Boost 程序库非常大，完全安装会占用大量的磁盘空间，而当前的项目开发可能并不需要某些库，所以我们也可以有选择地安装一部分。

下面的命令行就只安装了 boost.asio 必需的 system 库，其他的（如 boost.python/boost.thread 等）则被排除在外：

```
apt-get install libboost-system-dev      # 仅安装 boost.system 库和相关库
```

和 C++标准库一样，Boost 程序库也包含非常多的组件（1.76 版本包含的组件超过了 160 个）。其中一些是标准库的等价组件（如 unordered/optional/variant/any/atomic 等），用法和标准库差不多，还有一些是面向特定应用领域的组件（如 graph/hana/math/yap 等），使用其需要具备相关的专业知识，用法也比较复杂。

出于篇幅和实用性的考虑，接下来只介绍 Boost 库中的 3 个工具，作为对第 4 章标准库的补充和完善。[①]

5.1.1　字符串转换

我们已经知道可以用标准库里的 stoi()/stof()/to_string() 等函数实现数字与字符串的互相转换，但这些函数比较多，记忆起来有点儿费劲，特别是 stoxxx() 系列函数，把类型信息与函数名强制绑定，非常不友好。

Boost 程序库里的小工具——lexical_cast 在一定程度上解决了这个问题。它是一个模板函数，但在形式上模仿了 static_cast 等转型关键字，使用模板参数指明要转换的目标类型，从而减轻了记忆负担，简单易用。

---

① 如果读者对 Boost 程序库里的其他组件感兴趣，可以参考本书作者的另外两部作品：《Boost 程序库完全开发指南 深入 C++准标准库》《C++11/14 高级编程 Boost 程序库探秘》。

　　只要使用 lexical_cast 这一个函数，就可以实现整数、浮点数与字符串之间的任意转换，非常直观，例如：

```
#include <boost/lexical_cast.hpp>              // 包含头文件
using namespace boost;                         // 打开 boost 名字空间

auto n1 = lexical_cast<short>("42");           // 字符串转短整型整数
auto n2 = lexical_cast<int>("100");            // 字符串转整型整数
auto n3 = lexical_cast<long>("64000", 2);      // 字符串转长整型整数，可以指定长度

auto f1 = lexical_cast<float>("1.414");        // 字符串转单精度浮点数
auto f2 = lexical_cast<double>("2.718");       // 字符串转双精度浮点数

auto s1 = lexical_cast<string>(42);            // 整数转字符串
auto s2 = lexical_cast<string>(0x64);          // 十六进制整数转字符串
auto s3 = lexical_cast<string>(0.618);         // 浮点数转字符串
```

　　但是 lexical_cast 也有不如标准库函数的地方。在字符串转换整数的时候，它不支持前缀或后缀，无法转换如 "+1" "1024L" "999LL" 等字面值，会抛出异常报错，而 stoi() 等函数却可以正常处理这些值，例如：

```
try
{
    lexical_cast<long>("-100");                // 无法转换有前缀的字符串
    lexical_cast<long>("1024L");               // 无法转换有后缀的字符串
    lexical_cast<long long>("999LL");          // 无法转换有后缀的字符串
}
catch(bad_lexical_cast& e)                     // 都会抛出异常
{
    cout << e.what() << endl;
}

assert(stoi("-100") == -100);                  // 标准库函数转换正常
assert(stol("1024L") == 1024L);                // 标准库函数转换正常
assert(stoll("999LL") == 999LL);               // 标准库函数转换正常
```

　　不过借鉴 lexical_cast，再利用编译期的 if constexpr 语句（3.3 节）和 type_traits 库，我们就可以以类似的形式，用一个模板函数来调用 stoi()/to_string() 等多个标准库函数，示例代码如下：

```
template<typename T, typename U>               // 需要两个模板参数，目标和源类型
T std_lexical_cast(const U& arg)               // 模仿 lexical_cast 函数的形式
{
    if constexpr (std::is_same_v<T, int>) {    // 如果目标类型是 int
        return std::stoi(arg);                 // 调用 stoi()
    }
```

```
if constexpr (std::is_same_v<T, long>) {       // 如果目标类型是 long
    return std::stol(arg);                      // 调用 stol()
}

if constexpr (std::is_same_v<T, double>){      // 如果目标类型是 double
    return std::stod(arg);                      // 调用 stod()
}

if constexpr (std::is_same_v<T, string>) {     // 如果目标类型是 string
    return std::to_string(arg);                 // 调用 to_string()
}

return T {};                                    // 默认返回目标类型的空值
}
```

这个新的 std_lexical_cast 函数可以像 lexical_cast 一样使用，但它的内部功能却是基于标准库的：

```
std_lexical_cast<int>("+42");                   // 调用 stoi()转换到整数
std_lexical_cast<long>("100L");                 // 调用 stol()转换到整数
std_lexical_cast<double>("0.618");              // 调用 stod()转换到浮点数
std_lexical_cast<string>(999);                  // 调用 to_string()转换到字符串
```

最后我们还要注意一点，lexical_cast 的功能仅限于字符串与数值互转，不能实现格式化操作，如果想要给转换后的数值用"±""0x"等修饰还得借助于 format 库。

5.1.2　字符串算法

目前标准库里处理文本使用的主要工具就是正则表达式库 regex（4.2.5 小节），但正则表达式语法比较复杂，用起来也略麻烦，很多时候我们只是想简单地看看字符串的前后缀、查找某个单词，用 regex 就不免显得有些"重"，感觉像"杀鸡用牛刀"。

如果只是想要简单地对字符串做一些处理，不需要正则表达式那么高级的模式匹配功能，我们就可以选择 Boost 程序库里专门的字符串算法库 string_algo。它包含很多字符串处理功能，能够完成比较、修剪、大小写转换等许多常见的工作，而且用起来非常容易。

1.　基本功能

这段代码示范了 string_algo 中一些函数的用法：

```
#include <boost/algorithm/string.hpp>          // 包含头文件
using namespace boost;                          // 打开 boost 名字空间

auto str = "hello c++"s;                        // 标准字符串

assert(starts_with(str, "he"));                 // 判断前缀
```

```
assert(ends_with(str, "c++"));              // 判断后缀
assert(!ends_with(str, "C++"));             // 判断后缀，大小写敏感
assert(contains(str, "llo"));               // 判断包含子串

auto ustr = to_upper_copy(str);             // 转换大写，得到复制
assert(ustr == "HELLO C++");                // 验证转换大写的结果
assert(iends_with(str, "c++"));             // 忽略大小写判断后缀
assert(icontains(ustr, "llo"));             // 忽略大小写判断包含子串
assert(iequals(str, ustr));                 // 忽略大小写比较字符串

auto tstr = trim_copy_if(                   // 修剪字符串，得到复制，带条件
    str, [](auto& c) {                      // 将 lambda 表达式作为判断条件
        return c == '+';                    // 删除 "+" 字符
    });
assert(tstr == "hello c");                  // 验证修剪结果

trim_right_if(str, [](auto& c) {            // 原地修剪字符串，带条件
    return c < 'l';                         // 使用 lambda 表达式删除右边小于 "l" 的字符
});
assert(str == "hello");                     // 验证修剪结果
```

从这段代码中，我们可以看到 string_algo 里算法的几个基本特点。

- 算法默认大小写敏感，想要忽略大小写需要使用前缀为 "i" 的版本。
- 算法默认都是本地操作，即直接处理原字符串，想要生成变动后的字符串复制需要使用后缀为 "copy" 的版本。
- 可以向算法传入自定义的判断条件，只有符合条件的字符才会被处理，需要使用后缀为 "if" 的版本。
- "i/copy/if" 这些词缀可以组合，从而得到不同的算法，满足不同的需求。

查子串、修剪等功能比较简单，下面着重讲解一下 string_algo 里的替换、分割与合并这 3 类功能，它们也是我们日常工作中急需而标准库里又没有的功能。

2．替换功能

string_algo 的替换功能类似于正则表达式的 regex_replace，但因为没有模式，所以它提供了多个版本，用来实现在不同位置的查找替换。

替换算法的基本形式是 replace，后面再加上后缀 "head/tail/first/last/nth/all" 等，此外它也可以附加 "i/copy" 前、后缀（注意不支持 if），是一个相当庞大的算法家族。

示范替换算法的代码如下：

```
auto str = "apple google facebook"s;        // 标准字符串

replace_head(str, 3, "App");                 // 输出 Apple google facebook

replace_tail(str, 4, "cook");                // 输出 Apple google facecook

replace_first(str, "oo", "xx");              // 输出 Apple gxxgle facecook

ireplace_all(str, "LE", "GE");               // 输出 AppGE gxxgGE facecook

ireplace_nth(str, "ge", 1, "MM");            // 输出 AppGE gxxgMM facecook
```

这里我们需要注意 head/tail 与 first/last 的区别，前者指定的是字符串前后的字符数量，没有查找动作，而后者则是执行查找，对第一个或最后一个找到的子串进行替换。

3. 分割功能

分割字符串是文本处理时很常见但又很麻烦的一份工作，无论是使用字符串查找算法还是使用正则表达式实现都不太容易，而使用 string_algo 里的分割算法——split 算法做起来真的是"易如反掌"。

split 算法会使用谓词函数判断切割点，然后把字符串拆分成多个部分，再将其输出到一个标准容器之中。算法对这个容器没有特殊要求，顺序容器（如 vector/deque/list 等）或者关联容器（如 set/unordered_set 等）都可以，但不能是 map。

因为分割算法必须要指定条件，所以 split 不需要"if"后缀。

示范分割算法的代码如下：

```
auto str = "123,456,999, 1024";             // 标准字符串

set<string> res;                             // 待输出的字符串容器

res = split(res, str,                        // 字符串分割算法
      [](const auto& c) {                    // 将 lambda 表达式作为分割条件
          return c == ',' || c == ' ';       // 用逗号和空格分割
      });

for(auto&& x: res) {                         // 遍历容器输出结果
   cout << '[' << x << "]";                  // [123][456][1024][999][]
}
```

请注意代码的输出结果，原字符串里有 4 个数字，但却分割出了 5 个字符串，其中多了一个空串。这是因为我们的判断条件是逗号和空格，当算法遇到"，"这样连续两个分隔符时会认为中间存在一个空串，所以把空串也添加进了容器。

这个结果通常不是我们想要的，所以 `split` 算法允许在函数里多传递一个标志位参数 `token_compress_on` 来关闭这个特性，即压缩空字符串：

```
res = split(res, str,                    // 字符串分割算法
    [](...){...},                         // 将 lambda 表达式作为分割条件
    token_compress_on);                   // 禁止连续分隔符表示的空串
```

4. 合并功能

有分割算法自然也会有合并算法，两者互为逆运算。在有的编程语言里字符串合并算法的名字是 `concat`，而在 `string_algo` 库里它的名字叫作 `join`，虽然不太一致，但也很好理解。

`join` 算法的用法比较简单，它接收一个字符串容器，再用指定的字符串把容器里的元素逐个连接起来，最后输出新的字符串，例如：

```
vector<string> v = {"apple", "pear", "tomato"};

cout << join(v, "**") << endl;      // 合并多个字符串，输出 apple**pear**tomato
```

`join` 算法还有另一个带后缀 "if" 的版本，可以指定条件，只有满足条件的容器元素才能被合并，例如：

```
cout << join_if(v, "++",                  // 有条件合并多个字符串
    [](auto& x) {                         // 将 lambda 表达式作为合并条件
        return std::size(x) >= 5;         // 要求字符串长度大于等于 5
    }) << endl;                           // 输出 apple++tomato
```

在这段代码里我们把连接符改成了 "++"，然后添加了一个 lambda 表达式，从容器中筛选出长度大于等于 5 的字符串参与合并，所以得到的字符串就是 "apple++tomato"。

5.1.3　高精度计时器

计时器经常用于测量某段代码的运行时间，是分析应用程序性能时一个非常重要的工具，虽然功能很简单，但现实情况却是没有特别好用又精确的计时器。

这个时候我们就可以考虑使用 boost.timer 库，它是一个稳定且拥有高精度的计数器。稳定是指它不受操作系统时间调整的影响，永远能够正确计时。而它的时间分辨率则因操作系统和 CPU 而有所差异，最高可以达到 0.5 微秒（500 纳秒）。

需要编译 timer 库后链接才能使用，相关的命令如下：

```
apt-get install libboost-timer-dev    # 仅安装 boost.timer 库和相关库
g++ xxx.cpp -lboost_timer ...         # 指定链接库
```

timer 库的计时用法非常简单：它提供一个计时类 cpu_timer，一旦创建了实例对象就立

即开始计时，中途可以调用成员函数 stop()/resume()/start()随时暂停、恢复或者重启计时，成员函数 format()用于获取当前经过的时间（字符串形式）。

下面的代码示范了这几个接口函数的用法：

```cpp
#include <boost/timer/timer.hpp>        // 包含头文件
using namespace boost::timer;           // 打开 boost 名字空间

cpu_timer t;                            // 高精度计时器对象

for (int i = 0; i < 3; i++) {
    t.start();                          // 重启计时器
    this_thread::sleep_for(100ms);      // 睡眠 100 毫秒

    t.stop();                           // 暂停计时
    this_thread::sleep_for(50ms);       // 睡眠 50 毫秒
    assert(t.is_stopped());             // 断言已经暂停计时
    t.resume();                         // 恢复计时

    cout << t.format() << endl;         // 输出计时结果
}
```

这段代码的输出结果如下：

```
0.101193s wall, 0.000000s user + 0.000000s system = 0.000000s CPU (n/a%)
0.100595s wall, 0.000000s user + 0.000000s system = 0.000000s CPU (n/a%)
0.100171s wall, 0.000000s user + 0.000000s system = 0.000000s CPU (n/a%)
```

cpu_timer 使用了 3 类值来度量程序使用的时间，如下。

- wall：挂钟时间，也就是程序运行的实际时间。
- user：用户 CPU 时间，也就是程序在用户态使用的 CPU 时间。
- system：系统 CPU 时间，也就是程序在内核态使用的 CPU 时间。

因为在代码中我们调用了 sleep_for()睡眠函数，根本不消耗 CPU，所以虽然每次运行的时间是 100 毫秒，但 CPU 时间都是 0。

在大多数情况下，cpu_timer 提供的这几个接口就足够用了，不过如果想要定制它的输出格式，还可以调用成员函数 elapsed()。它同样返回经过的时间，但不是以字符串的形式，而是以一个包含 wall/user/system 这 3 个字段的 cpu_times 结构体，例如：

```cpp
auto x = t.elapsed();                   // 获得计时结果

cout << "wall: " << x.wall/1000 << endl; // 获得挂钟时间，转换成微秒
cout << "user: " << x.user << endl;      // 获得用户态时间
cout << "sys: " << x.system << endl;     // 获得内核态时间
```

要注意的是，这 3 个字段的默认单位都是纳秒，所以在最终显示或者记录日志的时候必须要进行适当的转换，而且由于计时精度的原因还应当舍去无意义的低位数值。

5.1.4　准标准库小结

Boost 程序库是一个比标准库还要庞大、复杂的 C++程序库。因为它由社区负责维护和开发，不受标准委员会的限制，所以更新很快，大概 3 个月一个新版本的发布周期让它总能够跟上时代发展的步伐。

Boost 程序库里的内容非常丰富，不仅可以从中找到大部分标准库组件的替代品，还有很多各个领域的专业工具，再加上与标准委员会良好的合作关系，Boost 程序库完全称得上是标准库的超集。

由于 Boost 程序库实在是太大了，篇幅所限不可能一下子讲清楚，因此本节只介绍其中 3 个实用小工具，关键知识点列举如下。

- lexical_cast 可以简单、直观地实现字符串与数字的互转。
- string_algo 提供了多种实用的字符串算法，不需要写正则表达式就能够完成大小写转换、查找、比较、替换、分割、合并等日常工作。
- cpu_timer 是一个高精度计时器，非常适用于性能分析。

此外，因为很多组件同时存在于 Boost 程序库和标准库里，所以在使用 Boost 程序库的时候我们也可以应用 C++类型别名的小技巧，尽量不要"写死"类型名，而要通过别名的方式方便将来在两者之间进行切换。例如：

```
using any_type = boost::any;        // 使用 Boost 程序库里的 any 类型
using any_type = std::any;          // 使用标准库里的 any 类型
```

5.2　数据序列化

序列化和反序列化是软件开发中经常用到的功能。所谓序列化，就是把内存里"活的对象"转换成静止的字节序列，便于存储和网络传输；而反序列化则是逆操作，从静止的字节序列重新构建出内存里可用的对象。[①]

虽然序列化和反序列化功能非常有用，但直到今天，C++标准里都没有实现对它的支持，所以本节就来介绍标准之外的 3 种比较流行的数据格式。

---

① 借用科幻小说《三体》做一个形象的比喻：序列化就是"三体人"脱水、变成干纤维的过程，在乱纪元方便存储和运输；反序列化就是"三体人"浸泡的过程，在恒纪元由干纤维再恢复成活生生的人。

5.2.1　JSON

JSON 是一种轻量级的数据交换格式，采用纯文本表示，便于人类阅读，且阅读和修改都很方便。

由于 JSON 源于"流行的脚本语言"JavaScript，因此它也得到了广泛的应用，在 Web 开发领域几乎已经成为事实上的标准。同时 JSON 也渗透到了其他领域，例如很多数据库就支持直接存储 JSON 数据，还有很多应用服务使用 JSON 作为配置接口。

JSON 的官方网站列出了大量的 C++实现，不过用起来都差不多。因为 JSON 本身就是 key-value 结构，很容易映射到关联数组的操作方式。如果不是特别在意性能的话，选个自己喜欢的实现就好，否则就要做一下测试，看哪一个更适合实际的应用场景。

不过我觉得 JSON 格式注重的是方便、易用，在性能上没有太大的优势，所以一般选择 JSON 来交换数据不会太在意性能（不然肯定会改换其他格式了），还是自己用着顺手比较重要。

我个人推荐的是"JSON for Modern C++"库。[①]

JSON for Modern C++可能不是最小、最快的 JSON 解析工具，但功能足够完善，而且使用方便，仅需要包含头文件"json.hpp"，没有外部依赖，也不需要额外的安装、编译、链接工作，适合快速上手开发。

JSON for Modern C++可以从 GitHub 下载源码，或者更简单一点，直接用 wget 获取头文件就行：

```
git clone git@github.com:nlohmann/json.git
wget https://github.com/nlohmann/json/releases/download/v3.9.1/json.hpp
```

JSON for Modern C++使用 json 类来表示 JSON 数据，为了避免叙述时有歧义，后面都将使用别名 json_t 来称呼它，相当于：

```
using json_t = nlohmann::json;              // 类型别名
```

1. 序列化

json_t 的序列化功能很简单，和标准容器 map 类似，用关联数组的"[]"来添加任意数据，用多个连续"[]"来嵌套对象。我们不需要特别指定数据的类型，它会自动推导出恰当的类型，例如：

```
json_t j;                                   // JSON 对象

j["age"] = 23;                              // "age":23
```

[①] RapidJSON 是另一个 C++ JSON 库，号称是"最快的 JSON 解析器"。我不选择它的原因是不太符合"口味"：它使用 CamelCase，而非 C++常用的 snake_case。

```
j["name"] = "spiderman";          // "name":"spiderman"
j["gear"]["suits"] = "2099";      // "gear":{"suits":"2099"}
```

单纯使用"[]"只能表示 JSON 对象，我们还可以使用 array/vector 或者"{}"形式的初始化列表表示 JSON 数组，使用 map 或者 pair 表示 JSON 对象，非常灵活、自然，例如：[①]

```
vector<int> v = {1,2,3};          // 向量容器
j["numbers"] = v;                 // "numbers":[1,2,3]

map<string, int> m =              // 关联数组容器
    {{"one",1}, {"two", 2}};      // 初始化列表
j["kv"] = m;                      // "kv":{"one":1,"two":2}
```

向 json_t 添加完数据之后，调用成员函数 dump() 就可以序列化，得到数据的 JSON 文本形式。默认的格式是紧凑输出，没有缩进，如果想要更容易阅读可以加上指示缩进的参数：

```
cout << j.dump() << endl;         // 序列化，无缩进
cout << j.dump(2) << endl;        // 序列化，有缩进，2 个空格
```

2. 反序列化

json_t 的反序列化功能也很简单，只要调用静态成员函数 parse()，即可直接从字符串得到 JSON 对象，而且可以用自动类型推导：

```
string str = R"({                 // JSON 文本，原始字符串
    "name": "peter",
    "age" : 23,
    "married" : true
})";

auto j = json_t::parse(str);      // 从字符串反序列化
assert(j["age"] == 23);           // 验证反序列化是否正确
assert(j["name"] == "peter");
```

json_t 使用异常来处理解析时可能发生的错误，如果不能保证 JSON 数据的完整性，就使用 try-catch 来保护代码，防止错误数据导致程序崩溃：

```
auto txt = "bad:data"s;           // 不是正确的 JSON 数据

try                               // 使用 try 保护代码
{
    auto j = json_t::parse(txt);  // 从字符串反序列化
}
catch(std::exception& e)          // 捕获异常
{
```

---

① 注意这里有一个小"坑"，当"{}"形式的初始化列表里只有两个元素的时候会产生歧义，无法断定是 object 还是 array，可能会推断出错误的类型，这个时候最好明确指定 array/vector 或者 map/pair。

```
        cout << e.what() << endl;
    }
```

另外，JSON for Modern C++还提供了字面值后缀 "_json"，可以直接在源码里书写 JSON 数据实现反序列化，相当于调用了 parse()，例如：

```
// 可以使用原始字符串
auto j = R"({
    "os": "linux",
    "arch": "arm64"
})"_json;                                // 字面值后缀，自动反序列化
```

3. 高级用法

对于大多数应用来说，掌握了基本的序列化和反序列化就够用了，不过 JSON for Modern C++里还有很多高级用法，比如 SAX、BSON、自定义类型转换等。如果需要使用这些功能可以去查看它的文档，里面写得都很详细。

例如，我们可以调用 to_bson()/from_bson() 这两个静态成员函数实现紧凑、高效的BSON 数据格式：

```
auto j = R"({"n":[0,1,2]})"_json;        // 字面值后缀，自动反序列化

auto data = json_t::to_bson(j);          // 序列化为 BSON 字节数组
auto obj = json_t::from_bson(data);      // 反序列化 BSON 数据

assert(obj["n"][0] == 0);                // 验证反序列化是否正确
```

5.2.2   MessagePack

MessagePack 也是一种轻量级的数据交换格式，与 JSON 的不同之处在于它不是纯文本，而是二进制的。因此 MessagePack 比 JSON 更小巧，处理起来更快，不过也就没有 JSON 那么直观、易读、好修改了。[①]

MessagePack 支持几乎所有的编程语言，本书使用的是官方库 msgpack-c，可以用 apt-get 直接安装：

```
apt-get install libmsgpack-dev
```

但这种安装方式存在一个问题，发行方仓库里的可能是老版本，缺失很多功能，所以另一个选择是从 GitHub 下载最新版本，编译时手动指定包含路径：

```
git clone git@github.com:msgpack/msgpack-c.git

g++ xxx.cpp -std=c++17 -I../common/include -o a.out
```

---

① 由于二进制这个特点，MessagePack 也得到了广泛的应用，如 Redis/Pinterest 等。

和 JSON for Modern C++一样，msgpack-c 也是纯头文件（header only）的库，只要包含头文件"msgpack.hpp"即可，不需要额外的编译和链接选项。

1. 序列化

MessagePack 的设计理念和 JSON 是完全不同的，它没有定义 JSON 那样的数据结构，而且比较底层，只能对基本类型和标准容器进行序列化/反序列化，需要我们自己去组织和整理要序列化的数据。

调用 pack() 函数将数据序列化为 MessagePack 格式要这样做：

```
auto serialize = [](const auto& x) {        // 使用 lambda 表达式简化调用
    msgpack::sbuffer sbuf;                   // 输出缓冲区
    msgpack::pack(sbuf, x);                  // 序列化

    cout << sbuf.size() << endl;             // 输出序列化后的长度
};

serialize(99);                               // 整数
serialize(3.14);                             // 浮点数
serialize("hello msgpack"s);                 // 字符串
serialize(vector{1,2,3});                    // 向量
serialize(tuple{1,"str"s, true});            // 元组
```

可以看到，pack() 函数的用法不像 JSON 那么简单、直观，必须同时传递序列化的输出目标和被序列化的对象。

pack() 的输出目标 sbuffer 是个简单的缓冲区，可以把它理解成对字符串数组的封装。和 vector<char>很像，它也可以用 data()/size() 方法获取内部的数据和长度。[1]

2. 反序列化

MessagePack 反序列化的时候略微麻烦一些，要用到函数 unpack() 和两个核心类：object_handle/object。

使用函数 unpack() 反序列化数据，得到的是一个 object_handle，再调用 get()，得到的就是对象：

```
vector<int> v = {1,2,3,4,5};                 // 向量容器

msgpack::sbuffer sbuf;                       // 输出缓冲区
```

---

[1] 除了 sbuffer，我们还可以选择 zbuffer/fbuffer。它们是压缩输出缓冲区和文件输出缓冲区，和 sbuffer 相比，只是格式不同，用法是相同的。

```
msgpack::pack(sbuf, v);                        // 序列化

auto handle = msgpack::unpack(                 // 反序列化
        sbuf.data(), sbuf.size());             // 输入二进制数据
auto obj = handle.get();                       // 得到反序列化对象
```

这个对象就是 MessagePack 对数据的封装,相当于 JSON for Modern C++的 JSON 对象,但它不能直接使用,必须知道数据的原始类型,调用函数 convert() 才能还原:

```
vector<int> v2;                                // 向量容器
obj.convert(v2);                               // 转换反序列化的数据

assert(std::equal(                             //比较两个容器
    begin(v), end(v), begin(v2)));
```

3. 高级用法

因为 MessagePack 不能直接打包复杂数据,所以用起来就比 JSON 麻烦一些,我们必须自己把数据逐个序列化,再将其连接在一起才行。

好在 MessagePack 又提供了一个 packer 类,可以实现串联的序列化操作,从而简化代码,例如:

```
msgpack::sbuffer sbuf;                          // 输出缓冲区
msgpack::packer packer(sbuf);                   // 专门的序列化对象

packer.pack(10).pack("monado"s)                 // 连续序列化多个数据
    .pack(vector<int>{1,2,3});                  // 最后都输出到缓冲区里
```

对于多个对象连续序列化后的数据,反序列化的时候可以用一个偏移量(offset)参数来同样连续操作:

```
for(decltype(sbuf.size()) offset = 0;           // 初始偏移量是 0
    offset != sbuf.size());){                   // 直至反序列化结束

    auto handle = msgpack::unpack(              // 反序列化
            sbuf.data(), sbuf.size(), offset);  // 输入二进制数据和偏移量
    auto obj = handle.get();                    // 得到反序列化对象
}
```

但这样写起来还是比较麻烦,能不能像 JSON 那样,直接对复杂类型序列化和反序列化呢?

MessagePack 为此提供了一个特别的宏:MSGPACK_DEFINE,把它放进类定义里,就可以让自定义类型像标准类型一样被 MessagePack 处理。

下面定义了一个简单的 Book 类:

```
class Book final                           // 自定义类
{
public:
    int           id;
    string        title;
    set<string>   tags;
public:
    MSGPACK_DEFINE(id, title, tags);       // 实现序列化功能的宏
};
```

这样它就可以直接应用于 pack/unpack，用法基本上和 JSON 差不多：

```
Book book1 = {1, "1984", {"a","b"}};       // 自定义类

msgpack::sbuffer sbuf;                      // 输出缓冲区
msgpack::pack(sbuf, book1);                 // 序列化

auto obj = msgpack::unpack(                 // 反序列化
    sbuf.data(), sbuf.size()).get();        // 得到反序列化对象

Book book2;
obj.convert(book2);                         // 转换反序列化的数据

assert(book2.id == book1.id);              // 动态断言验证
assert(book2.tags.size() == 2);
```

另外在使用 MessagePack 的时候，我们也要注意数据不完整的问题，必须用 try-catch 来保护代码、捕获异常：

```
auto txt = ""s;                            // 空数据，格式错误
try                                        // 使用 try 保护代码
{
    auto handle = msgpack::unpack(         // 反序列化
        txt.data(), txt.size());
}
catch(std::exception& e)                   // 捕获异常
{
    cout << e.what() << endl;
}
```

5.2.3　ProtoBuffer

ProtoBuffer 也是序列化格式，通常简称为 PB，由 Google 发布。

PB 也是一种二进制的数据格式，但毕竟是工业级产品，所以没有 JSON/MessagePack 那么"轻"，相关的东西比较多，要安装一个预处理器和开发库，编译时还要链接动态库（-lprotobuf）：[1]

---

[1] GitHub 上有一个第三方库 protobuf-c，它让 C 语言也能够使用 PB 交换数据。

```
apt-get install protobuf-compiler
apt-get install libprotobuf-dev

g++ xxx.cpp -std=c++17 -lprotobuf -o a.out
```

1. 接口描述文件

PB 的特点是数据有模式（schema），必须先编写一个接口描述语言（Interface Description Language，IDL）文件，在里面定义好数据结构。只有预先定义了的数据结构才能被 PB 序列化和反序列化。

这个特点既有好处也有坏处：一方面接口就是清晰、明确的规范文档，沟通和交流简单、无歧义；另一方面就是接口缺乏灵活性，改接口会导致后续一连串的操作，有点烦琐（当然也可以使用脚本来实现自动化）。

下面是一个简单的 PB 数据定义，使用的是 proto2 语法：

```
syntax = "proto2";                    // 使用第 2 版

package sample;                       // 定义名字空间

message Vendor                        // 定义消息
{
    required uint32     id      = 1;  // required 表示必须字段
    required string     name    = 2;  // 有 int32/string 等基本类型
    required bool       valid   = 3;  // 需要指定字段的序号，序列化时用
    optional string     tel     = 4;  // optional 字段可以没有
}
```

有了接口定义文件，需要用命令行工具 protoc 生成对应的 C++源码，用命令行参数"--cpp_out"指定输出路径，然后把源码文件加入自己的项目就可以使用了：

```
protoc --cpp_out=. sample.proto        # 生成 C++代码
```

2. C++调用接口

由于 PB 相关的资料很多，这里只简单列一下重要的接口函数。

- 字段名会生成对应的 has()/set()/clear() 函数，检查是否存在、设置和清除值。[①]
- IsInitialized()用于检查数据是否完整（required 字段必须有值）。
- DebugString()用于输出数据的可读字符串描述。
- ByteSize()用于返回序列化数据的长度。
- SerializeToString()用于从对象序列化到字符串。

---

① ProtoBuffer 有 V2/V3 两个主要的版本，接口有微小的差异，在 V3 里不存在 has_xxx()函数。

- ParseFromString()用于从字符串反序列化到对象。
- SerializeToArray()/ParseFromArray()序列化的目标是字节数组。

下面的代码示范了 PB 的序列化/反序列化各接口函数的用法：

```cpp
using vendor_t = sample::Vendor;              // 类型别名，注意名字空间

vendor_t v;                                   // 声明一个 PB 对象
assert(!v.IsInitialized());                   // 有字段未初始化

v.set_id(1);                                  // 设置每个字段的值
v.set_name("sony");
v.set_valid(true);
v.clear_tel();                                // 也可以清除某个不需要的字段

assert(v.IsInitialized());                    // 字段都设置了，数据完整
assert(v.has_id() && v.id() == 1);            // 注意 has_xxx()只在 proto2 里存在
assert(v.has_name() && v.name() == "sony");
assert(v.has_valid() && v.valid());

cout << v.DebugString() << endl;              // 输出调试字符串

string enc;
v.SerializeToString(&enc);                    // 序列化到字符串

vendor_t v2;
assert(!v2.IsInitialized());
v2.ParseFromString(enc);                      // 反序列化
```

　　虽然业界很多大公司都在使用 PB，但我个人觉得它并不能算是最好的：IDL 定义和接口比较死板、生硬，还不支持标准容器，只能用基本的数据类型，在现代 C++里显得"不太合群"，用起来有点儿别扭。

　　PB 的另一个缺点是官方支持的编程语言太少，通用性较差，常用的 proto2 只支持 C++/Java/Python 等。后来的 proto3 增加了对 Go/Ruby 等的支持，但仍然不能和 JSON/MessagePack 相比。

5.2.4　数据序列化小结

　　本节介绍了 3 种数据交换格式：JSON/MessagePack/ProtoBuffer。

　　这 3 种数据格式各有特色，在很多领域都得到了广泛的应用，简单总结为以下要点。

- JSON 是纯文本，容易阅读，方便编辑，适用范围最广。
- MessagePack 是二进制，小巧高效，在开源界接受程度比较高。

- ProtoBuffer 是工业级的数据格式，注重安全和性能，多用在大公司的商业产品里。
- 有很多开源库支持这 3 种数据格式，官方的、民间的都有，应该选择适合自己的高质量库，必要的时候应该做些测试。

除了上面谈到的这 3 种，我们还可以尝试其他的数据格式，如 Avro/Thrift 等。虽然它们有点冷门，但也有自己的独到之处，例如天生支持 RPC、可选择多种序列化格式和传输方式等。

5.3   网络通信

有了 JSON/MessagePack/ProtoBuffer 等跨语言、跨平台的通用数据格式，接下来该怎么与外部通信交换呢？

我们首先想到的可能就是 Socket 网络编程，使用 TCP/IP 栈收发数据，这样不仅可以在本地的进程间通信，也可以在主机、机房之间异地通信。

大方向上这是没错的，但原生的 Socket API 非常底层，要考虑很多细节，比如 TIME_WAIT/CLOSE_WAIT/REUSEADDR 等，如果再加上异步就更复杂了。

虽然我们都看过、学过不少这方面的知识，对处理这些问题"胸有成竹"，但无论如何，Socket 建连/断连、协议格式解析、网络参数调整等都必须要自己动手做，想要"凭空"写出一个健壮、可靠的网络应用程序还是相当麻烦的。

所以，本节就来谈谈 C++里几个好用的轻量级网络通信库，它们能够让开发人员摆脱使用原生 Socket 编程的烦恼。①

5.3.1   libcurl

libcurl 源于 curl 项目，是 Linux 下网络工具 curl 的底层核心。

libcurl 经过了多年的开发和实际项目的验证，非常稳定、可靠，拥有上百万的用户，其中不乏 Apple/Facebook/Google/Netflix 等大公司。

它最早只支持 HTTP，但现在已经扩展到支持所有的应用层协议，比如 HTTPS/FTP/LDAP/SMTP 等，功能强大。

libcurl 使用纯 C 语言开发，兼容性、可移植性非常好，基于 C 接口可以很容易写出各种语言的封装，所以 Python/PHP/Go 等语言都有 libcurl 相关的库。

---

① 网络编程的另一种解决方案是 RPC，目前比较流行的有 Thrift/gRPC 等，但它们都属于重量级产品，用法很复杂，本书暂不介绍。

因为 C++兼容 C，所以我们也可以在 C++程序里直接调用 libcurl 来收发数据。

在使用 libcurl 之前，先要用 apt-get/yum 等工具安装开发库，再编译如链接：

```
apt-get install libcurl4-openssl-dev        # 用 apt-get 安装
g++ xxx.cpp -std=c++17 -lcurl ...           # 编译和链接
```

虽然 libcurl 支持很多协议，但常用的还是 HTTP。所以接下来也主要介绍 libcurl 的 HTTP 使用方法。

libcurl 的接口可以粗略地分成两大类：easy 系列和 multi 系列。其中 easy 系列是同步调用的，比较简单；multi 系列是异步的多线程调用，比较复杂。通常情况下，我们用 easy 系列就足够了。

使用 libcurl 收发 HTTP 数据的基本步骤有 4 个。

- curl_easy_init()创建一个句柄，类型是 CURL*。但我们完全没有必要关心句柄的类型，直接用 auto 推导就行。
- curl_easy_setopt()设置请求的各种参数，如请求方法、URL、header/体数据、超时、回调函数等，这是关键的操作。
- curl_easy_perform()发送数据，返回的数据会由回调函数处理。
- curl_easy_cleanup()清理句柄相关的资源，结束会话。

下面就用一个简短的例子来示范这 4 步：

```cpp
#include <curl/curl.h>                  // 包含头文件

auto curl = curl_easy_init();           // 创建 CURL 句柄
assert(curl);

curl_easy_setopt(curl,                  // 设置请求 URL
    CURLOPT_URL, "http://nginx.org");

auto res = curl_easy_perform(curl);     // 发送数据
if (res != CURLE_OK) {                  // 检查是否执行成功
    cout << curl_easy_strerror(res) << endl;
}

curl_easy_cleanup(curl);                // 清理句柄相关的资源
```

这段代码非常简单，重点是调用 curl_easy_setopt()设置了 URL 请求 NGINX 官网的首页，其他的都使用默认值即可。

由于没有设置自己的回调函数，因此 libcurl 会使用内部的默认回调，把得到的 HTTP 响应数据输出到标准流，也就是直接输出到屏幕上。

这个处理结果显然不是我们所期待的，所以如果想要自己处理返回的 HTTP 报文，就得写一个回调函数，实现业务逻辑。

因为 libcurl 是 C 语言实现的，所以回调函数必须是函数指针。不过现代 C++里也可以写 lambda 表达式，这利用了一个特别规定：无捕获的 lambda 表达式可以显式转换成一个函数指针。注意一定是"无捕获"，也就是说 lambda 表达式的引出符"[]"必须是空的，不能捕获任何外部变量。

所以只要多做一个简单的转型动作，我们就可以用 lambda 表达式直接写 libcurl 的回调，还能采用熟悉的函数式编程风格：

```
// 回调函数的原型
size_t write_callback(char* , size_t , size_t , void* );

curl_easy_setopt(curl, CURLOPT_WRITEFUNCTION,     // 设置回调函数
    (decltype(&write_callback))         // 使用 decltype 获取函数指针类型，进行显式转换
    []                                            // lambda 表达式
    (char *ptr, size_t size, size_t nmemb, void *userdata)
    {
      cout << "size = " << size * nmemb << endl;   // 简单地处理
      return size * nmemb;                         // 返回接收的字节数
    }
);
```

libcurl 的用法基本就是如此：开头的准备工作和结尾的清理工作都很简单，关键在于 curl_easy_setopt()这一步的参数设置。我们必须通过查文档知道该用哪些标志宏（比如设置头字段、添加请求体等）写大量单调重复的代码。

当然，如果我们自己用 C++包装一个类，就能够少敲点儿键盘。但不要着急，因为还有一个更好的选择，那就是 cpr。

5.3.2   cpr

cpr 是现代 C++对 libcurl 的封装，使用了很多 C++高级特性，对外的接口模仿了 Python 的 requests 库，非常简单、易用。

我们可以从 GitHub 上获取 cpr 的源码，再用 cmake 编译和链接：[①]

```
git clone git@github.com:whoshuu/cpr.git
cmake . -DUSE_SYSTEM_CURL=ON -DBUILD_CPR_TESTS=OFF
make && make install
```

① 1.5.0 之后的 cpr 要求 cmake 版本大于 3.15，而 Ubuntu 18.04 自带的 cmake 是 3.13 版本的，不满足要求，故本书使用的是 cpr 1.4.0。

```
g++ xxx.cpp -lcpr -lpthread -lcurl ...        # 编译和链接
```

和 `libcurl` 相比，`cpr` 用起来真的是太轻松了，不需要考虑什么初始化、设置参数、清理等杂事，调用函数 `Get()` 在一行语句里就能发送 GET 请求：

```
#include <cpr/cpr.h>                           // 包含头文件

auto res = cpr::Get(                           // GET 请求
        cpr::Url{"http://openresty.org"}       // 传递 URL
);
```

我们也不用写回调函数，HTTP 响应就是函数的返回值，用成员变量 `url/header/status_code/text` 就能够得到报文的各个组成部分：

```
cout << res.elapsed << endl;                   // 请求耗费的时间

cout << res.url << endl;                        // 请求的 URL
cout << res.status_code << endl;                // 响应的状态码
cout << res.text.length() << endl;              // 响应的体数据

for(auto& [k,v] : res.header) {                 // 响应的头字段类似 map
   cout << k << "=>"                            // 可以用结构化绑定获取
        << v << endl;
```

在 `cpr` 里，HTTP 的概念都被实现为相应的函数或者类，内部再将其转化为 `libcurl` 接口调用，如下。

- GET/HEAD/POST 等请求方法，使用同名的 `Get()`/`Head()`/`Post()` 函数。
- URL 使用 `Url` 类，它其实是 `string` 的别名。
- URL 参数使用 `Parameters` 类，key-valve 结构，近似 `map`。
- 请求头字段使用 `Header` 类，它其实是 `map` 的别名，使用定制的函数实现了大小写无关比较。
- Cookie 使用 `Cookies` 类，也是 key-valve 结构，近似 `map`。
- 请求体使用 `Body` 类。[①]
- 超时设置使用 `Timeout` 类。

这些函数和类的用法都非常自然、符合思维习惯，而且因为可以使用花括号初始化语法，如果以前用过 Python reqeusts 库的话一定会感到很亲切：

```
const auto url = "http://openresty.org"s;     // 访问的 URL
```

[①] 早期版本 cpr 的 Body 类设计得不是很好，其他的类都把标准容器作为成员，以组合的方式使用，而它却直接从 string 继承。

```
auto res1 = cpr::Head(                      // 发送 HEAD 请求
        cpr::Url{url}                       // 传递 URL
);

auto res2 = cpr::Get(                       // 发送 GET 请求
        cpr::Url{url},                      // 传递 URL
        cpr::Parameters{                    // 传递 URL 参数
            {"a", "1"}, {"b", "2"}}
);

auto res3 = cpr::Post(                      // 发送 POST 请求
        cpr::Url{url},                      // 传递 URL
        cpr::Header{                        // 定制请求头字段
          {"x", "xxx"},{"expect",""}},
        cpr::Body{"post data"},             // 传递体数据
        cpr::Timeout{200ms}                 // 超时时间
);
```

cpr 也支持异步处理，但它内部没有使用 libcurl 的 multi 接口，而是使用了标准库里的 future/async（参见第 4 章），和 libcurl 的实现相比既简单又好理解。

异步接口与同步接口的调用方式基本一样，只是名字多了个 "Async" 后缀，返回的是一个 future 对象，可以调用 wait()/get() 来获取响应结果：

```
auto f = cpr::GetAsync(                     // 异步发送 GET 请求
        cpr::Url{"http://openresty.org"}
);

auto res = f.get();                         // 等待响应结果
cout << res.elapsed << endl;                // 请求耗费的时间
```

有了 cpr，我们今后在 C++ 里写 HTTP 应用就不会那么痛苦，而是一种享受。

5.3.3　cinatra

libcurl/cpr 灵活、方便，但它们是 HTTP 客户端，只能向外发送请求，有的时候我们想在应用程序里自己实现 HTTP 服务，它们就派不上用场了。

开发一个功能完善的 HTTP 服务器可不是一件容易的工作，服务器 Apache/NGINX 都经过了长期的发展才达到了如今的程度。

不过如果我们只是想实现简单的 HTTP 服务器，不做过高要求的话，那么在 C++ 世界里还是有很多选择的，比如 cpprestsdk/boost.beast/libmicrohttpd 等。

这里我比较推荐的一个库是 cinatra，它基于 C++17 标准和 boost.asio，内部使用了大量 C++ 高级特性，支持 HTTP/HTTPS/WebSocket，使用起来非常方便，速度也很快。

cinatra 是一个纯头文件库，可以从 GitHub 直接下载。但因为它有外部依赖，所以在编译和链接时需要指定文件系统库和 boost.system 库：

```
git clone git@github.com:qicosmos/cinatra.git      # 下载源码

apt-get install libboost-system-dev                # 安装 boost.system 库

g++ xxx.cpp -std=c++17 -lstdc++fs -lboost_system -pthread ...
```

1. HTTP 服务

先来看一个例子，cinatra 只需要很少的代码就可以实现简单的 HTTP 服务：

```
#include <cinatra.hpp>                           // 包含头文件
using namespace cinatra;                         // 打开名字空间

const int max_threads = 2;                       // 服务器的线程数

http_server srv(max_threads);                    // 创建 HTTP 服务器对象

srv.listen("0.0.0.0", "80");                     // 指定监听 80 端口

auto handler = [](auto& req, auto& res) {         // 服务处理函数

   cout << req.raw_url() << endl;                // 获取 URL
   cout << "header: \n" << req.head() << endl;   // 获取 header

   res.set_status(status_type::ok);             // 设置返回的状态码
   res.set_content("hello http srv\n");         // 设置返回的内容
   res.build_response_str();                    // 构建响应数据
};                                               // 服务处理函数结束

srv.set_http_handler<GET>("/test", handler);     // 设置 URI 的处理函数
srv.run();                                       // 运行服务器
```

编译之后运行，我们再将 curl 作为客户端发送命令看看实际的效果：

```
curl '127.0.0.1/test?a=1&b=2'                     # 测试命令

/test?a=1&b=2                                     # 输出原始 URI
header:                                           # 输出 header 数据
GET /test?a=1&b=2 HTTP/1.1
Host: 127.0.0.1
User-Agent: curl/7.64.0
Accept: */*

hello http srv                                   # 服务器返回的数据
```

代码虽然只有不到 20 行，但信息量却比较大，我们来详细分析一下。

cinatra 里的服务器类是 http_server，在构造的时候需要指定内部的线程数量，具体可以根据 CPU 核数而定，这里我们用的是 2，即使用两个线程。

有了服务器对象后，我们需要调用成员函数 listen()，指定监听的地址和端口，如果是 "0.0.0.0" 就表示监听所有网卡上的端口，否则就只监听特定的地址端口组合。

cinatra 实现 HTTP 服务的关键是处理函数 handler()，使用泛型 lambda 表达式最方便，它有两个入口参数，分别是请求对象和响应对象。请求对象时有很多成员函数可用来获取 HTTP 请求信息，这里我们调用 raw_url()/head()，获取了客户端发送的 URI 和 header。然后我们用响应对象的成员函数 set_status()/set_content() 设置要返回给客户端的状态码、响应体数据，最后调用函数 build_response_str() 构建响应数据，发回客户端。

有了处理函数，我们还需要把它和 URI 关联起来，通过调用服务器对象的模板成员函数 set_http_handler，在模板列表里指定允许的请求方法 GET，在函数参数列表里绑定 URI "/test" 和处理函数 handler。

现在所有的准备工作都完成了，我们就可以调用 run() 让服务器运行起来。

2. 接口说明

对 cinatra 有了初步的印象之后，我们来看看它提供的接口。

很可惜，目前 cinatra 的文档还非常不完善，可以说是基本没有，虽然有一些示例代码，但缺乏详细的 API 参考，我们只能去阅读它的源码。

cinatra 里一些常用的接口如下。

- 状态码 status_type 是强类型枚举，只定义了 200/201/301/404/500 等少量常用的状态码，如果不够可以修改源码添加，注意不能直接用数字。
- request 类处理请求，提供了很多方法获取请求信息，除了之前的 raw_url()/head()，还可以调用 get_method() 获取请求方法，调用 get_header_value() 获取单个头字段，调用 get_query_value() 获取查询字段，调用 body() 获取请求体数据。
- response 类处理响应，可以调用 add_header() 添加头字段，调用 clear_headers() 清空头字段，而调用函数 set_status_and_content() 可以一次性完成发送响应的工作。
- http_server 是服务器类，可以调用 port_in_use() 检查端口是否被占用，调用 set_keep_alive_timeout() 设置超时时间，调用 set_http_handler() 指定 URI 的处理函数，还可以调用 set_not_found_handler() 指定默认的 URI 处理函数。

下面再用一个略复杂的例子来演示这些接口的用法：

```cpp
const auto max_threads = 2;                      // 服务器的线程数
const auto addr = "0.0.0.0"s;                    // 指定监听地址
const auto port = 80;                            // 80 端口

http_server srv(max_threads);                    // 创建 HTTP 服务器对象

if (srv.port_in_use(port)) {                     // 检查端口是否被占用
  cout << "port_in_use" << endl;
  return;
}

srv.set_keep_alive_timeout(30);                  // 超时时间 30 秒
srv.listen(addr, to_string(port));               // 指定监听 80 端口

srv.set_not_found_handler(                       // 设置默认的 URI 处理函数
  [](auto& req, auto& res) {                     // 就地定义 lambda 表达式
    res.set_status_and_content(                  // 设置返回的内容为 403
      status_type::forbidden, "code:403\n");     // 默认禁止访问
  });

srv.set_http_handler<GET, POST>(                 // 处理 GET/POST 请求
  "/api",                                        // 指定处理 URI 的函数
  [](auto& req, auto& res) {                     // 就地定义 lambda 表达式
    auto method = req.get_method();              // 获取请求方法

    if (method == "GET") {                       // 检查请求方法
      res.set_status_and_content(                // 如果是 GET，则返回 404
            status_type::not_found, "code:404\n");
      return;
    }

    assert(method == "POST");                    // 只处理 POST 请求

    if (!req.has_body()) {                       // 检查是否有 body
      res.set_status_and_content(                // 无 body，则返回 400
            status_type::bad_request, "code:400\n");
      return;
    }

    res.add_header("Metroid", "Prime");          // 新增一个响应头字段

    res.set_status_and_content(                  // 设置返回的内容
        status_type::ok,                         // 状态码是 200 OK
        format("host:{}\ndata:{}\n",             // 格式化输出
                req.get_header_value("host"),    // 取 Host 请求头字段
                req.body()));                    // 取体数据
```

```
    });

    srv.run();                                              // 运行服务器
```

在这段代码里，我们先检查了端口 80 是否被占用，然后调用了 set_not_found_handler()，指定如果找不到 URI 处理函数就返回 403。

接下来的 set_http_handler 是服务的重点，它只允许 GET/POST 请求。GET 返回 404，POST 先检查有无 body，无 body 返回 400，有 body 就用 format 库格式化一个字符串作为响应内容输出。

使用多个 curl 命令测试的结果如下：

```
curl '127.0.0.1/xxx'                        # 不支持的 URI
code:403                                    # 返回 403

curl '127.0.0.1/api'                        # GET 请求
code:404                                    # 返回 404

curl '127.0.0.1/api' -d 'abcd' \            # POST 请求
  -H 'Content-type: text/plain'             # 需要指定 text/plain
host:127.0.0.1                              # 输出 Host 请求头字段
data:abcd                                   # 输出体数据

curl '127.0.0.1/api' -X DELETE              # DELETE 请求
code:403                                    # 返回 403

curl '127.0.0.1/api' -d 'xxx'  -v \         # POST 请求，输出详细信息
  -H 'Content-type: text/plain'             # 需要指定 text/plain
< HTTP/1.1 200 OK                           # 响应状态行
< Metroid:Prime                             # 新增的头字段
```

3. HTTPS 服务

HTTP 是明文的，容易被窃听或者篡改，很不安全，而 HTTPS 运行在 SSL/TLS 协议之上，传输过程完全加密，能够有效地抵御各种黑客攻击。

cinatra 基于底层的 boost.asio 和 OpenSSL，也能够提供 HTTPS 服务，不过因为要读取磁盘上的证书并做加密/解密运算，所以在编译的时候要多链接几个库：

```
g++ xxx.cpp   -std=c++17 -lstdc++fs \       # 指定 C++17 和文件系统库
              -lssl -lcrypto ...            # 指定 OpenSSL 库
```

HTTPS 服务器的开发过程与 HTTP 服务器的基本相同，但要使用专门的服务器类 http_ssl_server，再调用成员函数 set_ssl_conf() 设置服务器的证书和私钥，才能够保证服务器与客户端实现 SSL/TLS 握手。

假设我们现在有证书文件 `a.com.crt` 和私钥文件 `a.com.key`，就可以开发一个简单的 HTTPS 服务器：

```
http_ssl_server srv(1);                      // 创建 HTTP 服务器对象

srv.set_ssl_conf(                            // 设置 SSL/TLS 必需的参数
        {"./a.com.crt", "./a.com.key"});     // 证书和私钥文件

srv.listen("0.0.0.0", "443");                // 指定监听 443 端口

srv.set_http_handler<GET>(                   // 处理 GET 请求
  "/",                                       // 指定处理 URI
  [](auto& req, auto& res) {                 // 就地定义 lambda 表达式

    cout << req.get_header_value("host");    // 取 Host 请求头字段

    res.set_status_and_content(              // 设置返回的内容
        status_type::ok, "hello https srv\n");
});

srv.run();                                   // 运行服务器
```

这段代码的关键是服务器对象的创建和设置证书的操作，之后操作与 `http_server` 完全一样。

实验环境里用的是自签名证书，所以进行 `curl` 测试的时候要注意使用 "`-k`" 参数，且不验证证书的有效性，否则 `curl` 会拒绝连接：

```
curl 'https://127.0.0.1' -k               # GET 请求
host: 127.0.0.1                           # 输出 Host 请求头字段
hello https srv                           # 输出响应数据

curl --resolve a.com:443:127.0.0.1 \      # 强制指定域名解析
      'https://a.com' -kv                 # 要求输出详细信息

* TLSv1.3 (OUT), TLS handshake, Client hello (1):
* TLSv1.3 (IN), TLS handshake, Server hello (2):
* TLSv1.3 (OUT), TLS handshake, Finished (20):
* SSL connection using TLSv1.3 / TLS_AES_256_GCM_SHA384
* Server certificate:
*  subject: CN=a.com
*  issuer: CN=a.com
```

4. 其他功能

以上只介绍了 cinatra 基本的 HTTP/HTTPS 功能，其实它还拥有很多方便、实用的功能，

例如缓存、表单解析、异步客户端、文件的上传/下载等，这些就需要读者自行研究了。

5.3.4   ZMQ

`libcurl/cpr/cinatra` 处理的都是 HTTP，虽然用起来很方便，但协议自身也有一些限制，比如必须要一来一回，必须点对点直连，在超大数据量通信的时候就不是太合适了。

我们还需要一个更底层、更灵活的网络通信工具，它应该弥补 `libcurl/cpr/cinatra` 的不足，要快速、高效，同时支持客户端和服务端编程，这就要用到 ZMQ。[①]

其实 ZMQ 不仅是一个单纯的网络通信库，还是一个高级的异步并发框架。

从名字上就可以看出来，"Zero Message Queue"（零延迟的消息队列），意味着它除了可以收发数据外，还可以用作消息中间件，解耦多个应用服务之间的强依赖关系，搭建高效、有弹性的分布式系统，从而超越原生的 Socket。

作为消息队列，ZMQ 的另一大特点是零配置、零维护、零成本，不需要搭建额外的代理服务器，只要安装了开发库就能够直接使用，相当于把消息队列功能直接嵌入应用程序：

```
apt-get install libzmq3-dev                    # apt-get 安装
g++ zmq.cpp -lzmq -lpthread ...                # 编译和链接
```

ZMQ 是用 C++开发的，但出于兼容的考虑，对外提供的是纯 C 接口。不过它也有很多 C++封装，这里选择的是自带的 cppzmq 库，虽然比较简单，但也基本够用了。

1. 工作模式

由于 ZMQ 把自身定位于更高层次的异步消息队列，因此它的用法不像 Socket/HTTP 那么简单、直白，而是定义了 5 种不同的工作模式，来适应实际中常见的网络通信场景。

这 5 种模式如下。

- 原生模式（RAW）：没有消息队列功能，相当于底层 Socket 的简单封装。
- 结对模式（PAIR）：两个端点一对一通信。
- 请求响应模式（REQ-REP）：两个端点一对一通信，但请求必须有响应。
- 发布订阅模式（PUB-SUB）：一对多通信，一个端点发布消息，多个端点接收并处理消息。
- 管道模式（PUSH-PULL）：或者叫流水线，可以一对多，也可以多对一（见图 5-1）。

---

① ZMQ 的原作者后来又开发出了一个新的网络通信库 nanomsg，改进了一些 ZMQ 设计的不足，但应用得不是很广，后来就停止维护了。

前 4 种模式类似 HTTP、Client-Server 架构，比较简单。实际中比较常用的是它独特的管道模式，非常适合进程间无阻塞传输海量数据，也有点儿 map-reduce 的意思。

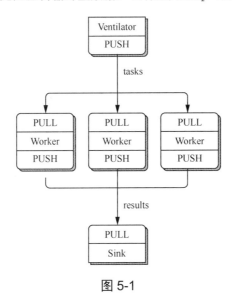

图 5-1

2．开发接口

在 ZMQ 里有两个基本的类。

第一个 context_t 用于定义 ZMQ 的运行环境，使用 ZMQ 的任何功能前必须先创建它。

第二个 socket_t 表示 ZMQ 的套接字，创建时需要指定一种工作模式。注意它与原生 Socket 没有任何关系，只是借用了名字以便于理解。

下面的代码声明了一个全局的 ZMQ 环境变量，并定义了一个 lambda 表达式，创建 ZMQ 套接字：

```
const auto thread_num = 1;               // 并发线程数

zmq::context_t context(thread_num);      // ZMQ 环境变量

auto make_sock = [&](auto mode)          // 定义一个 lambda 表达式
{
    return zmq::socket_t(context, mode); // 创建 ZMQ 套接字
};
```

和原生 Socket 一样，ZMQ 套接字也必须关联到一个确定的地址才能收发数据，但它不仅支持 TCP/IP，还支持进程内和进程间通信，这在本机交换数据时会更高效。

- TCP 地址形式："tcp://...",指定 IP 地址和端口号。
- 进程内的地址形式："inproc://...",指定一个本地可访问的路径。
- 进程间地址的形式："ipc://...",指定一个本地可访问的路径。

用 bind()/connect() 这两个函数把 ZMQ 套接字连接起来之后,我们就可以用 send()/recv() 来收发数据了,示例代码如下:

```cpp
auto addr = "ipc:///dev/shm/zmq.sock"s;      // 通信地址

auto receiver = [=]()                         // 定义 lambda 表达式接收数据
{
    auto sock = make_sock(ZMQ_PULL);          // 创建 ZMQ 套接字,接收数据

    sock.bind(addr);                          // 绑定套接字
    assert(sock.connected());

    zmq::message_t msg;
    sock.recv(&msg);                          // 接收消息

    string s = {msg.data<char>(), msg.size()};
    cout << s << endl;
};

auto sender = [=]()                           // 定义 lambda 表达式发送数据
{
    auto sock = make_sock(ZMQ_PUSH);          // 创建 ZMQ 套接字,发送数据

    sock.connect(addr);                       // 连接到对端
    assert(sock.connected());

    string s = "hello zmq";
    sock.send(s.data(), s.size());            // 发送消息
};
```

这段代码实现了两个基本的客户端和服务器,看起来好像没什么特别的。但应该注意,

使用 ZMQ 完全不需要考虑底层的 TCP/IP 通信细节,它会保证消息异步、安全、完整地到达服务器,让我们关注网络通信上更有价值的业务逻辑。

ZMQ 的用法比较简单,但想要进一步发掘它的潜力,处理大流量的数据还是要去看它的文档,选择合适的工作模式,再仔细调节各种参数,也可以参考第 7 章。

下面再分享两个实际工作中会比较有用的细节。

一个是 ZMQ 环境的线程数。它的默认值是 1,太小了,适当增大可以提高 ZMQ 的并发处理能力。我一般用的是 4~6,具体设置为多少最好还是通过性能测试来验证。

另一个是收发消息时的本地缓存数量，ZMQ 的术语是"High Water Mark"。如果收发的数据过多，当数量超过 HWM 的值时，ZMQ 要么阻塞、要么丢弃消息。

HWM 需要调用套接字的成员函数 setsockopt() 来设置，注意收发使用的是两个不同的标志：[1]

```
sock.setsockopt(ZMQ_RCVHWM, 1000);      // 接收消息最多缓存 1000 条
sock.setsockopt(ZMQ_SNDHWM, 100);       // 发送消息最多缓存 100 条
```

5.3.5　网络通信小结

本节简略讨论了 C++里的 4 个网络库，关键知识点列举如下。

- libcurl 是一个功能完善、稳定可靠的应用层通信库，常用的是 HTTP。
- cpr 是对 libcurl 的 C++封装，接口简单、易用。
- libcurl/cpr 都只能作为 HTTP 客户端来使用，编写 HTTP/HTTPS 服务端应用可以选择 cinatra。
- ZMQ 是一个高级的网络通信库，支持多种通信模式，可以把消息队列功能直接嵌入应用程序，搭建出高效、灵活、免管理的分布式系统。

目前，C++20 标准里虽然有了协程，但还没有提供上层的网络编程支持库。不过预计 C++23 会加入期待已久的标准网络库 networking。它基于已经过多年实践的 boost.asio，统一封装了操作系统的各种异步机制（epoll/kqueue/IOCP），相信会让我们的网络通信工作更加轻松。

5.4　多语言混合编程

C++高效、灵活、强大，使用现代特性再加上标准库和第三方库，它几乎"无所不能"。

但是 C++也有自己的"阿喀琉斯之踵"，那就是语言复杂、学习曲线陡峭、开发周期长、排错/维护成本高等。

这些不足之处在 20 多年前还不那么明显，因为那个时候大家的生活节奏都比较慢，有的是时间来慢慢"打磨"。但现在就不同了，互联网高速发展，要求必须快速开发、快速迭代，有可能今天打一个盹，明天别人就跑到前面去了。

现在的软件开发更看重生产率而不是性能，越早做出来越好。而目前的 C++还不能完全适应这样的开发流程，所以"战线"不断收缩，逐渐退到了后端、底层等领域。

---

[1] HWM 设置成多大都可以，比如我就曾经在一个高并发系统里用过 100 万以上的值。不用担心，ZMQ 会把一切都处理得很好。

不过我们也不必灰心，一家独大不是好事，百家争鸣才更有利于社会进步。这个时候 C++也要有"甘当人梯"的精神，辅助其他语言搭建混合系统，尽量扬长避短，做好关键、核心的部分，这样才能展现出 C++应有的价值。[①]

本节介绍两种轻便的脚本语言，即 Python/Lua，看看 C++如何与它们实现无缝对接：以 C++为底层基础，以 Python/Lua 为上层建筑，共同搭建起高性能、易维护、可扩展的混合软件系统。

5.4.1 Python

Python 是一种流行的脚本语言，一直在 TIOBE 榜单里占据前 3 名的位置，而且在新兴的大数据、人工智能、科学计算等领域也都有着广泛的应用。很多大公司都长期招聘 Python 程序员，就是看中了它的高生产率。

Python 本身有 C 接口，可以用 C 语言编写扩展模块，把一些低效、耗时的功能改用 C 实现，有的时候会把整体性能提升几倍甚至几十倍。

但使用纯 C 语言编写扩展模块非常麻烦，能不能利用 C++的高级特性来简化这部分工作呢？

很多人都想到了这个问题，于是就出现了一些专门的 C++/Python 工具，使用 C++来开发 Python 扩展模块，其中我认为最好的一个就是 pybind11。

pybind11 借鉴了"前辈"Boost.Python，能够在 C++/Python 之间自由转换，任意翻译两者的语言要素：比如把 C++的 vector 转换为 Python 的列表，把 Python 的元组转换为 C++的 tuple，既可以在 C++里调用 Python 脚本，也可以在 Python 里调用 C++的函数、类。[②]

pybind11 名字里的"11"表示它完全基于现代 C++开发（C++11 以上），所以没有兼容旧系统的负担。它使用了大量的现代 C++特性，代码不仅干净整齐，运行效率也高。

pybind11 是一个纯头文件的库，但因为必须结合 Python，所以首先要有 Python 的开发库，然后用 pip 工具安装。

pybind11 支持 Python 2.7/Python 3/PyPy 等，本书使用的是 Python 3，安装命令如下：

```
apt-get    install python3-dev
apt-get    install python3-pip
pip3       install pybind11
```

---

① 由于当前的操作系统、虚拟机、解释器、引擎等很多都是用 C/C++编写的，所以使用 C++可以很容易地编写各种底层模块，为上层的 Java/Go 等语言提供扩展功能。

② 在 10 多年前，我曾经用过 Boost.Python（当时还没有 C++11），因为要兼容 C++98/Python2.x，所以它显得有些"重"，没有 pybind11 那么轻便。

1. C++定义模块

pybind11 充分利用了 C++预处理和模板元编程，把原本无聊、重复的代码都隐藏了起来，展现了"神奇的魔法"。我们只要用宏"PYBIND11_MODULE"，再给它两个参数，Python 模块名和 C++实例对象名——只需要短短几行代码，就可以实现一个 Python 扩展模块：

```cpp
#include <pybind11/pybind11.h>        // pybind11 的头文件

PYBIND11_MODULE(pydemo, m)           // 定义 Python 模块 pydemo
{
  m.doc() = "pybind11 demo doc";     // 模块的说明文档
}                                    // Python 模块定义结束
```

代码里的 pydemo 就是 Python 里的模块名，之后在 Python 脚本里必须用这个名字才能导入。

第二个参数 m 其实是 pybind11::module 的一个实例对象，封装了所有的操作，比如这里的 doc() 就是模块的说明文档。它只是个普通的变量，起什么名字都可以，但为了写起来方便，一般用 m。

假设这个 C++源文件名是"pybind.cpp"，现在我们就可以用 G++把它编译成在 Python 里调用的模块了，不过编译命令有点儿复杂：

```
g++ pybind.cpp                                    \    #编译的源文件
  -std=c++17 -shared -fPIC                        \    #编译成动态库
  `python3 -m pybind11 --includes`                \    #获得包含路径
  -o pydemo`python3-config --extension-suffix`         #生成的动态库名字
```

这里的第一行指定了编译的源文件，第二行指定了编译成动态库，第三行调用了 Python，获得 pybind11 所在的包含路径，让 G++能够找得到头文件，第四行是关键，指定了生成的动态库名字，前面必须是源码里的模块名，而后面则是 Python 要求的扩展名，否则 Python 运行时会找不到模块。

编译完后大概会生成一个这样的文件：pydemo.cpython-37m-x86_64-linux-gnu.so。现在就可以在 Python 里验证，使用 import 导入，然后用 help 查看模块说明：

```
$ python3
>>> import pydemo
>>> help(pydemo)
```

2. C++定义函数

刚才的代码非常简单，只是个空模块，里面除了文档说明什么都没有。下面再来看看怎么把 C++的函数导入 Python。

我们需要用的是 def()，给它传递一个 Python 函数和 C++的函数、函数对象或者 lambda 表达式，形式上和 Python 的函数差不多：

```
namespace py = pybind11;                          // 定义名字空间别名，简化代码

PYBIND11_MODULE(pydemo, m)                         // 定义 Python 模块 pydemo
{
  m.def("info",                                    // 定义 Python 函数
    []()                                           // 定义一个 lambda 表达式
    {
      py::print("c++ version =", __cplusplus);  // pybind11 自己的输出函数
      py::print("gcc version =", __VERSION__);
      py::print("libstdc++  =", __GLIBCXX__);
    }
  );

  m.def("add",                                     // 定义 Python 函数
    [](int a, int b)                               // 有参数的 lambda 表达式
    {
      return a + b;
    }
  );
}                                                  // Python 模块定义结束
```

这样我们就非常轻松地实现了两个 Python 函数，在 Python 里可以验证效果：

```
import pydemo                                       # 导入 pybind11 模块
pydemo.info()                                       # 调用 C++ 写的函数
x = pydemo.add(1,2)                                 # 调用 C++ 写的函数
```

pybind11 也支持函数的参数、返回值使用标准容器，会将其自动转换成 Python 里的 list/dict，不过需要额外包含一个名为 "stl.h" 的头文件。

下面的示例代码演示了 C++的 string/tuple/vector 是如何用于 Python 的：

```
#include <pybind11/stl.h>                          // 转换标准容器必需的头文件

PYBIND11_MODULE(pydemo, m)                          // 定义 Python 模块 pydemo
{
  m.def("use_str",                                 // 定义 Python 函数
    [](const string& str)                          // 传入 string
    {
      py::print(str);
      return str + "!!";                           // 返回 string
    }
  );

  m.def("use_tuple",                               // 定义 Python 函数
```

```cpp
        [](tuple<int, int, string> x)              // 传入 tuple
        {
            get<0>(x)++;
            get<1>(x)++;
            get<2>(x) += "??";
            return x;                              // 返回 tupie
        }
    );

    m.def("use_list",                             // 定义 Python 函数
        [](const vector<int>& v)                   // 传入 vector
        {
            auto vv = v;
            py::print("input :", vv);
            vv.push_back(100);
            return vv;                             // 返回 vector
        }
    );
}
```

3. C++定义类

因为都是面向对象的编程语言，C++里的类也能够等价地转换到 Python 里面调用，这要用到一个特别的模板类"class_"。注意，它有意模仿了关键字"class"，后面多了一个下画线。

假设有一个简单的 Point 类：

```cpp
class Point final
{
public:
    Point() = default;                            // 默认构造函数
    Point(int a);
public:
    int get() const;
    void set(int a);
};
```

我们需要在class_的模板参数里写上这个类名，然后在构造函数里指定它在 Python 里的名字。在导出成员函数时还是调用函数 def()，但 class_ 会返回对象自身的引用，所以可以连续调用，在一句话里导出所有接口：

```cpp
py::class_<Point>(m, "Point")                     // 定义 Python 类
    .def(py::init())                              // 导出默认构造函数
    .def(py::init<int>())                         // 导出有参数的构造函数
    .def("get", &Point::get)                      // 导出成员函数
    .def("set", &Point::set)                      // 导出成员函数
    ;
```

类的一般成员函数的定义方式和普通函数的一样，只是必须加上取地址操作符 "&"，把它写成函数指针的形式。而类的构造函数的定义方式则比较特殊，必须调用 init() 函数，如果有参数，还需要在 init() 函数的模板参数列表里写清楚。

pybind11 的功能非常丰富，刚才说的只是一些基本、实用的功能。如果我们在工作中需要重度使用 Python，那么可以参考一下它的文档，学习一下异常、枚举、智能指针等其他 C++ 特性的用法，有机会就多用，尽量挖掘出它更多的价值。

显而易见，pybind11 把 C++ 紧密地整合进 Python 应用里，能够让 Python 跑得更快、更顺畅。pybind11 必将成为 Python 用户的得力助手。

5.4.2　Lua

Lua 号称"最快的脚本语言"，小巧而高效，在游戏开发领域，它基本成为一种通用的工作语言。[①]

Lua 与其他语言最大的不同点在于它的设计目标：不追求"大而全"，而追求"小而美"。Lua 自身只有很小的语言核心，能做的事情很少。但正是因为它小，才能够很容易地嵌入其他语言里，为"宿主"添加脚本编程的能力，让宿主更容易扩展和定制。

标准的 Lua（PUC-Rio Lua）使用解释器运行，速度虽然很快，但和 C/C++ 比起来还是有差距的。所以我们还可以选择另一个兼容的项目：LuaJIT。它使用了即时（Just In Time，JLT）技术，能够把脚本代码即时编译成机器码，速度几乎可以媲美原生 C/C++。[②]

不过 LuaJIT 也有一个问题，它属于个人项目，更新比较慢。所以本书推荐改用它的一个非官方分支：OpenResty-LuaJIT。它由 OpenResty 开源社区负责维护，非常活跃，并且修复了很多小错误。

LuaJIT 只以源码方式提供，所以需要自己从 GitHub 下载之后编译并安装：

```
git clone git@github.com:openresty/luajit2.git
make && make install
```

和 Python 一样，Lua 也有 C 接口可用来编写扩展模块，但因为它比较小众，所以 C++ 项目不是很多。本书使用的是 LuaBridge，虽然它没有用到太多的 C++11 新特性，但简单、好用。

LuaBridge 是一个纯头文件的库，只要下载下来，再把头文件复制到包含路径即可完成安装：[③]

[①] Lua 的名字来历很有意思，它的前身叫 Sol，在葡萄牙语里是"太阳"的意思，而 Lua 是"月亮"的意思，同时名字也暗喻了它依赖宿主语言的含义（卫星必须围绕着行星转）。

[②] 有测试数据表明，通常情况下 JIT 编译后 Lua 代码的运行效率只比 C/C++ 代码低 10% 左右。

[③] Lua/LuaJIT 都是用纯 C 语言写的，所以在包含头文件的时候不要忘记用 extern "C"。

```
git clone git@github.com:vinniefalco/LuaBridge.git
```

1. C++嵌入 Lua

和前面说的 pybind11 类似，LuaBridge 也定义了很多的类和方法，可以把 C++函数、类注册后让 Lua 调用。

但因为现在有了 LuaJIT，所以本书不建议用这种方式，我们应该使用 LuaJIT 内置的 ffi（foreign function interface）库。它能够在 Lua 脚本里直接声明、调用接口函数，不需要任何的注册动作，更加简单、方便——而且这种做法还越过了 Lua 传统的栈操作，速度也更快。

使用 ffi 唯一要注意的是它只能识别纯 C 接口，不认识 C++，所以在写 Lua 扩展模块的时候，内部可以用 C++，但对外的接口必须转换成纯 C 函数。

下面定义了一个简单的 add() 函数和一个全局变量，注意必须要用 extern "C"声明：

```cpp
extern "C" {                         // 使用纯 C 语言的对外接口
int num = 10;                        // 全局变量和函数
int my_add(int a, int b);
}                                    // 声明结束

int my_add(int a, int b)             // 一个简单的函数，供 Lua 调用
{
    return a + b;
}
```

然后我们就可以用 G++把源码编译成动态库。这里不像 pybind11，动态库编译没有什么特别的选项：

```
g++ lua_shared.cpp -std=c++11 -shared -fPIC -o liblua_shared.so
```

有了生成的动态库之后，在 Lua 脚本里首先要用 ffi.cdef 声明要调用的接口，再用 ffi.load 加载动态库，这样 LuaJIT 就会把动态库所有的接口都引进 Lua，然后我们就能在脚本随便调用了：

```lua
local ffi = require "ffi"                    -- 加载 ffi 库
local ffi_load = ffi.load                    -- 函数别名
local ffi_cdef = ffi.cdef

ffi_cdef[[                                    // 声明 C 接口
int num;
int my_add(int a, int b);
]]

local shared = ffi_load("./liblua_shared.so")   -- 加载动态库
```

```
print(shared.num)                              -- 调用 C 接口
local x = shared.my_add(1, 2)                  -- 调用 C 接口
```

2. Lua 嵌入 C++

在 ffi 的帮助下，Lua 调用 C 接口几乎是零工作量，但这并不能完全发挥出 Lua 的优势。

和 Python 不一样，Lua 很少独立运行，大多数情况下都要嵌入在宿主语言里被宿主调用，然后回调底层接口，利用它的"胶水"特性去黏合业务逻辑。

要在 C++里嵌入 Lua，首先要调用函数 luaL_newstate()创建一个 Lua 虚拟机，所有的 Lua 功能都要在它上面执行。

因为 Lua 是用 C 语言写的，Lua 虚拟机用完之后必须要用函数 lua_close()关闭，所以最好用 RAII 技术写一个类来自动管理。可惜的是，LuaBridge 没有对此封装，所以只能我们自己动手了。

下面的代码用了第 4 章介绍过的智能指针 shared_ptr，利用 lambda 表达式创建虚拟机，顺便再打开 Lua 基本库：

```cpp
auto make_luavm = []()                     // 利用 lambda 表达式创建虚拟机
{
    std::shared_ptr<lua_State> vm(          // 智能指针
        luaL_newstate(), lua_close          // 创建虚拟机对象，设置删除函数
    );
    luaL_openlibs(vm.get());                // 打开 Lua 基本库

    return vm;                              // 返回设置好的 Lua 虚拟机
};
#define L vm.get()                          // 获取原始指针，定义为宏方便使用
```

在 LuaBridge 里一切 Lua 数据都被封装成了 LuaRef 类，完全屏蔽了 Lua 底层那难以理解的栈操作。Lua 数据可以隐式或者显式地转换成对应的数字、字符串等基本类型，如果是表，就可以用"[]"访问成员，如果是函数，也可以直接传参调用，非常直观、易懂。

使用 LuaBridge 访问 Lua 数据时必须要注意一点：它只能用函数 getGlobal()访问全局变量，所以如果想在 C++里调用 Lua 功能，就一定不能用"local"修饰。

下面的代码先创建了一个 Lua 虚拟机，然后获取了 Lua 内置的 package 模块，输出里面的默认搜索路径 path 和 cpath：

```cpp
auto vm = make_luavm();                    // 创建 Lua 虚拟机
auto package = getGlobal(L, "package");    // 获取内置的 package 模块

string path  = package["path"];            // 默认的 Lua 脚本搜索路径
string cpath = package["cpath"];           // 默认的动态库搜索路径
```

我们还可以调用 luaL_dostring()/luaL_dofile() 这两个函数直接执行 Lua 代码片段或者外部的脚本文件。不过要注意，luaL_dofile() 每次调用都会从磁盘载入文件，所以效率较低。如果是频繁调用，最好把代码读进内存，存成一个字符串，再调用 luaL_dostring() 执行：

```
luaL_dostring(L, "print('hello lua')");  // 执行 Lua 代码片段
luaL_dofile(L, "./embedded.lua");         // 执行外部的脚本文件
```

在 C++ 里嵌入 Lua 还有另外一种方式：提前在脚本里写好一些函数，加载后在 C++ 里逐个调用，这种方式比执行整个脚本更灵活。

具体的做法也很简单，先用 luaL_dostring() 或者 luaL_dofile() 加载脚本，然后调用 getGlobal() 从全局表里获得封装的 LuaRef 对象，就可以像普通函数一样执行了。由于 Lua 是动态语言，变量不需要显式声明类型，因此写起来就像 C++ 的泛型函数，但却更简单：

```
string chunk = R"(                      --Lua 代码片段
    function say(s)                     --Lua 函数 1
        print(s)
    end
    function add(a, b)                  --Lua 函数 2
        return a + b
    end
)";

luaL_dostring(L, chunk.c_str());        // 执行 Lua 代码片段

auto f1 = getGlobal(L, "say");          // 获得 Lua 函数
f1("say something");                    // 执行 Lua 函数

auto f2 = getGlobal(L, "add");          // 获得 Lua 函数
auto v = f2(10, 20);                    // 执行 Lua 函数
```

我们只要掌握上面的这些基本用法，合理地划分出 C++ 与 Lua 的职责边界，再发挥想象力和创造力，就可以搭建出"LuaJIT + LuaBridge + C++"的高性能应用，实现运行效率与开发效率兼得。比如用 C++ 写底层的框架、引擎，将暴露出各种调用接口作为"业务零件"，再用灵活的 Lua 脚本去组合这些零件，编写上层的业务逻辑。

5.4.3　多语言混合编程小结

本节介绍了如何使用 Python/Lua 这两种脚本语言配合 C++ 搭建混合软件系统。

Python 很"大众"，但比较复杂、性能不是特别高；而 Lua 比较"小众"，很小巧，LuaJIT 可以让它的运行速度变得极快。我们可以结合自己的实际情况来选择这两门语言，评判的标准可以是语言的熟悉程度、项目的功能/性能需求、开发的难易度等。

本节的关键知识点列举如下。

- C++高效、灵活，但开发周期长，成本高，在混合系统里可以辅助其他语言，编写各种底层模块，提供扩展功能，从而扬长避短。
- pybind11 是一个优秀的 C++/Python 绑定库，只需要写很简单的代码，就能够把函数、类等 C++ 要素导入 Python。
- Lua 是一种小巧、快速的脚本语言，它的兼容项目 LuaJIT 运行速度更快。
- 使用 LuaBridge 可以导出 C++ 的函数、类，但直接用 LuaJIT 的 ffi 库更好。
- 使用 LuaBridge 也可以执行 Lua 脚本、调用 Lua 函数，让 Lua 在 C++里运行。

5.5　性能分析

程序经过调试和测试这两个步骤之后就可以上线运行了，进入很难的性能分析阶段。不过，什么是性能分析呢？

我们可以把它与 Code Review 作对比。Code Review 是一种静态的程序分析方法，在编码阶段通过观察源码来优化程序、找出隐藏的 bug。而性能分析是一种动态的程序分析方法，在运行阶段采集程序的各种信息，再整合、研究，找出软件运行的瓶颈，为进一步优化性能提供依据，指明方向。

从这个粗略的定义里可以看到，性能分析的关键就是测量，用数据说话。没有实际数据的支撑，优化根本无从谈起。即使做了优化，也可能只是漫无目的的"不成熟优化"；即使优化成功了，也可能只是"瞎猫碰上死耗子"。

性能分析的范围非常广，我们可以从 CPU 利用率、内存占用率、网络吞吐量、系统延迟等许多维度来评估。

本节只讲解多数时候非常看重的 CPU 性能分析。因为 CPU 利用率通常是评价程序运行的好坏时最直观、最容易获取的指标，优化它可能是提升系统性能最快速的手段。而其他的几个维度也大多与 CPU 分析相关，可以达到以点带面的效果。

5.5.1　外部查看

性能分析的关键是测量，而测量就需要使用工具，那么该选什么工具、又该怎么用这些工具呢？

其实 Linux 系统内置了很多用于性能分析的工具，比如 top/sar/vmstat/netstat 等。但 Linux 的性能分析工具太多、太杂，有点"乱花渐欲迷人眼"的感觉，想要学会并用在实际项目里，不下一番狠功夫是不行的。

根据这些年的经验，我挑选了 4 个“高性价比”的工具：top/pstack/strace/perf。它们用起来比较简单，但实用性很强，可以观测到程序很多外部参数和内部函数的调用，从而快速入门性能分析，由内而外、由表及里地分析程序性能。

1. top

top 通常是性能分析的“起点”。无论我们开发的是什么样的应用程序，输入 top 命令并运行，就能够简单、直观地看到 CPU、内存等几个关键的性能指标。

top 展示出来的各项指标的含义非常丰富。下面介绍的几个操作要点能够帮助你快速地抓住它展示的关键信息。

一个是按“M”键，看内存占用（RES/MEM），另一个是按“P”键，看 CPU 占用，这两个指标都会从大到小自动排序，便于找出最耗费资源的进程。①

另外我们也可以按组合键“xb”，然后用“<>”手动选择排序的列，这样查看起来更自由。

我曾经做过一个“魔改”NGINX 的实际项目，图 5-2 展示的就是一次使用 top 查看性能的结果。

```
  PID USER      PR  NI  VIRT  RES  SHR S %CPU %MEM    TIME+  COMMAND
10380 root      20   0 3512m 2.6g  13m S 105.9  4.2   0:55.15 nginx
10378 root      20   0 2065m 1.7g 2788 S 97.9  2.7   0:17.92 nginx
10466 root      20   0 1482m 1.0g 7932 S 78.2  1.7   0:19.92 nginx
10447 root      20   0 1482m 1.0g 7936 S 77.9  1.7   0:19.83 nginx
10434 root      20   0 1482m 1.0g 7936 S 77.2  1.7   0:19.83 nginx
10459 root      20   0 1482m 1.0g 7940 S 76.2  1.7   0:19.84 nginx
10384 root      20   0 1522m 1.1g 8528 S 70.2  1.8   0:28.31 nginx
10392 root      20   0 1523m 1.1g 8528 S 69.9  1.7   0:28.38 nginx
10402 root      20   0 1522m 1.1g 8512 S 69.9  1.8   0:28.45 nginx
10412 root      20   0 1522m 1.1g 8528 S 69.9  1.7   0:27.34 nginx
10425 root      20   0 1570m 1.1g 8528 S 69.9  1.7   0:27.46 nginx
10427 root      20   0 1522m 1.1g 8528 S 69.9  1.7   0:28.04 nginx
10381 root      20   0 1570m 1.1g 8528 S 69.6  1.7   0:28.78 nginx
10419 root      20   0 1570m 1.1g 8528 S 69.6  1.7   0:28.45 nginx
10377 root      20   0 1042m 813m  480 S  0.0  1.3   0:00.05 nginx
10564 root      20   0 99.9m 7660  492 S  0.0  0.0   0:00.00 nginx
10565 root      20   0  162m  63m 2200 S  0.0  0.1   0:00.36 nginx
10567 root      20   0  122m  27m 2164 S  0.0  0.0   0:00.13 nginx
10568 root      20   0  157m  58m 2228 S  0.0  0.1   0:00.83 nginx
10569 root      20   0  162m  63m 2204 S  0.0  0.1   0:00.73 nginx
```

图 5-2

从 top 的输出结果里我们可以看到进程运行的概况，知道 CPU 利用率、内存占用率。如果发现某个指标超出了预期，就说明可能存在问题，接下来就应该采取更具体的措施去进一步分析。

比如，某个进程的 CPU 利用率太高，怀疑有问题，就要深入进程内部，看看到底是哪些操作消耗了 CPU。

① 在 top 中查看内存时要注意 VIRT/RES/SHR 的区别。VIRT 是进程使用的虚拟内存，RES 是进程使用的实际内存，SHR 是进程使用的共享内存。VIRT 一般会很大，我们要重点关注的是 RES。

2. pstack/strace

这时我们可以选用两个工具：pstack/strace。

pstack 可以输出进程的调用栈信息，有点儿像给正在运行的进程拍了个快照，能看到某个时刻的进程里调用的函数和它们之间的关系，对进程的运行有个初步的印象。

图 5-3 显示了一个进程的部分调用栈，可以看到有好几个 ZMQ 的线程在收发数据。

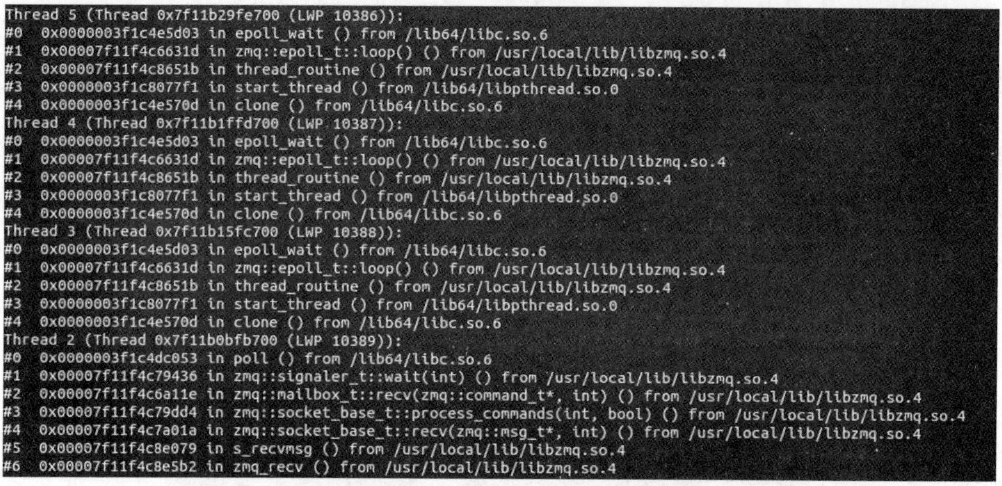

```
Thread 5 (Thread 0x7f11b29fe700 (LWP 10386)):
#0  0x0000003f1c4e5d03 in epoll_wait () from /lib64/libc.so.6
#1  0x00007f11f4c6631d in zmq::epoll_t::loop() () from /usr/local/lib/libzmq.so.4
#2  0x00007f11f4c8651b in thread_routine () from /usr/local/lib/libzmq.so.4
#3  0x0000003f1c8077f1 in start_thread () from /lib64/libpthread.so.0
#4  0x0000003f1c4e570d in clone () from /lib64/libc.so.6
Thread 4 (Thread 0x7f11b1ffd700 (LWP 10387)):
#0  0x0000003f1c4e5d03 in epoll_wait () from /lib64/libc.so.6
#1  0x00007f11f4c6631d in zmq::epoll_t::loop() () from /usr/local/lib/libzmq.so.4
#2  0x00007f11f4c8651b in thread_routine () from /usr/local/lib/libzmq.so.4
#3  0x0000003f1c8077f1 in start_thread () from /lib64/libpthread.so.0
#4  0x0000003f1c4e570d in clone () from /lib64/libc.so.6
Thread 3 (Thread 0x7f11b15fc700 (LWP 10388)):
#0  0x0000003f1c4e5d03 in epoll_wait () from /lib64/libc.so.6
#1  0x00007f11f4c6631d in zmq::epoll_t::loop() () from /usr/local/lib/libzmq.so.4
#2  0x00007f11f4c8651b in thread_routine () from /usr/local/lib/libzmq.so.4
#3  0x0000003f1c8077f1 in start_thread () from /lib64/libpthread.so.0
#4  0x0000003f1c4e570d in clone () from /lib64/libc.so.6
Thread 2 (Thread 0x7f11b0bfb700 (LWP 10389)):
#0  0x0000003f1c4dc053 in poll () from /lib64/libc.so.6
#1  0x00007f11f4c79436 in zmq::signaler_t::wait(int) () from /usr/local/lib/libzmq.so.4
#2  0x00007f11f4c6a11e in zmq::mailbox_t::recv(zmq::command_t*, int) () from /usr/local/lib/libzmq.so.4
#3  0x00007f11f4c79dd4 in zmq::socket_base_t::process_commands(int, bool) () from /usr/local/lib/libzmq.so.4
#4  0x00007f11f4c7a01a in zmq::socket_base_t::recv(zmq::msg_t*, int) () from /usr/local/lib/libzmq.so.4
#5  0x00007f11f4c8e079 in s_recvmsg () from /usr/local/lib/libzmq.so.4
#6  0x00007f11f4c8e5b2 in zmq_recv () from /usr/local/lib/libzmq.so.4
```

图 5-3

不过，pstack 显示的只是进程的一个静态截面，信息量有点儿少，而 strace 可以显示出进程正在运行的系统调用，实时查看进程与系统内核交换了哪些信息，如图 5-4 所示。

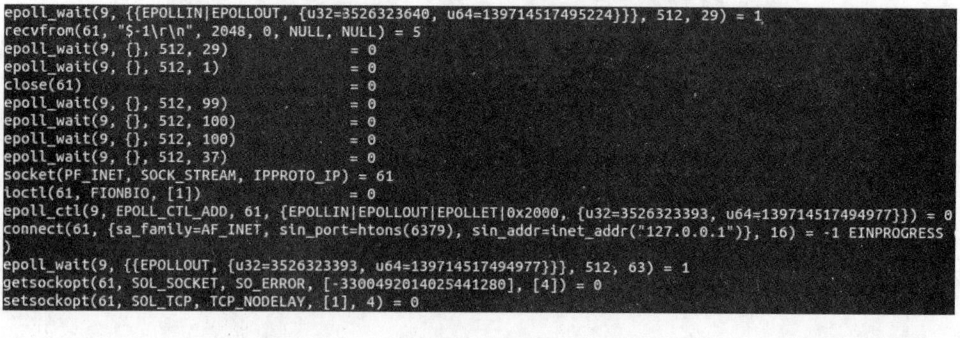

```
epoll_wait(9, {{EPOLLIN|EPOLLOUT, {u32=3526323640, u64=139714517495224}}}, 512, 29) = 1
recvfrom(61, "$-1\r\n", 2048, 0, NULL, NULL) = 5
epoll_wait(9, {}, 512, 29)             = 0
epoll_wait(9, {}, 512, 1)              = 0
close(61)                              = 0
epoll_wait(9, {}, 512, 99)             = 0
epoll_wait(9, {}, 512, 100)            = 0
epoll_wait(9, {}, 512, 100)            = 0
epoll_wait(9, {}, 512, 37)             = 0
socket(PF_INET, SOCK_STREAM, IPPROTO_IP) = 61
ioctl(61, FIONBIO, [1])                = 0
epoll_ctl(9, EPOLL_CTL_ADD, 61, {EPOLLIN|EPOLLOUT|EPOLLET|0x2000, {u32=3526323393, u64=139714517494977}}) = 0
connect(61, {sa_family=AF_INET, sin_port=htons(6379), sin_addr=inet_addr("127.0.0.1")}, 16) = -1 EINPROGRESS (
)
epoll_wait(9, {{EPOLLOUT, {u32=3526323393, u64=139714517494977}}}, 512, 63) = 1
getsockopt(61, SOL_SOCKET, SO_ERROR, [-3300492014025441280], [4]) = 0
setsockopt(61, SOL_TCP, TCP_NODELAY, [1], 4) = 0
```

图 5-4

把 pstack/strace 结合起来，我们大概就可以知道进程在用户空间和内核空间都干了些什么。当进程的 CPU 利用率过高、过低的时候，我们就有很大概率能直接发现瓶颈所在。

3．perf

不过更多的时候，我们也可能会一无所获，毕竟利用 pstack/strace 这两个工具获得的只是表面信息，数据的含金量较低，难以做出有效的决策，还是得靠"猜"。要拿到更有说服力的数据，就得 perf 出场了。

perf 算是 pstack/strace 的高级版，它按照固定的频率去采样，相当于连续执行多次的 pstack，然后统计函数的调用次数，计算出与总数相应的百分比。只要采样的频率足够大，把这些瞬时截面组合在一起，就可以得到进程运行时的可信数据，比较全面地描述出 CPU 的使用情况。[①]

一个常用的 perf 命令是"perf top -K -p x"，表示查看 ID 是"x"的进程，函数按 CPU 利用率排序，而且只看用户空间的调用，这样很容易就能找出最耗费 CPU 的函数。

图 5-5 显示的进程把大部分 CPU 时间都消耗在了 ZMQ 库上，其中内存复制调用居然达到了近 30%，是不折不扣的消耗"大户"。所以，只要能把这些复制操作减少一点，就能在一定程度上提升性能。

```
Samples: 32K of event 'cycles', Event count (approx.): 10141127269
Overhead  Shared Object          Symbol
 28.03%   libc-2.12.so           [.] __memcpy_ssse3
  4.92%   libzmq.so.4            [.] zmq::msg_t::size
  3.87%   libzmq.so.4            [.] zmq::socket_base_t::send
  3.13%   libzmq.so.4            [.] zmq::ypipe_t<zmq::msg_t, 256>::flush
  2.86%   libzmq.so.4            [.] zmq::msg_t::init_size
  2.81%   libjemalloc.so.2       [.] je_extent_heap_remove_first
  2.57%   libzmq.so.4            [.] zmq::pipe_t::read
  2.34%   libjemalloc.so.2       [.] malloc
  2.23%   libzmq.so.4            [.] zmq::pipe_t::write
  2.03%   libzmq.so.4            [.] zmq::ypipe_t<zmq::msg_t, 256>::write
  1.96%   libpthread-2.12.so     [.] pthread_mutex_trylock
  1.95%   libjemalloc.so.2       [.] free
  1.87%   nginx                  [.]
  1.73%   libzmq.so.4            [.] zmq::lb_t::sendpipe
  1.51%   libjemalloc.so.2       [.] extent_recycle
  1.50%   libjemalloc.so.2       [.] je_arena_tcache_fill_small
  1.42%   libzmq.so.4            [.] zmq::ypipe_t<zmq::msg_t, 256>::read
  1.42%   libzmq.so.4            [.] zmq::decoder_base_t<zmq::v2_decoder_t>::decode
  1.28%   libjemalloc.so.2       [.] je_tcache_bin_flush_small
  1.20%   libjemalloc.so.2       [.] extent_split_impl
  1.20%   libjemalloc.so.2       [.] arena_dalloc_bin_locked_impl
  1.13%   libzmq.so.4            [.] zmq::fq_t::recvpipe
  1.11%   libjemalloc.so.2       [.] je_extent_avail_remove
  1.08%   libjemalloc.so.2       [.] arena_bin_malloc_hard
  0.89%   libjemalloc.so.2       [.] je_extent_avail_first
  0.88%   libpthread-2.12.so     [.] pthread_mutex_unlock
  0.79%   libzmq.so.4            [.] zmq::pipe_t::check_write
```

图 5-5

总之，使用 perf 通常可以快速定位系统的瓶颈，帮助我们找准性能优化的方向（读者也可以自己尝试多用 perf 分析各种进程，比如 Redis/MySQL，观察它们都在干什么）。

[①] perf 的性能分析基于采样，所以数据只具有统计意义，每次的分析结果不可能完全相同，只要数据大体上一致就没有问题。

5.5.2　内部分析

top/pstack/strace/perf 属于非侵入式的分析工具，不需要修改源码，就可以在软件的外部观察、收集数据。它们虽然方便、易用，但毕竟是"隔岸观火"，不能非常细致地分析软件，效果不太理想。

所以，我们还需要有侵入式的分析工具，在源码里"埋点"，直接写专门的性能分析代码。这样针对性更强，能够有目的地对系统的某个模块做精细化分析，拿到更准确、更详细的数据。

其实我们对这种做法并不陌生，比如计时器、计数器、关键节点输出日志等，只是通常并没有上升到性能分析的高度，手法比较"原始"。

在这里就要推荐一个专业的源码级性能分析工具：Google Performance Tools，一般简称为 gperftools。它是一个 C++工具集，里面包含数个专业的性能分析工具，分析效果直观、友好、易理解，已被广泛地应用于很多系统，经过了充分的实际验证。[①]

gperftools 必须在系统里安装后才能使用，相关命令如下：

```
apt-get install google-perftools              # 使用 apt-get 安装
apt-get install libgoogle-perftools-dev

g++ xxx.cpp -std=c++17 -lprofiler ...         # 编译和链接
```

gperftools 的性能分析工具有 CPUProfiler、HeapProfiler 两种，分别用于分析 CPU 和内存。不过如果我们总是使用智能指针、标准容器，不使用 new/delete，就完全可以不用关心 HeapProfiler。

1．基本用法

CPUProfiler 的原理和 perf 差不多，也是按频率采样，默认是每秒 100 次（100Hz），也就是每 10 毫秒采样一次程序的函数调用情况。

它的用法也比较简单，只需要在源码里添加 3 个函数。

- ProfilerStart()用于启动性能分析，把数据存入指定的文件里。
- ProfilerRegisterThread()用于允许对线程做性能分析。
- ProfilerStop()用于停止性能分析。

我们只要把想做性能分析的代码"夹"在这 3 个函数之间即可。代码运行后，gperftools

---

① gperftools 里还有一个更出名的库 tcmalloc，它是一个高效的内存分配器，比 GCC 默认的内存分配器 ptmalloc 快很多。

就会自动产生分析数据。

为了写起来方便，我们还可以用 shared_ptr 实现自动管理功能。这里利用了 void* 和空指针，可以在智能指针析构的时候执行任意代码（简单的 RAII 惯用法）：

```
auto make_cpu_profiler =              // 用 lambda 表达式启动性能分析
[](const string& filename)            // 传入性能分析的数据文件名
{
  ProfilerStart(filename.c_str());    // 启动性能分析
  ProfilerRegisterThread();           // 对线程做性能分析

  return std::shared_ptr<void>(       // 返回智能指针
    nullptr,                          // 空指针，只用来占位
    [](void*){                        // 删除函数，执行停止动作
       ProfilerStop();                // 停止性能分析
    }
  );
};
```

下面的代码示范了对标准库正则表达式的性能分析：

```
auto cp = make_cpu_profiler("case1.perf");   // 指定文件，启动性能分析
auto str = "neir:automata"s;

for(int i = 0; i < 1000; i++) {              // 循环 1000 次
  auto reg = make_regex(R"(^(\w+)\:(\w+)$)");  // 正则表达式对象
  auto what = make_match();

  assert(regex_match(str, what, reg));       // 正则匹配
}
```

上述代码特意在 for 循环里定义了正则表达式对象，现在就可以用 gperftools 来分析一下，这种方式有什么性能问题。

源码编译并运行后会得到一个名为 "case1.perf" 的文件，里面就是 gperftools 的分析数据。但它是二进制的，不能直接查看，如果想要获得可读的信息，还需要另外一个工具脚本 pprof。

不过 pprof 脚本并不在 apt-get 的安装包里，所以还要从 GitHub 上下载源码，然后用 "--text" 选项分析数据，输出文本形式的分析报告：

```
git clone git@github.com:gperftools/gperftools.git

pprof --text ./a.out case1.perf > case1.txt
```

```
Total: 72 samples
    4    5.6%    5.6%    4    5.6% __gnu_cxx::__normal_iterator::base
    4    5.6%   11.1%    4    5.6% _init
    4    5.6%   16.7%    4    5.6% std::vector::begin
    3    4.2%   20.8%    4    5.6% __gnu_cxx::operator-
    3    4.2%   25.0%    5    6.9% std::__distance
    2    2.8%   27.8%    2    2.8% __GI___strnlen
    2    2.8%   30.6%    6    8.3% __GI___strxfrm_l
    2    2.8%   33.3%    3    4.2% __dynamic_cast
    2    2.8%   36.1%    2    2.8% __memset_sse2
    2    2.8%   38.9%    2    2.8% operator new[]
```

pprof 的文本分析报告和 perf 的很像，也列出了函数的采样次数和百分比，但因为是源码级的采样，会看到大量的内部函数细节，虽然很详细却很难找出重点。

2. 火焰图

好在 pprof 也能输出图形化的分析报告，支持有向图和火焰图（需要提前安装 Graphviz 和 FlameGraph）：[①]

```
apt-get install graphviz
git clone git@github.com:brendangregg/FlameGraph.git
```

然后我们就可以使用 "--svg" "--collapsed" 等选项，生成更直观、易懂的图形报告了：

```
pprof --svg ./a.out case1.perf > case1.svg          # 生成有向图

pprof --collapsed ./a.out case1.perf > case1.cbt    # 折叠调用栈
flamegraph.pl case1.cbt > flame.svg                 # 生成火焰图
flamegraph.pl --invert --color aqua \               # 生成冰柱图
              case1.cbt > icicle.svg
```

下面就以火焰图来"看图说话"（见图 5-6）。

图 5-6 所示的火焰图实际上是倒置的冰柱图，显示的是自顶向下查看函数的调用栈，图中的每一个方格就是一个函数，长度表示它的调用次数，也就是占用的 CPU 时间。

由于 C++有名字空间、类、模板等特性，函数的名字都很长，火焰图看起来有点费劲，不过还是比纯文本要直观一些。从中我们可以很容易地看出，正则表达式占用了绝大部分的 CPU 时间，再仔细观察的话就会发现，_Compiler() 这个函数是真正的"罪魁祸首"。

---

① 火焰图由布伦丹·格雷格（Brendan Gregg）发明，把函数堆栈折叠为可视化的集合，从全局视角查看整个程序的调用栈执行情况。因为它像一簇簇燃烧的火苗，所以被称为火焰图。

图 5-6

找到了问题所在，现在我们就可以优化代码了，即把创建正则表达式对象的语句提到循环外面：

```cpp
auto reg  = make_regex(R"(^(\w+)\:(\w+)$)");      // 正则表达式对象
auto what = make_match();

for(int i = 0; i < 1000; i++) {                    // 循环 1000 次
  assert(regex_match(str, what, reg));             // 正则匹配
}
```

再运行程序我们就会发现程序瞬间执行完毕，而且因为优化效果太好，gperftools 甚至都来不及采样，没有产生分析数据。

gperftools 的官方文档里还列出了更多的用法，比如使用环境变量和信号来控制启动和停止性能分析，或者链接 tcmalloc 库，优化 C++的内存分配速度……感兴趣的读者可以自行阅读，深入了解。

5.5.3　性能分析小结

本节介绍了运行阶段里的性能分析，它能够回答为什么系统不够好（not good enough），而调试和测试回答的是为什么系统不好（not good）。

本节的关键知识点列举如下。

- 最简单的性能分析工具之一是 top，使用它可以快速查看进程的 CPU、内存使用情况。
- pstack/strace 能够显示进程在用户空间和内核空间的函数调用情况。

- perf 通过以一定的频率采样来分析进程，统计各个函数的 CPU 利用率。[①]
- gperftools 是侵入式的性能分析工具，能够生成文本或者图形化的分析报告，支持生成直观的火焰图。

性能分析与优化是一门艰深的课题，也是一个广泛的议题，CPU、内存、网络、文件系统、数据库等，每一个方向都可以再引出无数的话题。

本节介绍的仅仅是对初学者很有用的内容，学习难度不高，容易上手，见效快。希望读者能以此为契机，在今后的日子里多用、多实际操作本节介绍的分析工具，并且不断去探索、应用其他分析工具，综合运用它们给程序把脉，才能让 C++在运行阶段跑得更好、更快、更稳，才能不辜负前面编码、预处理和编译阶段的苦心与努力。

5.6　常见问题解答

Q：对于相同的功能，标准库和 Boost 程序库该如何选择呢？

A：我们需要了解标准库和 Boost 程序库各自的特点。

标准库是编译器自带的，不需要额外安装，使用方便。但这也是它的缺点，有可能受限于编译器、C++语言的版本无法使用某些特性，无法自由升级或者降级。

Boost 程序库的侧重点是对各种编译器和 C++标准版本的兼容，使用它就可以在 C++世界里实现"一次书写，到处运行"。但这也是 Boost 程序库的缺点，"历史包袱"导致它很难使用最新的语言特性，有的解法会显得比较笨拙、不够优雅。

因此如何选择这两者还是要看我们的实际需求：如果平台固定，总是能够在较新的编译器上开发，就应该选择标准库；如果要跨系统、跨编译器开发，就应该选择 Boost 程序库来保证代码的兼容性。

Q：Boost 程序库里的组件都可以拿来就用吗？

A：总体而言，Boost 程序库的质量是非常高的，可以认为具有"工业强度"，能够直接用于生产环境。

但还需要注意一点，因为多种原因，Boost 库里的某些组件可能长期没有更新和维护，这意味着它们可能存在潜在的隐患或者性能问题。对于这些不是很活跃的组件在使用的时候就应当慎重，最好先去网上搜一下有没有同类的替代品。

我个人不太推荐使用的 Boost 组件有 Serialization/Lambda/ConceptCheck 等，它们都有超过 10 年的历史，感觉有点落后于时代了。

---

① perf 采样得到的数据也可以转换生成火焰图，可参考火焰图的 GitHub 仓库说明文档。

Q：使用计时器测量，挂钟时间与 CPU 时间差很多，这是怎么回事？

A：要理解计时器的含义就要对操作系统的进程调度有所了解。简单来说，进程只有两种状态：on-CPU/off-CPU。on-CPU 表示 CPU 在执行进程的代码，off-CPU 表示进程被调离 CPU，处于休眠或者阻塞状态。

所以挂钟时间就是 on-CPU 时间加上 off-CPU 时间，而 on-CPU 时间又可以细分成 user 时间和 system 时间。如果挂钟时间很多，而 CPU 时间很少，就表示进程没有充分利用 CPU，大部分时间都处于阻塞或等待状态，比如等待磁盘、网络、睡眠等待等，存在优化的空间。

Q：为什么要有序列化和反序列化，直接使用 memcpy 复制内存数据行不行呢？

A：memcpy 是简单的内存数据导出，没有格式，容易受硬件体系架构、编程语言的影响（很明显的就是字节序列的大小端问题），而且数据也没有压缩，体积大，传输不方便。

序列化则不同，它按照特定的规则对数据编码或解码，屏蔽了硬件和软件的各种差异，是一种通用的格式，能够在不同系统、不同语言之间任意交换，而且通常会压缩数据，非常高效（不过 JSON 是文本格式，以方便人类阅读为目的，数据量反而会增大很多）。

Q：使用 cinatra 是不是就可以开发出高性能的 HTTP 服务器了？

A：HTTP 服务器需要的不仅是高性能，更重要的是稳定性和安全性，要实现这些，无论是 cinatra 还是其他框架都不可能做得很完善。如果我们自己开发 HTTP 服务器对外提供服务，直接暴露在互联网的高并发、高风险的环境下，那么最好的后果是服务器瘫痪，最坏的后果是服务器有漏洞被黑客入侵，丢失机密的商业数据。

所以系统里的关键节点还是应该使用久经考验的 Apache/NGINX，内部用 JavaScript/Lua 编写调度逻辑，再反向代理到其他的后端服务，保证整个系统的性能和安全。

我们自己编写的 HTTP 服务器最好只用于轻量业务，如果要用于核心主业务就必须做各种测试和审查，但这样可能会导致开发成本提高，需要综合评估再决定。

Q：ZMQ 与其他 RPC 框架相比有什么区别？

A：两者的定位不同，功能上也就有偏重。ZMQ 是消息中间件，可以保证消息不丢失，准确送达，但不解释消息内容。RPC 是远程调用，适用于请求-响应的场景，发送消息有明确的目的，之后一般会有特定的功能性结果。

因为 ZMQ 是更底层一些的网络传输库，所以应用范围更广，能够实现多样的网络通信系统。

Q：使用脚本语言与 C++ 搭建混合系统有什么好处？

A：这就是所谓的优势互补。脚本语言的天生优势是灵活、高产，劣势是性能低，而 C++ 则刚好相反，开发效率低，运行性能高。所以我们可以把两者结合起来，用脚本语言实现业务逻辑的快速迭代，用 C++实现核心的性能模块，让它们都能够"扬长避短"，最终得到一个强化了两者优点而弱化了两者缺点的混合系统。

Q：C++/Python 搭配适合实现大型高并发、高性能的服务端吗？

A：C++/Python 混合编程没问题，但要实现"大型高并发、高性能的服务端"，可能就没那么简单了。

因为 C++偏向在底层写高性能组件，Python 偏向在上层实现业务逻辑，而服务器应用一般业务比较多，大部分代码可能都是 Python，这样就难以发挥 C++的高性能优势。

如果要实现混合编程，我们就需要仔细划分两者的功能区，找出系统的关键部分或者瓶颈，把这部分用 C++来改写，才能达到事半功倍的效果。

Q：Python 和 Lua 哪个比较好？

A：这个很难说，应该说没有正确的答案。任何编程语言都有它自己的优势和适合的场合，没有"最好的语言"。简单地比较两个语言很难得到公平的结果。

我个人认为，Python 是一门通用的语言，擅长的领域是数据处理和人工智能，而 Lua 是嵌入型语言，必须要结合另一门宿主语言才能发挥实力，在一些专业领域（如游戏、CDN）很有竞争力。

Q：有什么检查内存泄漏的好方法？

A：常用的工具是 Valgrind，我们也可以用 gperftools 里的 HeapProfiler，还可以使用 SystemTap 得到内存火焰图。

但最好的方法是从根本的写代码上解决内存泄露，尽量不用 new/delete，而是用智能指针、容器、内存池等工具库，让内存管理自动化。

第 6 章 C++与设计模式

设计模式是一门通用的技术，是指导软件开发的"金科玉律"，它不仅渗透进了 C++语言和库的设计（当然也包括其他编程语言），还是成为高效 C++程序员必不可缺的"心法"和"武器"。

掌握了设计模式，理解了语言特性、库和工具后面的指导思想，我们就可以做到"知其然，更知其所以然"。以好的用法为榜样，以坏的用法为警示，扬长避短，更好地运用 C++。

本章的内容是我这些年实践经验的提炼和总结，包括学好设计模式的核心方法和在 C++里应用设计模式的方法。希望本章能帮读者快速掌握、用好设计模式，从而写出高效、易维护的代码。

6.1　设计模式简介

虽然 C++支持多范式编程，但面向对象编程毕竟还是它的根基，而且面向对象编程也通用于当前各种主流的编程语言。所以学好、用好面向对象编程，对于学习 C++来说非常有用。

但是，想要得到良好的面向对象设计并不是一件容易的事情。

因为每个人自身的能力、所在的层次、看问题的角度都不同，仅凭直觉"对现实建模"，很有可能会生成一些大小不均、职责不清、关系混乱的对象，最后搭建出一个虽然可以运行，但难以理解、难以维护的系统。因此，设计模式应运而生。

它系统地描述了一些软件开发中的常见问题、应用场景和对应的解决方案，给出了专家级别的设计思路和指导原则。

按照设计模式去创建面向对象的系统，就像由专家来"手把手""帮传带"，不能说绝对是"最优解"，但至少是"次优解"。

而且在应用设计模式的过程中，我们还可以从中亲身体会这些经过实际证明的成功经验，潜移默化地影响自己思考问题的方式。从长远来看，学习和应用设计模式能够提高自己的面向对象设计水平。

经典的《设计模式》一书里面介绍了 23 种模式，并依据设计目的把它们分成了三大类：创建型模式、结构型模式和行为模式。[①]

这 3 类模式分别对应了开发面向对象系统的 3 个关键问题：如何创建对象，如何组合对象，以及如何处理对象之间的动态通信和职责分配。解决了这三大问题，软件系统的架子也就基本上搭出来了。

23 种模式看起来好像不是很多，但它们的内涵和外延都是非常丰富的，不然也不会有数不清的相关论文和图书了，所以需要从多角度、多方面去评价、审视模式。

那该怎么做才好呢？

我们可以看一下《设计模式》的原书，它用了一个很全面的体例来描述模式，包括名称、别名、动机、结构、示例、效果、相关模式等。

虽然有点儿琐碎、啰唆，但必须承认，这种严谨，甚至是有些刻板的方式能够相对全面地介绍模式，强迫你从横向、纵向、深层、浅层、抽象、具体等各个角度来研究、思考。这个过程能够帮助我们真正掌握设计模式的内核。

模式里的结构和实现方式直接表现为代码，可能是较容易学习的部分，但我认为这些反而是最不重要的。

我们更应该去关注它的参与者、设计意图、面对的问题、应用的场合、后续的效果等代码之外的部分，这些通常比实现代码更重要。

因为代码是"死"的，只能限定由某几种语言实现，而模式中发现问题、分析问题、解决问题的思路是"活"的，适用性更强，这种思考"What/Where/When/Why/How"并逐步得出结论的过程，才是设计模式的专家经验的真正价值。

6.2　设计原则简介

很多人在学习设计模式的时候还是有些困惑：它们是专家经验的总结不假，但专家们是如何察觉、发现、探索出这些模式的呢？

而且模式真的完全只是"固定的套路"吗？有没有什么更高层次的思想来指导我们呢？换句话说，有没有"设计'模式'的模式"呢？

其实这个真的有，而这些更高层次的指导思想我们可能也听说过，它们被通称为设计原则。

---

① 《设计模式》一书里收录了 23 种设计模式，但实际存在的、有用的模式远不止这些。

不过，可能是因为我最先接触、研究的是设计模式，所以后来再看到这些原则的时候，认同感就没有那么强烈了。

虽然它们都说得很对，但没有像设计模式那样给出完整、准确的论述。所以我觉得它们有点儿"飘"，缺乏可操作性，在实践中不好把握使用的方式。

但另一方面，这些原则也确实提炼出了软件设计里最本质、最基本的东西，就好像欧几里得五公设、牛顿三定律一样：初看上去似乎很浅显、直白，但仔细品味就会发现可以应用到任何系统里，所以了解它们还是很有必要的。

下面我就来讲讲对设计原则的理解和看法，再结合 C++ 和设计模式，一起来加深认识，进而在 C++ 里用好它们。

6.2.1　SOLID 原则

设计原则中常被提及的有 5 个，也就是常说的"SOLID"，如下。

- 单一职责原则（Single Responsibility Principle，SRP）。
- 开闭原则（Open Closed Principle，OCP）。
- 里氏替换原则（Liskov Substitution Principle，LSP）。
- 接口隔离原则（Interface-Segregation Principle，ISP）。
- 依赖反转原则，有的时候也叫依赖倒置原则（Dependency Inversion Principle，DIP）。

1．单一职责原则

单一职责原则简单来说就是"不要做多余的事"，更常见的说法就是"高内聚、低耦合"。在设计类的时候，要尽量缩小粒度，使功能明确、单一，不要设计出"大而全"的类。

使用单一职责原则，经常会得到很多"短小、精悍"的对象，这时就需要应用设计模式来组合、复用它们了，例如使用工厂来分类创建对象，使用适配器、装饰、代理来组合对象，使用外观来批量封装对象等。

C++标准库里的大部分组件都应用了单一职责原则，比如容器 array/vector/set、算法 for_each/sort/find 等，它们只专注做好自己的"分内事"，小巧而灵活，所以很容易组合起来协同工作。

单一职责原则的一个反例是字符串类 string，它集成了字符串和字符容器的双重身份，接口复杂，学习成本高，让人无所适从（所以我们应该只把它当作字符串，而把字符容器的工作交给 vector<char>）。

2. 开闭原则

开闭原则也许是"最模糊"的设计原则了,通常的表述是"对扩展开放,对修改关闭",但没有说具体该怎么做。

我们可以反过来理解这个原则,在设计类的时候问一下自己,这个类封装得是否足够好,是否可以不改变源码就能够增加新功能。如果答案是否定的(要改源码),就说明违反了开闭原则。

应用开闭原则的关键是做好封装,隐藏内部的具体实现细节,然后开放足够的接口,这样外部的客户代码就可以只通过接口去扩展功能,而不必侵入类的内部。

我们可以在一些结构型模式和行为模式里找到开闭原则的影子:比如使用桥接模式让接口保持稳定,而另一边的实现任意变化;又比如使用迭代器模式让集合保持稳定,改变访问集合的方式只需要变动迭代器。

C++语言里的 `final` 关键字也是实践开闭原则的"利器",把它用在类和成员函数上,可以有效地防止子类的修改。

3. 里氏替换原则

里氏替换原则的意思是子类必须能够完全替代父类。

这个原则还是比较好理解的,也就是说子类不能改变、违反父类定义的行为。例如第 3 章介绍的关于长方形和鸟类的例子,它们就违反了里氏替换原则。

不过因为 C++支持泛型编程,而且我也不建议多用继承,所以在 C++里我们只要了解一下它就好。

4. 接口隔离原则

接口隔离原则和单一职责原则有点像,但侧重点是对外的接口而不是内部的功能,目标是尽量简化、归并给外界调用的接口,避免写出大而不当的"面条类"。

大多数结构型模式都可以用来实现接口隔离,比如,使用适配器来转换接口,使用装饰模式来增加接口,使用外观来简化复杂的接口。

C++里的智能指针 `unique_ptr/shared_ptr/weak_ptr` 也在一定程度上实践了接口隔离原则,对复杂的接口做了简化,将其分解成了多个不同的小范围接口,用起来也就更容易、更安全。

5. 依赖反转原则

依赖反转原则是一个比较难懂的原则,我的理解是上层要避免依赖下层的实现细节,下层要反过来依赖上层的抽象定义,也就是所谓的反转、倒置,说白了大概就是上下级之间的解耦。

模板方法模式可以算是比较明显的依赖反转的例子，父类定义主要的操作步骤，子类必须遵照这些步骤去实现具体的功能。

更广义一点，如果单从解耦的角度来理解，存在上下级调用关系的设计模式都可以算是依赖反转，比如抽象工厂、桥接、适配器等。

6.2.2　DRY/KISS 原则

在常用的 SOLID 原则之外还有很多其他的设计原则，其中我觉得有两个比较有用：DRY 和 KISS。

DRY 即 "Don't Repeat Yourself"，字面上可直译为 "不要重复你自己"。它很好理解，简单来说就是写代码的时候多思考，用更好的方式重用代码，而不是 "无脑" 地复制代码。

KISS 即 "Keep It Simple Stupid"，意思更明确，就是要让功能实现尽量简单、直白、易理解，最好是 "傻瓜都能看懂"，不是为了炫技而绕来绕去，无故增加代码的复杂度。

总的来说，这两个原则比较贴近编码实现，含义都是要让代码尽量保持简洁，避免重复，对人友好，减少隐藏的错误。如果我们看到有人写出了多处相似的代码，或者好几层的 if/else/switch，再或者复杂的类继承体系，就说明违反了这两个原则。

DRY/KISS 在 C++里也可以有很多方式去实现，比如用宏、const 代替字面值，用 lambda 表达式就地定义函数，多使用容器、算法和第三方库等。

6.3　解读设计模式

学习了设计模式和设计原则之后，我们就可以具体来了解在 C++里是怎么应用单件、工厂、适配器、代理、职责链等这些经典的设计模式的，也许会对你今后的实际编码有一些启发。

阅读的同时读者也可以思考一下，看它们都符合哪些设计原则，把设计模式和设计原则结合起来学习。

6.3.1　创建型模式

首先来看创建型模式，它隐藏了类的实例化过程和细节，让对象的创建独立于系统的其他部分。

创建型模式不多，一共有 5 个，其中我觉得比较有用的是单件和工厂。[①]

---

① 国内对设计模式有多种不同的译法，比如 Singleton 的单件、单例，Facade 的外观、门面。

1. 单件模式

单件很简单，要点在于控制对象的创建数量，只能有一个实例，就像公司的 CEO 一样，有且唯一。[①]

关于它的使用方式、应用场景存在着一些争议，但我觉得它很好地体现了设计模式的基本思想，足够简单，可以作为范例来向大家展示模式里的各个要素。

关于单件模式一个老生常谈的话题是双重检查锁定，它可以用来避免在多线程环境里多次初始化单件，但写起来特别烦琐。

使用第 4 章里提到的 call_once，可以很轻松地解决这个问题。但如果想要更省事的话，其实在 C++里还有一种方法，就是直接使用函数内部的静态变量。C++语言会保证静态变量的初始化是线程安全的，绝对不会有线程冲突。例如：

```
auto& instance()              // 生产单件对象的函数
{
  static T obj;               // 静态变量
  return obj;                 // 返回对象的引用
}
```

2. 工厂模式

工厂模式是我个人的笼统说法，指的是抽象工厂、工厂方法这两个模式，因为它们就像是现实世界里的工厂一样，专门用来生产对象。

抽象工厂是一个类，而工厂方法是一个函数，在纯面向对象范式里两者的区别很大。但因为 C++支持泛型编程，不需要特意派生出子类，只要接口相同就行，所以这两个模式在 C++里用起来也就更自由一些，界限比较模糊。

为什么非要用工厂来创建对象呢？这样做的好处在哪里呢？

我觉得可以用 DRY 原则来理解，也就是说尽量避免重复的代码，可以简单地认为它就"对 new 的封装"。

想象一下，如果程序里到处都是硬编码的 new，一旦设计发生变动，比如把"new ClassA"改成"new ClassB"，我们就需要把代码里所有出现 new 的地方都改一遍，不仅麻烦，而且很容易遗漏，甚至是出错。

如果把 new 用工厂封装起来，就形成了一个中间层，隔离了客户代码和创建对象。两边只能通过工厂交互，彼此不知情，也就实现了解耦，由之前的强联系转变成了弱联系。因此我们就可

① 少数公司也会有联席 CEO、双 CEO，这在设计模式里也有对应，叫"多件"，但同样也不常见。

以在工厂模式里拥有对象的"生杀大权"，随意控制生产的方式、生产的时机、生产的内容。

在第 3 章里说到的 make_unique()/make_shared() 这两个函数就是工厂模式的具体应用，它们封装了创建的细节，看不见 new，直接返回智能指针对象，而且接口更简洁，内部有更多的优化。另外，用函数抛出异常、创建正则表达式对象、创建 Lua 虚拟机，其实也都应用了工厂模式。

使用工厂模式的关键，就是要理解它面对的问题和解决问题的思路，比如创建专属的对象、创建成套的对象，重点是如何创建对象、创建出什么样的对象（用函数或者类会比单纯用 new 更有弹性）。

6.3.2　结构型模式

结构型模式关注的是对象的静态联系，以灵活、可拆卸、可装配的方式组合出新的对象。

这里我们要注意结构型模式的重要特点：虽然它会有多个参与者，但最后必定得到且使用的是"一个"对象，而不是"多个"对象。

结构型模式一共有 7 个，其中我觉得在 C++里比较有用、常用的是适配器、外观和代理。

1．适配器模式

适配器模式的目的是转换接口，不需要修改源码，就能够把一个对象转换成可以在本系统中使用的形式。

打个比方，就像拿到了一个英式电源插头，无法将其插到国标插座上，但我们不必拿工具去拆开插头改造，只要买个转换头即可。

适配器模式在 C++里多出现在有第三方库或者外部接口的时候，通常这些接口不会恰好符合我们自己的系统，功能很好但不能直接用，想改源码很难，甚至是不可能的。因此，就需要用适配器模式给"适配"一下，让外部工具能够匹配我们的系统，而两边都不需要变动。

第 4 章里介绍过的容器 array 就是一个适配器，它包装了 C++的原生数组，转换成了容器的形式，让裸内存数据也可以接入标准库的泛型体系。

2．外观模式

外观模式封装了一组对象，目的是简化这组对象的通信关系，提供一个高层次的易用接口，让外部用户更容易使用，从而降低系统的复杂度。[①]

---

① 微服务架构中的 API Gateway 可以认为是系统级别的外观模式。

外观模式的特点是内部会操作很多对象，然后对外表现成一个对象。使用它的话，我们就可以不用事必躬亲了。只要发一个指令，后面的"杂事"就都由它代劳，像一个"大管家"。

不过要注意，外观模式并不绝对控制、屏蔽内部包装的那些对象。如果我们觉得外观不好用，完全可以越过它，自己"深入基层"，去实现外观没有提供的功能。

第 4 章里提到的函数 async() 就是外观模式的一个例子，它封装了线程的创建、调度等细节，用起来很简单，但也不排斥我们直接使用 thread/mutex 等底层线程工具。

3. 代理模式

代理模式和适配器有点儿像，都是包装一个对象，但关键在于它们的目的、意图有差异：代理模式不是为了适配插入系统，而是要控制对象，不允许外部直接与内部对象通信。代理模式的应用非常广泛，如果你想限制、屏蔽、隐藏、增强或者优化一个类，就可以使用代理。这样客户代码看到的只是代理对象，不知道原始对象（被代理的对象）是什么样，只能用代理对象给出的接口，于是就实现了控制的目的。

代理在 C++ 里的一个典型应用就是智能指针（第 3 章），它接管了原始指针，限制了某些危险操作，并且添加了自动生命周期管理，虽然少了些自由，但更安全了。[①]

6.3.3　行为模式

行为模式描述了对象之间动态的消息传递，也就是对象的行为、工作的方式。

行为模式比较多，有 11 个，这是因为面向对象的设计更注重运行时的组合，比静态的组合更能够提高系统的灵活性和可扩展性。

但因为行为模式都是在运行时才建立联系的，所以通常都很复杂，不太好理解对象之间的关系和通信机制。

我觉得比较难用，或者说要尽量避免使用的模式有解释器和中介者，它们的结构比较难懂，会提高系统的复杂度。而比较容易理解、容易使用的模式有职责链、命令、策略和访问者。

1. 职责链和命令模式

职责链和命令这两个模式经常联合起来使用。职责链把多个对象串成一个链条，让链条里的每个对象都有机会去处理请求。而请求通常使用的是命令模式，把相关的数据集中打包成一个对象，解耦请求的发送方和接收方。

[①] 在 Kubernetes、Service Mesh 等项目里常用的 Sidecar（边车）也可以看作代理模式，它接管、控制了应用的所有出入流量。

其实我们仔细想想就会发现，C++的异常处理机制就是"职责链+命令"的一个实际应用，只不过处理的链条在编译期就固定了，不能在运行时修改。

在异常处理的过程中，异常类 exception 就是一个命令对象，throw 抛出异常就是发起了一个请求处理流程。而一系列的 try-catch 块就构成了处理异常的职责链，异常会自下而上地走过函数调用栈——也就是职责链，直到在链条中找到一个能够处理的 catch 块。

2. 策略模式

策略模式的要点是"策略"这两个字，它封装了不同的算法，可以在运行时灵活地互相替换，从而在外部非侵入地改变系统的行为内核。

策略模式有点像装饰模式和状态模式，注意不要把它们弄混了。与它们相比，策略模式的特点是不会改变类的外部表现和内部状态，只是动态替换一个很小的算法功能模块。

我们可以回忆一下第 4 章，容器和算法里用到的比较函数、散列函数，还有 for_each 算法里的 lambda 表达式，它们都算是策略模式的具体应用。

另外，策略模式也非常适合应用在有 if-else/switch-case 等分支决策的代码里，我们可以把每个分支逻辑都封装成类或者 lambda 表达式，再把它们存进容器，让容器来帮你查找合适的处理策略。

要注意的是，因为在现代 C++中有了 lambda 表达式，所以我们在使用策略模式的时候完全没有必要去定义复杂的类体系，直接用匿名函数就可以了。

3. 访问者模式

访问者模式解耦了数据的存储和访问，数据的内部结构通常保持不变，而外界的访问者可以随意变化，任意增加新的操作。

访问者模式特别适合用来实践接口隔离原则，让对象只持有一个小而稳定的核心数据集，而把其他操作都交给相关的访问者来实现，每个访问者专注于各自的业务逻辑，自然而然地就实现了接口隔离。[①]

第 4 章中介绍的特殊容器 variant 就用到了访问者模式。虽然 variant 本身接口很少，几乎没有什么有用的接口，但它提供了一个全局函数 visit()，传入不同的访问器函数，就可以对 variant 对象实施不同的操作，非常灵活。

应用访问者模式的关键是数据必须是足够稳定的。因为访问者的操作依赖于数据的内部结构，

---

① 某种程度上访问者模式实际违反了面向对象编程的高内聚、低耦合原则，访问者与被访问者紧密地联系在了一起，不过我们还是可以把这一组类整体看作内聚。

如果数据经常变化，那么这种变化就会传递到所有它关联的访问者，导致访问者也不得不变更访问代码，这就失去了模式隔离变化的本意。

6.3.4　其他模式

在经典的 23 个设计模式之外，学术界还陆续发现了很多其他的设计模式，下面就挑几个流传比较广的模式简略介绍一下。

1．对象池模式

对象池模式是一种特殊的工厂模式，不像普通的工厂那样按需创建，而是预先创建好一些对象，将它们保存在池子里备用。外部用户需要用的时候就从池子里直接取用，用完后要及时归还，等待下一次复用。

对象池模式的好处是削减了对象的构造／析构成本，在对象很大或者频繁使用的时候效果会很显著，因为对象的创建和销毁动作只有一次而不是多次。

对象池模式的应用非常广泛，例如我们在开发系统时经常说到的内存池、连接池、线程池等。

2．包装外观模式

包装外观模式属于结构型模式，从名字上就可以看出来，是外观模式的一种扩展，但应用的场景不同，它包装的目标是底层系统的 API，而不是一组对象。

所以，包装外观模式的工作方式与其他模式的也有很大区别，主要是对底层接口的分类和整理，将底层接口聚合为更容易使用的形式，同时屏蔽实现细节，方便上层调用者跨平台开发。

包装外观模式的典型应用场景就是系统编程，用一致的接口去调用不同操作系统的底层功能。在 C++标准库里的例子就是文件系统库 filesystem 和时间日期库 chrono，它们的功能实现都基于操作系统，但我们并不关心具体是 Linux 还是 Windows。

3．空对象模式

空对象是一种行为模式，相当于空指针的泛化、智能空指针。也就是说，空对象具有和普通对象相同的接口，但所有的行为都是空的无意义的。

如果没有空对象，很多场景里我们必须返回错误值或者 nullptr，外部代码必须要针对这种错误做特殊处理，显得很累赘。

引入空对象之后，程序的处理流程就会很顺畅、自然，用一致的逻辑去处理正常与异常，这里空对象起到了"哨兵"的作用。

空对象模式通常会搭配其他行为模式来使用，例如搭配命令模式形成空命令对象，搭配职责链模式形成空处理节点，搭配策略模式形成空策略对象，搭配迭代器模式形成空迭代器……

C++的函数 end() 返回的迭代器就是一个空对象，它标记了迭代的结束位置，除此之外没有其他任何意义。

6.4　小结

本章先从比较宏观的层面介绍了设计模式和设计原则，理论可能比较虚，但只有"务虚"之后才能做到"务实"。[①]

其实本章是对业内实际开发经验与教训的高度浓缩，理解并掌握了这些经验，我们就会始终保持着清醒的头脑，在写 C++代码的过程中有意识地去发现、应用模式，设计出好的结构，重构坏的代码。

结合设计原则，我们又研究了几个比较重要的模式，有的还列出了 C++里的具体例子，两者互相参照就能更好地理解设计模式和 C++语言。

本章的关键知识点列举如下。

- 设计模式是专家们对面向对象系统设计的思考和经验总结，应该多关注它的参与者、设计意图、面对的问题、应用的场景等代码之外的部分。
- 设计原则是设计模式之上更高层面的指导思想，适用性强但可操作性弱，需要多在实践中体会。
- 最常用的 5 个设计原则是 SOLID，此外，还有 DRY、KISS。
- 创建型模式常用的有单件和工厂，封装了对象的创建过程，隔离了对象的生产和使用。
- 结构型模式常用的有适配器、外观和代理，可通过对象组合得到一个新对象，目的是适配、简化或者控制，隔离了客户代码与原对象的接口。
- 行为模式里常用的有职责链、命令、策略和访问者模式，只有在运行时才会建立联系，封装、隔离了程序里动态变化的部分。
- 其他常用的模式还有对象池、包装外观和空对象，它们是对经典设计模式的补充和完善。

表 6-1 按照使用的难易程度对这些模式做了一个总结。

---

① 与设计模式相关的另一个概念是重构。设计模式是为了避免重构，而重构则会应用到设计模式。还有一个概念叫反模式，或者叫"代码坏味"，记录了编程时容易落入的陷阱，比如硬编码、魔术数字等。

表 6-1

	创建型模式	结构型模式	行为模式
特点	隔离对象的生产和使用	隔离客户代码与原对象的接口	隔离程序里稳定的主逻辑与动态变化的部分
简单（常用）	单件、工厂、对象池	适配器、外观、代理	职责链、命令、策略、空对象
普通（常用）	生成器、原型	桥接、装饰、包装外观	迭代器、观察者、状态、模板方法、访问者
困难（不常用）		组成、享元	解释器、备忘录、中介者

不过还要特别提醒一下，设计模式虽然很好，但它绝不是包治百病的"灵丹妙药"。如果不论什么项目都套上设计模式，就很容易导致过度设计，反而会提高复杂度，僵化系统。

对于我们 C++ 程序员来说，更要清楚地认识到这一点。

因为在 C++ 里，不仅有面向对象编程，还有泛型编程和函数式编程等其他范式，所以领会它的思想，在恰当的时候改用模板/泛型/lambda 来替换纯面向对象，才是使用设计模式的最佳做法。

第 7 章 C++应用实例

本章是对全书的总结，我们要从需求到设计，再到编码、编译、运行，开发出一个实际的 C++ 服务器应用，通过这个项目串联前几章学到的知识点，做到理论落地、学以致用。

7.1 项目设计

要实现的项目是一个简单的书店程序，但它没有现实中那么复杂的进/销/存/管/等子系统，毕竟我们在这里只是为了示范 C++语言，所以它只有一个非常简化的销售记录管理功能。

书店程序采用传统的 Client-Server 架构，对外提供服务，把书号、销售册数、销售额等前端发来的数据都汇总起来，进行统计中分析，然后把数据定期上报到配置文件里指定的后端。网络通信架构如图 7-1 所示。①

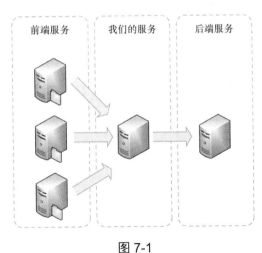

图 7-1

确定了项目的需求，就要开始做设计，这就要用到设计模式和设计原则的知识。

---

① 这个项目实际上借鉴了 C++ Primer 里的书店项目，适当修改了它的形式（从本地运行改成了网络通信），再完全重新开发。

因为需求很简单，所以整体系统也是很简单的，不需要复杂的分析手段就能够得出设计，主要应用的是单一职责原则、接口隔离原则和包装外观模式。

系统设计应该有文档化的输出结果，常用的就是 UML 图，它能够帮助项目组内所有成员理解程序的架构。以面向对象的系统分析为手段得到的是 UML 类图，如图 7-2 所示（当然还可能会有用例图、状态图、时序图等，但与 C++关系不大）。

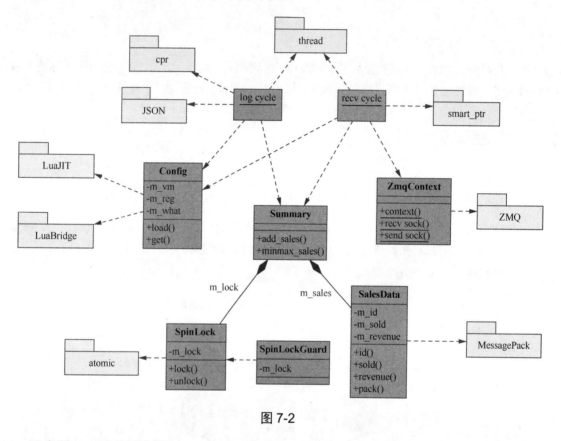

图 7-2

注意图 7-2 中的两个类 SalesData/Summary，还有两个 lambda 表达式 recv_cycle/log_cycle，它们实现了书店程序的核心业务逻辑，需要我们后续重点关注。

接下来我们就参照图 7-2，结合开发思路和源码开始具体的 C++编码工作。

7.2 预备开发

本节将实现项目设计类图中的外围部分，包括自旋锁、网络通信、配置文件解析等工具类，将其作为主应用的底层基础。

7.2.1　核心头文件

在开发 C++项目时最好首先定义一个核心头文件"cpplang.hpp",它集中了 C++语言和标准库相关的定义,有利于简化代码、提升编译速度。

注意它必须要有文件头注释和"Include Guard",例如:

```
// Copyright (c) 2021 by Chrono        // 文件头注释

#ifndef _CPP_LANG_HPP                   // Include Guard
#define _CPP_LANG_HPP                   // Include Guard

#include <cassert>                      // 动态断言头文件
#include <string>                       // C++标准字符串
#include <vector>                       // C++标准容器
...                                     // 其他标准头文件

#endif  //_CPP_LANG_HPP                 // Include Guard
```

在核心头文件里除了包含文件,我们还可以利用预处理编程,使用宏定义、条件编译等手段来屏蔽操作系统、语言版本的差异,增强程序的兼容性。

例如我们可以检查 C++的版本号,再定义简化版的 deprecated/static_assert,从而向下兼容 C++11/14:

```
// [[deprecated]]
#if __cplusplus >= 201402
#   define CPP_DEPRECATED [[deprecated]]
#else
#   define CPP_DEPRECATED [[gnu::deprecated]]
#endif  // __cplusplus >= 201402

// static_assert
#if __cpp_static_assert >= 201411
#   define STATIC_ASSERT(x) static_assert(x)
#else
#   define STATIC_ASSERT(x) static_assert(x, #x)
#endif
```

7.2.2　自旋锁

项目设计了一个在内部使用原子变量的自旋锁,目的是在多线程里保护共享数据。

自旋锁被封装为 SpinLock 类,所以就要遵循一些 C++里常用的面向对象的设计准则,比如用 final 禁止继承、用 default/delete 显式标记构造/析构函数、初始化成员变量、定义类型别名等，具体代码如下：

```cpp
class SpinLock final                              // 自旋锁类
{
public:
    using this_type  = SpinLock;                  // 类型别名
    using atomic_type = std::atomic_flag;
public:
    SpinLock() = default;                         // 默认构造函数
   ~SpinLock() = default;

    SpinLock(const this_type&) = delete;          // 禁止复制
    SpinLock& operator=(const this_type&) = delete;
private:
    atomic_type m_lock {false};                   // 成员变量初始化
};
```

自旋锁的成员函数需要加上 noexcept 修饰，表示绝不抛出异常，让函数的运行尽量高效：[1]

```cpp
void lock() noexcept                              // 自旋锁定，绝不抛出异常
{
  for(;;) {                                       // 无限循环
    if (!m_lock.test_and_set()) {                 // 原子变量的 TAS 操作
        return;                                   // TAS 成功则锁定
    }
    std::this_thread::yield();                    // TAS 失败则暂时让出线程
  }
}


void unlock() noexcept                            // 解除自旋锁定，绝不抛出异常
{
  m_lock.clear();                                 // 原子变量清零
}
```

为了保证自旋锁在任何时候都不会死锁（特别是在发生异常的时候），我们还应该利用 RAII 技术编写一个 LockGuard 类。它在构造时锁定，在析构时解锁，当然它的成员函数也应该使用 noexcept 来优化：[2]

```cpp
class SpinLockGuard final                         // RAII 类，自旋锁解锁
{
public:
    using this_type  = SpinLockGuard;             // 类型别名
```

---

[1] 这里实现的自旋锁还不能算是严格的自旋锁，因为 TAS 失败后立刻调用 yield() 让出了 CPU，真正的自旋锁应当再用一个循环，不停地自旋。

[2] 标准库里的 std::scoped_lock 也可以达到与 SpinLockGuard 相同的效果。

```
    using spin_lock_type = SpinLock;
public:
    SpinLockGuard(const this_type&) = delete;      // 禁止复制
    SpinLockGuard& operator=(const this_type&) = delete;
public:
    SpinLockGuard(spin_lock_type& lock) noexcept
        : m_lock(lock)
    {
        m_lock.lock();                             // 构造时锁定自旋锁
    }

    ~SpinLockGuard() noexcept
    {
        m_lock.unlock();                           // 析构时释放自旋锁
    }
private:
    spin_lock_type& m_lock;                        // 引用自旋锁对象
};
```

7.2.3　网络通信

在现代 C++ 里应当避免直接使用原生 Socket 来编写网络通信程序，这里我们选择 ZMQ 作为底层通信库，它不仅方便、易用，而且能够保证消息不丢失，保证将信息完整、可靠地送达目的地。

程序里使用 ZmqContext 类来封装底层接口（包装外观模式），它是一个模板类，整数模板参数用来指定线程数，在编译阶段固化 ZMQ 的多线程处理能力。

ZmqContext 类使用内联变量的新特性来定义 ZMQ 必需的运行环境变量（单件），这样就不必在实现文件 "*.cpp" 里再写一遍变量定义，全部的代码都可以集中在 "*.hpp" 头文件里：[①]

```
template<int thread_num = 1>            // 使用整数模板参数来指定线程数
class ZmqContext final
{
public:
    inline static                       // 内联静态成员变量
    zmq_context_type context{thread_num};  // 注意要使用花括号初始化
};
```

然后我们要实现两个静态工厂函数，创建收发数据的 ZMQ Socket 对象。

因为 ZMQ 封装库 cppzmq 的内部使用了异常来处理错误，所以我们不能在函数后面加 noexcept 修饰，这也意味着在使用 ZMQ 的时候我们必须要考虑异常处理：

---

① 如果我们使用的是 C++11/14，用静态成员函数来代替内联成员变量也能够绕过 C++ 的语言限制。

```
static
zmq_socket_type recv_sock(int hwm = 1000)          // 创建接收 Socket
{
  zmq_socket_type sock(context, ZMQ_PULL);         // 可能抛出异常
  sock.setsockopt(ZMQ_RCVHWM, hwm);                // 设置接收缓存的数量

  return sock;                                     // 返回 ZMQ Socket 对象
}

static
zmq_socket_type send_sock(int hwm = 1000)          // 创建发送 Socket
{
  zmq_socket_type sock(context, ZMQ_PUSH);         // 可能抛出异常
  sock.setsockopt(ZMQ_SNDHWM, hwm);                // 设置发送缓存的数量

  return sock;                                     // 返回 ZMQ Socket 对象
}
```

7.2.4　配置解析

大多数成熟的应用程序都会使用配置文件来保存、管理运行时的各种参数，常见的格式有 INI/XML/JSON/YAML 等，这里我们选择把 Lua 嵌入 C++，用 Lua 写配置文件。

这么做的好处在于配置文件实际上就是一个脚本程序，而 Lua 是一种完备的编程语言，写起来非常自由、灵活，比如添加任意的注释，数字可以写成"$m \times n$"的运算形式，还能够基于 Lua 环境写一些函数，校验数据的有效性，或者采集系统信息实现动态配置等。总而言之，就是把 Lua 当作一个可编程的配置语言，让配置"活起来"。[1]

下面是项目配置文件的示例代码，里面包含几个简单的值，配置了服务器的地址、时间间隔、缓冲区大小等信息：

```
config = {                                     --使用 Lua 表结构

   zmq_ipc_addr = "tcp://127.0.0.1:5555",      --ZMQ 服务器地址

   http_addr = "http://...",                   --HTTP 服务器地址

   time_interval = 5,                          --时间间隔

   max_buf_size = 4 * 1024,                    --缓冲区大小
}
```

---

[1] INI/XML 等配置格式只是纯粹的数据格式，很难做到可编程配置，需要读入数据后再在程序里做一些额外的转换工作。

　　解析 Lua 配置文件的 Config 类使用 shared_ptr 来管理 LuaVM，注意代码中类型别名和成员变量初始化的用法：

```
class Config final                                    // 封装读取 Lua 配置文件
{
public:
    using vm_type        = std::shared_ptr<lua_State>;   // 类型别名
    using value_type     = luabridge::LuaRef;
public:
    Config() noexcept                                 // 构造函数
    {
        assert(m_vm);
        luaL_openlibs(m_vm.get());                    // 打开 Lua 基本库

    }
    ~Config() = default;                              // 默认析构函数
private:
    vm_type      m_vm                                 // 使用类型别名定义 Lua 虚拟机
        {luaL_newstate(), lua_close};                 // 成员变量初始化
};
```

　　加载 Lua 脚本的 load() 函数不会改变虚拟机成员变量，它是一个常函数，所以应该用 const 修饰。还要注意外部的脚本有可能会写错，导致 Lua 解析失败。虽然这个问题极少出现，但一出现就很严重，没有配置就无法走后续的流程，所以非常适合用异常来处理：[①]

```
void load(string_view_type filename) const    // 解析配置文件
{
    auto status = luaL_dofile(m_vm.get(), filename.c_str());

    if (status != 0) {                        // 检查 Lua 脚本是否加载成功
        throw std::runtime_error("...");      // 出错就抛出异常
    }
}
```

　　为了访问 Lua 配置文件里的值，Config 类采用了"section.key"这样的两级形式，例如"config.http_addr"，这也正好对应 Lua 里的表结构。

　　想要解析出字符串里的 section/key，可以使用标准库里的正则表达式，再去查询 Lua 表。

　　因为构造正则表达式的成本很高，所以我们应该把正则表达式对象都定义为成员变量，而不是函数里的局部变量。而正则匹配的结果（m_what）是临时的，不会影响常量性，所以要给它加上 mutable。

---

① 调用 LuaJIT 的接口需要使用 C 字符串，而标准库里的 string_view 不支持转换成 C 字符串，所以 Config 类里的 string_view_type 被定义为 const string&。

```
const    regex_typem_reg {R"(^(\w+)\.(\w+)$)"};    // 正则表达式是 const
mutable  match_type    m_what;                      // 正则匹配结果是 mutable
```

在 C++ 正则表达式库的帮助下处理字符串非常轻松，拿到 section/key，再调用 LuaBridge 就可以获得 Lua 脚本里的配置项。

不过为了进一步简化客户代码，我们还可以模仿标准库里 variant/any 的用法，把 get() 函数改成模板函数，把返回值显式转换成 int/string 等 C++ 标准类型，这样可读性、可维护性会更好：

```
template<typename T>                               // 使用模板参数转换值的类型
T get(string_view_type key) const                  // const 函数
{
  if (!std::regex_match(key, m_what, m_reg)) {      // 正则匹配
    throw std::runtime_error("config key error");   // 格式错误抛出异常
  }

  auto w1 = m_what[1].str();                         // 取出 section/key
  auto w2 = m_what[2].str();

  auto v = getGlobal(                                // 获取 Lua 表
          m_vm.get(), w1.c_str());

  return LuaRef_cast<T>(v[w2]);                      // 取表里的值,再进行类型转换
}
```

7.3　正式开发

在 7.1 节和 7.2 节我们分析了需求，设计了架构，开发了一些工具类，接下来我们就开始实践应用容器、算法、线程以及 lambda 表达式，让它们服务于具体的业务，也就是数据的表示与统计、数据的接收和发送，最终开发出完整的应用程序。

7.3.1　数据定义

SalesData 类表示图书的销售记录，它是书店程序实现数据统计的基础。[①]

以 SalesData 为例，我们再集中归纳一下面向对象编程时应用 C++ 编码准则的一些惯用法，让代码更具可读性和可维护性。

---

① 如果是实际的项目，SalesData 会很复杂，因为一本书的相关信息有很多。但我们的这个例子只用于演示，所以就简化了一些，基本的成员只有 3 个：ID、销售册数和销售金额。

- 适当使用空行分隔代码里的逻辑段落。
- 类名使用 CamelCase 风格，函数和变量用 snake_case，成员变量加 "m_" 前缀。
- 在编译阶段使用静态断言，保证整数、浮点数的精度。
- 适时使用 final 终结类继承体系，不允许再产生子类。
- 使用 default 显式定义复制构造、复制赋值、转移构造、转移赋值等重要函数。
- 使用委托构造来编写多个不同形式的构造函数。
- 成员变量在声明时直接初始化。
- 避免直接使用外部的实际类型，而要用 using 定义类型别名。
- 使用 const 来修饰常函数，增加对象的不变性。
- 尽量使用 noexcept 标记不抛出异常，优化函数。

下面列出了 SalesData 的源码，可以结合注释来理解上述要点：

```cpp
class SalesData final                                   // 使用 final 禁止继承
{
public:
  using this_type = SalesData;                          // 自己的类型别名
public:
  using string_type      = std::string;                 // 内部的类型别名
  using string_view_type = const std::string&;
  using uint_type        = unsigned int;
  using currency_type    = double;

  STATIC_ASSERT(sizeof(uint_type) >= 4);                // 编译期静态断言
  STATIC_ASSERT(sizeof(currency_type) >= 4);
public:
  SalesData(string_view_type id,
      uint_type s, currency_type r) noexcept            // 构造函数保证不抛出异常
    : m_id(id), m_sold(s), m_revenue(r)
  {}

  SalesData(string_view_type id) noexcept               // 委托构造
    : SalesData(id, 0, 0)
  {}
public:
  SalesData() = default;                                // 使用 default 显式定义
  ~SalesData() = default;

  SalesData(const this_type&) = default;                // 显式复制构造函数
  SalesData& operator=(const this_type&) = default;

  SalesData(this_type&& s) = default;                   // 显式转移构造函数
  SalesData& operator=(this_type&& s) = default;
```

```
private:
  string_type m_id        = "";              // 成员变量初始化
  uint_type   m_sold      = 0;
  uint_type   m_revenue   = 0;
public:
  void inc_sold(uint_type s) noexcept         // 不抛出异常
  {   m_sold += s;  }
public:
  string_view_type id() const noexcept        // 常函数，不抛出异常
  {   return m_id;  }
  uint_type sold() const noexcept             // 常函数，不抛出异常
  {   return m_sold;  }
};
```

需要注意的是，代码里显式声明了转移构造函数和转移赋值函数，这样 SalesData 对象在放入容器的时候就能够避免复制，提高运行效率。

7.3.2　数据序列化

销售记录 SalesData 需要在网络上传输，所以应该具备序列化和反序列化功能。

这里我们选择了 MessagePack 格式，看重的是它小巧、轻便的特性，而且用起来也很容易，只要在类定义里添加一个宏，就可以实现序列化：

```
MSGPACK_DEFINE(m_id, m_sold, m_revenue);        // 实现序列化功能
```

为了方便使用，我们还可以为 SalesData 增加一个专门用于序列化的成员函数 pack()：

```
msgpack::sbuffer pack() const                    // 专门用于序列化的成员函数
{
    msgpack::sbuffer sbuf;
    msgpack::pack(sbuf, *this);

    return sbuf;
}
```

不过这个函数也给 SalesData 类增加了点复杂度，在一定程度上违反了单一职责原则和接口隔离原则，可能把它实现为一个外部函数会更好。

我们在今后的实际项目中遇到类似问题的时候也要权衡后再做决策，确认引入新功能带来的好处大于它增加的复杂度，尽量抵制扩充接口的诱惑，否则很容易写出"巨无霸"类。

7.3.3　数据存储和统计

Summary 类用于实现数据存储和统计，它依然要遵循 C++ 基本准则。从 UML 类图里可以看

到它关联了很多类，所以类型别名对于它来说就特别重要，简化代码的同时也方便后续的维护：

```
class Summary final                              // 使用 final 禁止继承
{
public:
  using this_type = Summary;                     // 自己的类型别名
public:
  using sales_type       = SalesData;            // 外部的类型别名
  using lock_type        = SpinLock;
  using lock_guard_type  = SpinLockGuard;

  using string_type      = std::string;
  using map_type         =                       // 容器类型定义
        std::map<string_type, sales_type>;
  using minmax_sales_type =
        std::pair<string_type, string_type>;
public:
  Summary() = default;                           // 显式 default
 ~Summary() = default;

  Summary(const this_type&) = delete;            // 显式 delete
  Summary& operator=(const this_type&) = delete;
private:
  mutable lock_type   m_lock;                    // 自旋锁
  map_type            m_sales;                   // 存储销售记录
};
```

　　Summary 类的职责是存储大量的销售记录，所以需要选择恰当的容器。

　　考虑到销售记录不仅要存储，还有对数据进行排序的要求，所以它使用了可以在插入时自动排序的有序容器 map。不过要注意，这里没有定制比较函数，所以默认是按照 ID 来排序的，不符合按销售册数排序的要求。[①]

　　Summary 使用自旋锁来保护核心数据，在对容器进行任何操作前都要获取锁，保证能够在多线程里正确访问。而锁不影响对象实例的状态，所以要用 mutable 修饰。

　　自旋锁应用了 RAII 机制的 SpinLockGuard，所以使用起来很优雅，直接构造一个变量就行，不用担心异常安全的问题：

```
void add_sales(const sales_type& s)              // 非 const 函数
{
  lock_guard_type guard(m_lock);                 // 自动锁定，自动解锁
```

---

① Summary 类里如果要对销售册数排序就比较麻烦，因为不能将随时变化的销量作为 key，而标准库里又没有多索引容器，可以改用 unordered_map，然后用 vector 暂存来排序。

```cpp
const auto& id = s.id();                       // 使用自动类型推导

if (m_sales.find(id) == m_sales.end()) {       // 查找算法
    m_sales[id] = s;                           // 没找到就添加元素
    return;
}

m_sales[id].inc_sold(s.sold());                // 找到就修改销售册数
m_sales[id].inc_revenue(s.revenue());
}
```

　　Summary 类里还有一个特别的统计功能，计算所有图书销售册数的第一名和最后一名，这应该使用标准算法 minmax_element。不过因为比较的是销售册数，而不是 ID，所以我们可以用 range 算法的投影功能，先定义 lambda 表达式获取元素的销售册数再进行比较，比标准算法的形式更简单：

```cpp
minmax_sales_type minmax_sales() const         // const 函数
{
  lock_guard_type guard(m_lock);               // 自动锁定，自动解锁

  if (m_sales.empty()) {                       // 容器空则不处理
    return {};                                 // 返回空对象
  }

  auto [min_pos, max_pos] =                     // C++17 的结构化绑定
    std::ranges::minmax_element(                // 使用范围算法求最大、最小值
        m_sales, {},                           // 默认使用 less 比较函数
        [](const auto& x) {                    // 使用 lambda 表达式定义投影函数
            return x.second.sold();            // 取 map 元素的销售册数进行比较
        });

  return {min_pos->second.id(),                 // 返回两个 ID
          max_pos->second.id()};
}
```

7.3.4　主服务器

　　在服务器的主函数里，我们首先要加载配置文件，然后实例化数据存储类 Summary，再定义一个用来计数的原子变量 count，这些就是程序运行的全部环境数据：

```cpp
Config conf;                                    // 封装并读取 Lua 配置文件
conf.load("./conf.lua");                        // 解析配置文件

Summary sum;                                    // 数据存储和统计
```

```
std::atomic_int count {0};                                    // 计数用的原子变量
```

1. 数据接收线程

服务器主循环 `recv_cycle` 使用了 lambda 表达式,按引用捕获之前出现的所有变量:

```
auto recv_cycle = [&]()                              // 主循环 lambda 表达式
{ ... };
```

它的业务逻辑其实很简单,就是使用 ZMQ 接收数据,然后反序列化得到销售数据,再存储数据。

不过为了避免阻塞、充分利用多线程,`recv_cycle` 在收到数据后会将其包装进智能指针,再投递到另外一个线程里去处理。这样 `recv_cycle` 就只接收数据,不会因为反序列化、插入、排序等大计算量的工作而阻塞:

```
auto recv_cycle = [&]()                              // 主循环 lambda 表达式
{
  using zmq_ctx = ZmqContext<1>;                     // ZMQ 的类型别名

  auto sock = zmq_ctx::recv_sock();                  // 通过自动类型推导获得接收 Socket

  sock.bind(                                         // 绑定 ZMQ 接收端口
    conf.get<string>("config.zmq_ipc_addr"));        // 读取 Lua 配置文件

  for(;;) {                                          // 服务器无限循环
    auto msg_ptr =                                   // 通过自动类型推导获得智能指针
      std::make_shared<zmq_message_type>();

    sock.recv(msg_ptr.get());                        // ZMQ 阻塞接收数据

    ++count;                                         // 增加原子计数

    std::thread(                                     // 再启动一个线程反序列化存储,没有用 async
    [&sum, msg_ptr]()                                // 显式捕获,注意
    {
      SalesData book;                                // 图书销售册数对象

      auto obj = msgpack::unpack(                     // 反序列化
            msg_ptr->data<char>(), msg_ptr->size()).get();
      obj.convert(book);

      sum.add_sales(book);                            // 存储数据
    }).detach();                                      // 分离线程,异步运行
  }                                                  // for(;;)结束
};                                                   // 主循环结束
```

我们要特别注意 lambda 表达式与智能指针的配合方式，应该按值捕获而不能按引用捕获，否则在线程运行的时候智能指针可能会因为离开作用域而被销毁，引用失效，导致无法预知的错误。

有了这个 lambda，现在就可以用 async 来启动服务循环：

```cpp
auto fu1 = std::async(                    // 传递第一个参数
  std::launch::async, recv_cycle);        // 要求立即启动线程
fu1.wait();                               // 等待线程结束
```

2. 数据外发线程

recv_cycle 接收前端发来的数据，我们还需要 log_cycle 与后端通信，把统计数据外发出去。同样要使用 lambda 表达式，把数据打包成 JSON 格式，发送到后端的 HTTP 服务器。

log_cycle 其实就是一个简单的 HTTP 客户端，所以代码的处理逻辑比较好理解，要注意的知识点主要有 3 个。

- 读取 Lua 配置中的 HTTP 服务器地址和运行周期。
- 使用 JSON 格式序列化数据。
- 调用 HTTP 客户端发送请求。

log_cycle 的实现代码如下：

```cpp
auto log_cycle = [&]()                    // 外发循环 lambda 表达式
{
                                          // 获取 Lua 配置文件里的配置项
  auto http_addr = conf.get<string>("config.http_addr");
  auto time_interval = conf.get<int>("config.time_interval");

  for(;;) {                               // 无限循环
    std::this_thread::sleep_for(          // 线程睡眠等待
            time_interval * 1s);          // 定时发送数据

    json_t j;                             // 使用 JSON 格式序列化数据
    j["count"] = static_cast<int>(count); // 原子变量转整数
    j["minmax"] = sum.minmax_sales();     // 获取最大、最小值

    auto res = cpr::Post(                 // 发送 POST 请求
            cpr::Url{http_addr},
            cpr::Header{
                {"Content-type", "text/plain"}},
            cpr::Body{j.dump()},
            cpr::Timeout{200ms}           // 设置超时时间
    );
```

```
    if (res.status_code != 200) {           // 检查返回的状态码
        cerr << "http post failed" << endl;
    }
  }                                          // for(;;)
};                                           // log_cycle lambda
```

然后就可以在主线程里用 `async()` 函数来启动这个 `lambda` 表达式，让它在后端定时上报数据：

```
auto fu2 = std::async(                       // 传递第一个参数
  std::launch::async, log_cycle);            // 要求立即启动线程
```

7.4　测试验证

在 7.3 节我们完成了服务器主体业务逻辑，但我们还需要开发两个外部的 `Stub` 程序：后面的 HTTP 服务器和前面的客户端，来验证它的功能是否正常。

7.4.1　后端服务器

后端服务器采用 RESTful 设计风格，也就是 HTTP+JSON 数据格式。

它只允许 POST 请求，安全起见，它还要求客户端在 query 参数里传递一个特殊的 token 值作为认证，使用 cinatra 的实现代码如下：

```
#include <cinatra.hpp>                        // 包含头文件
using namespace cinatra;                      // 打开名字空间

http_server srv(1);                           // 创建 HTTP 服务器对象
srv.listen("0.0.0.0", "80");                  // 指定监听 80 端口

srv.set_not_found_handler(                    // 设置默认服务处理函数
  [](auto& req, auto& res) {                  // 就地定义 lambda 表达式
    res.set_status_and_content(               // 设置返回的内容
        status_type::forbidden, "403\n");     // 默认禁止访问
  });

srv.set_http_handler<POST>(                   // 只处理 POST 请求
  "/cpp_note",                                // 指定处理 URI
  [](auto& req, auto& res) {                  // 就地定义 lambda 表达式
    auto token =
      req.get_query_value("token");           // 获取 query 参数

    if (token != "cpp" ||                     // 检查 query 参数
      !req.has_body()) {                       // 检查是否有体数据
```

```
    res.set_status_and_content(            // 设置返回的内容
        status_type::forbidden, " 403\n");  // 参数错误则禁止访问
    return;
}

    cout << req.body() << endl;            // 输出体数据

    res.set_status_and_content(            // 设置返回的内容
            status_type::ok, "ok");        // 状态码 200 OK
});

srv.run();                                 // 运行服务器
```

得益于 cinatra 对 HTTP 的良好封装，RESTful 风格的服务器代码非常简单、易读。

7.4.2   客户端

客户端用来发起请求以验证整个系统，它比较简单，只是序列化数据后再用 ZMQ 发送。

首先我们编写两个起辅助作用的 lambda 表达式：

```
static
auto make_sales =                          // 生产测试用的销售数据
[=](const auto& id, auto s, auto r)
{
    return SalesData(id, s, r).pack();     // 构造对象后再序列化
};

static
auto send_sales =                          // 使用 ZMQ 发送数据
[](const auto& addr, const auto& buf)
{
    using zmq_ctx = ZmqContext<1>;         // ZMQ 的类型别名

    auto sock = zmq_ctx::send_sock();      // 通过自动类型推导获得发送 Socket

    sock.connect(addr);                    // 连接 ZMQ 服务器
    assert(sock.connected());

    auto len = sock.send(                  // 使用 ZMQ 发送数据
            buf.data(), buf.size());
    assert(len == buf.size());
};
```

主函数调用上面的两个 lambda 表达式生产并发送数据，代码如下：

```
int main()                                    // 客户端主函数
try                                           // function-try
{
    send_sales("tcp://127.0.0.1:5555",       // 使用 ZMQ 发送数据
            make_sales("001", 10, 100));      // 第一条测试用的销售数据

    send_sales("tcp://127.0.0.1:5555",       // 使用 ZMQ 发送数据
            make_sales("002", 20, 200));      // 第二条测试用的销售数据

}
catch(std::exception& e)                      // 捕获可能的异常
{
    std::cerr << e.what() << std::endl;
}
```

7.4.3　运行效果

现在整个系统都已经搭建完毕，把客户端、主服务器和后端服务器程序都编译好再运行起来，就可以在命令行界面上看到它们的实际运行效果了，例如：

```
send len = 7                                  # 客户端发送两条数据
send len = 8

{"count":2,"minmax":["001","002"]}           # 后端服务器收到统计结果
```

7.5　小结

本节以一个书店程序为例，融会了前几章的所有知识点。

可以看到，代码里面应用了很多之前讲的 C++特性，这些特性互相重叠、嵌套，紧凑地集成在了这个不是很大的程序里，代码整齐，逻辑清楚，很容易就实现了多线程、高性能的服务器程序，可谓"浓缩即精华"。

这里再对这个"半真实"的项目中的开发要点做个小结。

- 在项目起始阶段，应该认真进行需求分析，然后应用设计模式和设计原则，得出灵活、可扩展的面向对象系统。
- 项目里最好有一个核心头文件，集中定义语言特性，规范 C++使用方式。
- 在编写代码时要理解、用好 C++特性，恰当地使用 final/default/const 等关键字，从代码细节着手，提高效率和安全性，让代码可读性更高，有利于将来的维护。
- 使用原子变量可以实现自旋锁，比互斥量成本更低、更高效。
- 使用 ZMQ 可以简化网络通信，但要注意它使用了异常来处理错误。

- 使用 cinatra 可以编写简单的 HTTP 服务器，应用了 RESTful 风格。
- 将 Lua 脚本作为配置文件的好处很多，它是可编程的配置文件。
- 对于中小型项目，序列化格式可以选择小巧、高效的 MessagePack。
- 存储数据时应当选择恰当的容器，有序容器会自动排序，但排序的依据只能是 key。
- 在使用 lambda 表达式的时候要特别注意捕获变量的生命周期，如果是在线程里异步执行，应当尽量按智能指针的值捕获，虽然有点儿麻烦，但比较安全。

当然，这个书店程序还有很多不完善的地方，也还有很多可以扩展的空间，读者可以试着自己动手加以改造和完善，检验一下自己的编码实战能力。

作为开发的参考，下面列出了几个可能的方向。[①]

- 添加 try-catch，处理所有可能发生的异常。
- 把前端与后端的数据交换格式改成 JSON/ProtoBuffer。
- 用工厂类封装序列化和反序列化功能，隔离接口。
- 把服务器接收数据时的 shared_ptr 改成 unique_ptr。
- 使用 for_each 算法搭配 lambda 表达式，实现求最大、最小值功能。
- 压力测试，使用 perf/gperftools 生成火焰图进行性能分析。
- 写一个动态库，用 Lua/Python 调用 C++发送请求，以脚本的方式简化客户端测试。

---

① 在动手实践的过程中还可以顺便练习一下 Git 的版本管理。建议大家不要直接在 master 分支上开发，而是在几个不同的 feature 分支上开发，测试没有问题后再合并到主干上。

第 **8** 章 结束语

到这里，本书的知识性内容就结束了。

我要祝贺你凭着力量、智慧和勇气，走出了 C++ 的"重重迷雾"，成功地掌握了 C++ 的核心知识和应用技能，相信这将是你今后工作履历中"浓墨重彩"的一笔。

作为收尾的第 8 章，我们将不再深究技术，而是谈谈对 C++ 的感受和看法，期待能和你产生一些共鸣。

8.1　公正看待 C++

从 1979 年贝尔实验室发明 C with Classes，到 1983 年正式命名为 C++，再到现在，C++ 已经走过 40 多个年头，可以说走到"不惑之年"了。在如今的编程语言界，和 Java（1995）、Go（2009）、Rust（2010）等比起来，C++ 真算得上"老前辈"。

这么多年来，C++ 一直没有停止发展的脚步（不过确实有点儿缓慢），不仅修补了曾经的缺陷，还增加了越来越多的新特性。不可否认，C++ 虽然变得越来越复杂和庞大，但也正在一步步趋近"完美"，我们可以批评它，但绝不能无视它。

个人认为：C++ 最大的优点是与 C 兼容，最大的缺点也是与 C 兼容。

一方面，它是 C 之外唯一成熟、可靠的系统级编程语言（Rust 的定位与 C++ 接近，但目前还没有达到可以与之"叫板"的程度），大部分用 C 的地方都能用 C++ 替代，这就让它拥有了广阔的应用天地。而面向对象、泛型等编程范式，它又能比 C 更好地组织代码，提高抽象层次，管理复杂的软件项目。[①]

另一方面，为了保持与 C 兼容，C++ 的改革和发展也被"束缚了手脚"，标准委员会在做出任何新设计时，都要考虑是否会对 C 代码造成潜在的破坏。这就使得很多 C++ 新特性要么"一拖

---

① 比如 2020 年 SpaceX 公司成功发射的"龙"飞船，它的应用软件就是用 C++ 开发的。此外，开源的容器编排系统 Kubernetes 虽然以 Go 语言实现，但它的原型 Borg/Omega 的开发语言却仍然是 C++。

再拖"，要么只是个"半成品"，要么变得"古里古怪"，最后导致 C++ 变得有些不伦不类，丢掉了编程语言本应该有的简洁、纯粹。

也许，这就是 C++ 追求自由和性能的代价吧。

8.2 如何学习 C++

对于 C++ 这样复杂的编程语言，我们一定要把握一个基本原则：不要当"语言律师"（language lawyer）。也就是说，不要像孔乙己那样沉迷于"茴"字有多少种写法，又或者沉迷于"抖机灵"式的代码，而要注重实践。

因为 C++ 的编程范式太多，"摊子"实在是铺得太大。为了避免各种特性可能导致的歧义和冲突，其中会有许许多多细致到"令人发指"的规定，我们在学习的时候一不小心就会钻进细节里出不来了。

这样的例子有很多，例如 ADL、引用折叠、可变参数模板、"++" 的前置和后置用法、模板声明里的 typename/class、初始化列表与构造函数、重载函数里的默认参数……

弄懂这些"犄角旮旯"里的特性（无贬义），需要花费我们很多的脑力。但在我们一般的开发过程中通常很少会涉及这些点，或者说是会尽力避免，它们通常只对编译器有意义。

而且随着 C++ 标准的进步，很多这样的知识点、技巧可能会成为过时、无用的技能。因此我们在这些"细枝末节"上下功夫就不是很值了，说白了就是性价比有点儿低。[①]

个人认为，在掌握了本书包含的 C++ 知识的基础上，如果我们面对一个 C++ 新的语言特性不能够在 5 分钟（或者再略长一点儿）内理解它的含义和作用，就说明它里面的"坑"很深。

这时我们应当采用"迂回战术"，暂时放弃，不要细究，把精力集中在对现有知识的消化和理解上，练好"基本功"，等以后不得不用它的时候，通过实践再来学习会更好。

8.3 临别赠言

在漫长的 C++ 学习道路上，本书就好像一个小小的驿站，能够让你适时停下来休息，补充点食物和清水，为下一次冒险做好准备，也希望在读者将来的回忆里，还会记得有这么一个给人以

---

① SFINAE（Substitution Failure Is Not An Error）就是一个典型的例子，它用来在模板重载决议中选择特定的类型，但在 C++20 引入 concept/if-constexpr 等特性后就没有那么重要了。

安心和舒适的地方。

好了，临别之际，在你踏上新的征途之前，再送你一句"老话"吧：

一个人写出一个好程序不难，难的是一辈子只写好程序，不写坏程序。

路远，未有穷期，期待你用 C++斩获更多更大的成功！

附录 A 经典图书推荐

著名文学家高尔基说过一句名言："书籍是人类进步的阶梯。"

利用碎片时间学习固然很重要，但静下心来认真地读书却更加重要，它能够让你主动思考、探索，更系统、完整、深入地获取知识。

为了能够让你在工作之余进一步提高自己，这里我列了一个书单，精选出 4 本我认为值得一读再读的技术类好书。

A.1 《设计模式：可复用面向对象软件的基础》

软件开发类图书浩如烟海，但如果让我只推荐一本，那我一定会推荐《设计模式：可复用面向对象软件的基础》，它是在我心目中永远排在第一位的技术类图书。

这本书出版得比较早（1994 年），出版到现在已经超过 25 年了，但是仍然没有过时。

在 20 世纪 90 年代，软件的开发还处于比较"混沌"的状态，虽然自发地出现了一些习语、惯用法，却没有能够很好地指导软件设计的通用原则。

而这本书一出现就获得了无数的赞誉，犹如黑夜里的一盏明灯，为很多开发者指明了道路。

书里系统地总结了专家的经验，开创性地提出了设计模式的概念，遵循模式更可能得到良好的设计。

其中阐述的 23 个设计模式已经被无数的软件系统所验证，并且成为软件界的标准用语，比如单件、工厂、代理、职责链、观察者、适配器等。

无论你使用什么语言，无论你使用哪种范式，无论你开发何种形式的软件，都免不了会用到这些模式，而且有些模式，甚至直接成为编程语言的一部分（如 C++ 的迭代器模式、Java 的观察者模式）。

作为软件开发历史上里程碑式的著作、"模式运动"的开路先锋，这本书是每一个精益求精的程序员都应当拥有的宝典，值得放在手边经常翻阅，随时随地获取设计灵感。

要说这本书的缺点也是有的，就是论述太严谨。毕竟 4 位作者都是博士出身，内容阅读起来太有"论文范"了，很多话都需要反复琢磨才能理解。但从另一方面看，这也是它的优点，几乎没有多余的文字，可以说字字珠玑，绝非那些"白话""大话"之类的图书可比。

A.2　《C++标准程序库》

学会了设计模式，再回到 C++领域，我认为一定要看的就是《C++标准程序库》。^①

讲 C++语言的书有很多，但讲 C++标准库的却屈指可数。因为标准库的庞大和复杂程度远远超过了语言本身，能把它"啃"下来就很不容易了，要把它用通俗易懂的形式讲出来就更是难上加难。

而这本书却举重若轻，不仅完整、全面地介绍了标准库，还由浅入深、条理清晰，对库中每个组件的优缺点都分析得丝丝入扣，让人心悦诚服。内容的安排和组织也详略得当，不疾不徐，千余页的大部头作品读起来却让人毫不费力，不得不叹服作者的至深功力。

十几年前，C++资料非常匮乏，当时我还对标准一无所知，偶然看到了这本书的第 1 版，顿时有种如获至宝的感觉，当即买下回家仔细、反复研读，真的是手不释卷。

经过了这本书的"洗礼"，我才真正地"脱胎换骨"，透彻地理解了 C++，开启了泛型编程、函数式编程新世界的大门。而我今天能够以这种方式与你交流 C++开发经验和心得，它也是绝对要在功劳薄上被记上一笔的。

虽然现在 C++相关的资料已经很多了，但如果你想要成为 C++"大咖"，那么《C++标准程序库》将是你成长路上的"良师益友"。

A.3　《C++语言的设计与演化》

接下来要说的《C++语言的设计与演化》比较特别。

特别之一在于，它是由"C++语言之父"撰写的，能够直接与"造物者"本人对话，机会难得。

特别之二在于，它并非直接描述语言特性，而是以回忆录的形式介绍了 C++语言的发展历史和设计理念，同时坦诚地反思了一些由于历史局限而导致的缺点和失误，视角非常独特。

---

① 前几年《C++标准程序库》出了第 2 版，我一直没有机会看。虽然第 1 版基于 C++98，但我认为它足够好了。

这两个特别之处让它从众多语言类图书中脱颖而出，能够帮助解答很多我们在学习 C++的过程中产生的困惑。比如为什么 C++会变成这个样子，为什么要引进 class/template 等关键字，为什么会设计出那些奇怪的语法……知道了前因后果，你就可以更深刻地理解 C++。

阅读这本书时，你还能"读史以明志"，学习先驱者的经验，吸取教训，了解他们做决策时的思考方式，领会语言设计背后的"哲思"，而这些技术之外的"软知识"也能够帮助你更好地使用 C++。

唯一的遗憾是它出版的时间太早，都没有赶上 C++98 的发布，后来也没有重新修订，到现在可能快绝版了。如果你在旧书摊上遇到了，请一定不要错过。

A.4　《C++ Primer》

最后一本要推荐的书是《C++ Primer》。[①]

"Primer"的意思是"初级读本"，不过在我看来，这可能是作者的谦虚之语。

虽然这本书自视为入门教材，全书的编排也是循序渐进的，例子浅显易懂，但内容非常全面、精准，基本囊括了 C++11 的所有新特性和标准库组件，C++"老手"完全可以把它当成语言参考手册。

而且，它还有一个独到之处，就是把语言和库融合在一起讲解，而不像其他图书那样割裂开。这对于 C++初学者可算得上"福音"，可以一开始就接触到标准库，并学习现代 C++编程方式，减少了很多入门的成本。

它的不足之处是没有涉及标准库里的线程部分，不过考虑到这本书的名字"Primer"，而多线程编程确实比较高级，不讲也是情有可原的。

A.5　小结

这个书单上只有 4 本书，好像有点少，不过我觉得读书应该"贵精不贵多"。

如果像"报菜名"那样一下子列出十本八本的，我倒是省事，但你可能根本看不过来，所以还是把有限的时间汇聚在少数"精品"上更好，尽量通读、精读。

其实，选这 4 本书我也是花了心思的。你留意一下就会发现，它们的定位各有特色：面向对

[①] 2013 年《C++ Primer 中文版（第 5 版）》出版，3 位作者之一的斯坦利·B.李普曼（Stanley B. Lippman）来京，我有幸受邀参加了读者见面会，得以近距离聆听大师教诲，并得到了亲笔签名，珍藏至今。

象、泛型编程、历史读本和教科全书。我觉得，这 4 本书还是比较完整地覆盖了 C++的知识面，有广度也有深度，有点也有面，你认为如何呢？

顺便再说一句，读书最好是看纸质书，而不是电子版。

在现在的环境下，使用手机或者平板电脑实在是太容易让人变得浮躁了，在用它们阅读时，经常会被跳出的通知、消息打扰，而且人性使然，也很难控制自己不去点开其他的应用玩玩小游戏、看看短视频。

另外，这些设备大多是"主动发光"型的，长时间看会导致视觉疲劳，影响眼睛健康，还是纸质书更好。只要在一个光线合适的环境下，泡一杯茶或者冲一杯咖啡，给自己留出一段闲暇时间，你就可以抛却世俗的喧嚣和烦恼，尽情地畅游在书的海洋。[1]

---

[1] 某些电子书产品虽然用的是电子墨水技术，不是主动发光，但翻页刷新速度很慢，更影响视力，个人不太推荐。

附录 B 工作经验分享

在这里我会介绍自己常用的工作环境，包括快捷键、配置脚本、常用命令等。算不上什么高效技巧，但是也能从小处提高工作效率，希望能给你一点借鉴和帮助。

B.1　Linux

我主要是在 Linux 上写程序，经常要登录内部的服务器，但我常用的工作电脑上装的还是 Windows，所以就需要有一个"趁手"的客户端。

Windows 上有很多这样的软件，最早我用的是 PuTTY，但其他很多同事用的是 XShell。不过，现在的我都不用这些了。

你一定想知道，难道还有什么比 PuTTY、XShell 更好、更强大的远程终端吗？

要说有也算有，要说没有也算没有。因为现在我把 Linux 操作系统当成终端来使用，就用它内置的 terminal/ssh 命令来实现远程登录。

具体的做法也很简单，安装一个 VirtualBox，再最小化安装一个 Ubuntu，就可以了。

这么做的好处是什么呢？

首先，这个环境是完全免费的，不需要注册或者破解。其次，Ubuntu 本身就是 Linux，与开发环境相同，可以用来在本地做试验、练手。最后，Linux 里有非常丰富的工具可以下载和安装，能够随心所欲地定制环境，用起来非常舒心。[①]

当然，把 Linux 转换成一个高效的终端，还是需要一点技巧的。接下来就说说具体的做法，要点是"全程键盘操作"。

第一个，用"Ctrl + Alt + T"可以直接打开命令行窗口（而不必用鼠标去单击图标），然后用"Ctrl + Shift + T"可以打开新标签页，这样就可以很方便地实现多窗口登录，不会

———————————
① 使用 Linux 虚拟机时最好再设置一下本地的共享目录，方便上传和下载各种资料（使用 scp）。

像某些软件有数量的限制。

第二个，修改 Shell 的配置文件 ".bashrc" 或者是 ".profile"，在里面加上一行命令 "set -o vi"。

这样我们就可以在命令行里实现 vi 操作了，按一下 "ESC" 键，就进入了 vi 模式，可以用 "/" 快速查找之前的历史命令，而不必每次都要敲完整的命令，比用 history 方便得多。

比如，之前输入了一条命令 "ssh chrono@10.1.1.25" 登录服务器。那么，下次再登录时就没有必要再敲一遍了，只要按 "Esc" 键，然后输入 "/25"，再按 "Enter" 键，Linux 就可以帮你找到上次的这条命令。这时就可以轻松、愉快地登录了。

将 Linux 作为终端有一个小小的缺点：无法自动填写登录密码，每次都要手动输入，这个的确比较烦人。

以前我的做法是把登录密码尽量改得简单、好输入，例如键盘上类似 "qazwsx" 的固定模式，快速在 1 秒内完成输入。

不过后来发现可以用 "ssh-copy-id" 这个小工具，在本地生成公私钥对后复制到远程主机，这样使用非对称算法来认证身份，不需要输入密码，更安全，也更省事。

B.2　Vim

写代码就要用到编辑器，在 Windows 里常用的有 Visual Studio Code、Sublime 等，而在 Linux 里，最佳的选择可能就是 Vim 了。

说是 Vim，但我更愿意称之为 vi。一个原因是早期的使用习惯（我最早用的是 AIX，其中只有 vi，而没有 Vim），另一个更重要的原因是可以少打一个字符。可不要小看了这一点效率的提升，想想每天我们要说多少次、用多少次 vi 吧。

有的人可能还是习惯在 Windows 的编辑器里写代码，然后通过某种方式上传到 Linux，再编译和运行。我个人觉得这种做法不太可取，既然是用 Linux 开发，就应该全程在 Linux 上工作，而且很多时候需要现场调试，很难有那么合适的编辑器。[①]

所以尽早抛弃 "窗口+鼠标" 式编辑器，强迫自己只用 vi，就可以尽快熟悉 vi 的各种操作，让我们在 Linux 上 "运指如飞"。

---

① 在 Windows 等桌面系统里写代码还有可能遇到字符集编码的问题：汉字在本机上显示正常，但上传到服务器后，因为字符集不一致（GBK/UTF-8）全变成了乱码，根本没法看。

你可能知道 vi 也有很多的插件（比如 ctags），搭配众多的插件会让 vi 更现代化。但对于服务器开发来说还是存在这样的问题：不是每台服务器都会给你配置得那么完善的。与其倒腾那些"花里胡哨"的插件，不如离开舒适区，练好 vi 的基本功，到哪里都能"吃得开"。

基本的 vi 操作就不多谈了，我来说几个写代码时比较实用的命令。

"：tabnew"用于新建一个编辑窗口，也就是支持多标签操作，多个标签可以用"gt"切换。

"Ctrl+V""Shift+V"分别用于整列、整行选择，然后就可以用"x"剪切、用"p"粘贴。

列选择功能还有一个衍生的技巧：选择多列后按"I"，输入"//"，再按"ESC"，键就可以在每行前面都插入"//"，轻松地实现大段代码的工整注释。

"Ctrl+O"用于光标位置快速回退，有点儿像浏览器的"Back"按钮。在 vi 里执行搜索、查找等操作之后往往离最初的位置已经很远，这个时候按几下"Ctrl+O"就可以迅速返回，不用再费眼力去"人肉定位"。

"Ctrl+P"用于实现 vi 内置的代码补全功能，它对于我们程序员来说特别有用。只要写上开头的一两个字符，再按"Ctrl+P"，vi 就可以提示出文件里曾经出现的词，这样在写长名字时，就再也不用害怕了。[1]

"Ctrl+Z"可以随时暂停 vi，把它放到后台，然后执行各种 Shell 操作，在需要的时候，只要执行"fg"命令，就可以把 vi 恢复回来，个人感觉比"：："更实用。

这些命令在调试的时候非常方便：改改代码，运行一下，看看情况再切回来继续改，不用每次重复在 vi 中打开源文件的操作，而且可以保留编辑的"现场"。

除了刚才的 5 点操作技巧，想要用好 vi 还必须对它进行适当的配置，比如显示行号、控制缩进等。下面就是我常用的".vimrc"配置文件，非常短小，基本上我每登录一台新服务器，就会把这个配置复制过去，这样无论在哪里，vi 都会是我熟悉的环境。

```
#.vimrc
set    nu
sy     on
set    ruler
set    smartindent shiftwidth=4
set    tabstop=4
set    expandtab
set    listchars=tab:>-,trail:~
set    list
colorscheme desert
```

---

[1] 不过 vi 的代码补全功能还是比较弱的，不是基于语法分析，而是基于简单的文本分词实现的，但我们也不能太苛求。

B.3　Git

写完了程序，我们还要用适当的版本控制系统把它管理起来，否则源码丢失、版本回溯、多人协作等问题很可能把你弄得焦头烂额。

我最早用的是微软的 VSS (Visual Source Safe)，后来用过 IBM 的 ClearCase，再后来又用 SVN，现在则是 Git 的"铁杆粉丝"。[①]

Git 的好处实在太多了：分布式、轻量级、可离线、开分支成本低……还有围绕着它的 GitHub/GitLab 等高级团队工作平台，它绝对是先进的版本控制系统。[②]

Git 有许多高级用法，有的很复杂，我不可能、也没必要把那些都讲清楚。所以只介绍一个能够简化 Git 操作的小技巧：命令别名。

Git 的命令含义明确，但缺点是单词太长，多次输入就显得很烦琐，这点就不如 SVN 命令那么简单明了。好在我们可以在 Git 的配置文件".gitconfig"里为这些命令起别名，比如把"status"改成"st"，把"commit"改成"ci"。

下面就是我常用的 Git 配置，里面有个特别的地方是在使用"diff"的时候使用了"vimdiff"，用可视化的方式来比较文件的差异，比原始的"diff"更好。

```
[alias]
st = status
ci = commit
br = branch
co = checkout
au = add -u .
ll = log --oneline --graph
d = difftool
[diff]
tool = vimdiff
```

B.4　GDB

最后来说一下调试工具 GDB，它应该是 Linux 程序员一个很得力的帮手了。

标准的 GDB 是纯命令行式的，虽然也有一些基于它的图形化工具，但用好命令行调试还是我们的一项基本素质。

[①] GCC/LLVM 等编译器都相继从 SVN 迁移到了 Git。

[②] 如果在今天，你所在的公司还在用 SVN 这样的"上古"软件，可真的是要考虑项目的前景了。

GDB 不仅是一个调试工具，也是一个学习源码的好工具。

单纯的源码是静态的，虽然我们可以分析它的整体架构，在头脑里模拟它的工作流程，但计算机实在是太复杂了，内、外部环境因素很多，仅靠"人肉分析"很难完全理解它的逻辑。

这个时候，GDB 就派上用场了：以调试模式启动，任意设定外部条件，从指定的入口运行，把程序放慢几万倍，细致地观察每个变量的值，跟踪代码的分支和数据的流向，这样经过几个来回之后，再结合源码，就能够对程序的整体情况了然于胸。

GDB 用得久了，每个人都会有一些自己的使用心得，下面就列出一些我觉得最有价值的命令。

- `pt`：查看变量的真实类型，不受别名定义的影响。
- `up/down`：在函数调用栈里上下移动。
- `fin`：直接运行到函数结束，相当于快速跳出函数。
- `i b`：查看所有的断点信息。
- `wh`：启动可视化调试。这是我最喜欢的命令，可以把屏幕分成上下两个窗口，上面显示源码，下面是 GDB 命令输出，不必再用"l"频繁地列出源码了，能够大大提高调试的效率。

附录 C 时间管理

古语说得好："一寸光阴一寸金，寸金难买寸光阴"。时间无法再生重用，它无疑是人生宝贵的资产，却也往往是不被珍惜、容易被浪费的资产。

仔细想想，一天只有 24 小时，扣掉吃饭、睡觉的时间，可用的也就 14~16 小时。如何才能合理、高效地利用这些时间，是我们每个人都应该认真思考的问题。

这里就以我的一个工作日为例，看看我是怎么管理、分配时间的，给你一个参考。

C.1 工作时间的管理

我个人有早起的习惯，毕竟"一天之计在于晨"。所以我一般会在上午 9 点之前就到公司，比公司里的大多数人都要早。

到了公司，我会先打开邮件和即时通信工具，把一些和工作不相关的琐事快速处理掉。完成这些之后，就可以正式开始工作了。

多年的工作让我养成了一个习惯，那就是写工作日志，时间长了，就会积累下很多的工作经验和知识，也算是一笔人生财富吧。[①]。

工作日志的格式和普通日记差不多，首先我会写下当天的日期，然后花几分钟整理一下工作思路，按优先级列一下今天要做的事情。

关于优先级我有几个衡量的标准。

- 上级领导安排的、工期紧的优先。
- 突发事件、`hotfix` 优先。
- 与其他部门沟通、要出文档/说明的优先。

---

① 为了方便记录、管理、同步，我选择的是云笔记，这方面国内、国外功能类似的产品很多，比如印象笔记/Evernote，甚至使用 GitHub 私人仓库都可以。

- 容易做的、好完成的优先。
- 与别人合作的优先。
- 自己能独立完成的放在最后。

简单来说，就是先看紧急程度，然后先外后内、先人后己、先小后大、先易后难，有点儿像早期大型计算机的批处理任务队列。

有了优先级之后，我还要再为每件事估算一个大概的时间。

如果事情比较小、比较简单，我就会以半个或者一个小时为时间片进行安排；如果事情比较大、难度比较高，我就会把时间片划得略长一些，比如两个小时。

然后，我会为每个时间片定一两个粗略的目标，细化一下具体的任务，比如完成一个功能点、修复 bug、画出 UML 图、写出设计文档、开会定技术方向等。

写完这些之后，基本上就把当天的工作日程安排好了。不过我通常会留有一点余地，也就是缓冲时间，不会把 8 小时全排满。因为计划总是赶不上变化，通常来说，制定出 6 个小时左右的时间表就差不多了。

有了这个日程表，当天的工作心里也就有数了，不会慌慌张张，可以有条不紊地按照计划去执行。而由于在定计划的时候预留了一两个小时的缓冲时间，所以即使偶尔有突发事件或者难点也不会影响计划，这一天的工作就可以比较轻松、顺利地完成，很有成就感。[①]

临下班前，我会再花几分钟的时间，在工作日志里做个小结，列一下工作的完成情况、心得、难点，同时把可用的参考资料也记下来。

当然了，工作不可能完全按计划来，快下班的时候可能还是会有未完成的工作。

我是不提倡过度加班的，因为脑力劳动很辛苦，加班的效率比较低。如果事情没做完，又不是特别急，就提前做好明天的规划，想一下明天大概要怎么做、要找哪些人协调。安排妥当之后，就可以回家睡个好觉，休息好了第二天再继续做，效果可能比加班更好。

不过如果事情比较急的话，加班就不可避免了。这个时候千万不能慌，要先确定加班的目标，再预估一下所需的时间和资源，制订临时的小计划以及确定大概的执行步骤。做完这些准备工作，就可以去吃个晚饭，整理一下心情，准备接下来的"苦战"了。

---

① 其实我的工作方法就是经典的"番茄工作法"，只不过没有那么严格，根据自己的情况做了点改造，更随意一些，执行起来更容易。

C.2 工作小技巧

在具体工作的时候我也有一些小技巧,在此也列出来分享一下。

1.不要久坐

我的智能手表上有站立提醒功能,如果坐的时间超过 1 小时,它就会提醒我起来活动一下(在 Windows/macOS 上也有类似的提醒应用,可以在网上找找)。

我觉得这个功能对于我们程序员来说非常有用。它有点儿像学校里的下课闹铃,给你一个强制的休息机会。你可以站起来喝点水,伸个懒腰,舒展一下筋骨,或者去洗手间打盆水洗洗脸,让大脑有一个短暂的空档,也许还能获得意外的编程灵感。

2.午休时外出散步

中午的吃饭时间也是一个很好的休息机会。吃完午饭后,我一般还会走出公司,在周围随便转转、散散步,看看蓝天白云、绿树红花,呼吸一下新鲜空气,脑子里再顺便想想工作上的事情。这个时段是比较自由、放松的,用来调整思绪、考虑问题都非常合适。

3.用好茶歇时间

很多公司都会有茶歇时间,提供一些水果、点心什么的。这项福利虽然很小,但也很有用,一边吃着薯片、蛋糕,一边敲键盘、码字,还是很惬意的。这个时候,我的工作效率也是最高的。

4.深呼吸

第 4 个小技巧是极简单,但是也是极容易被忽略的。

在工作非常紧张的情况下,比如编码开发、debug 到了关键的阶段,可能稍微一活动就会扰乱思路,实在是不愿意动,但身体又确实会感觉很累。

这时我一般就会坐在椅子上,双手用力揉揉脸,再伸伸胳膊,腿也配合着用力舒展几下,然后闭上眼睛,做几个深呼吸。

这个动作大概只要 1 分钟就足够了,但是缓解疲劳、放松大脑的效果非常不错,能够为我再争取出十几分钟的奋斗时间。

C.3 非工作时间的管理

说完了上班的时间安排,再来说说 8 小时之外对非工作时间的管理。

我住得离公司比较远，通勤时间比较长，一般都要一个多小时。为了不浪费时间，我会在手机上看看资料、业界资讯，如果发现了有用的知识点，就会记在手机备忘录里。

不过我很少在交通工具上使用耳机。因为周围的环境太嘈杂了，耳机声音小的话听不清楚，声音大又对听力有伤害，所以我大多以阅读文字为主。还有，因为通常一整个白天都在用电脑、看屏幕，眼睛还是比较累的，所以手机我也不会长看。特别是在换乘、走路的时候，建议绝对不要看手机。

一般我下班后到家就晚上八点左右了，比较晚。到家后，第一件事当然是吃饭，大概会花十几分钟。晚饭通常都比较简单，也不会吃太多。

然后我会休息一下，逗逗孩子，跟父母唠唠家常，读点小说，玩会儿 PS4，放松一下紧张的工作情绪。我建议你一定要给自己和家人留出足够的时间和空间，不要让工作占据了自己的全部时间，毕竟我们工作的目的是更好地生活。

通常我会休息到晚上九、十点钟，然后学习半个小时左右再睡觉。

这一小段时间的学习纯粹是发散式的，没有什么功利的目的，比如在 GitHub/Stack Overflow/Nginx/InfoQ 等网站上，看看有什么新技术、新动向，如果有感兴趣的开源项目就下载下来慢慢看。

在学习得非常投入的时候我也会相应地延长时间，但最晚一般不超过晚上十一点半。毕竟第二天还是要上班的，学得太晚就会睡眠不足，影响工作质量。

顺便我再说说对睡眠和休息的看法吧。

可能很多人都有临睡前看会儿手机的习惯，这个时候躺在床上最安静、最放松，享受完全属于自己的时间。

不过从健康的角度来说，我不太推荐。因为在黑暗的环境下，手机屏幕的强光对眼睛和大脑的刺激程度都比较高，看得时间长了，就会影响睡眠。最好控制一下自己，尽量在熄灯前把手机上要看的看完，然后老老实实地睡觉。

关于入睡，我也分享一个我自己的小经验。如果你失眠的话，可以尝试一下，应该会有所帮助。

方法很简单，就是尽量放松，先放松身体，再放松大脑。不要去想工作上的事情（否则可能会越想越投入、兴奋），而是慢慢地想吃饭、休息这样生活上的事，再把注意力慢慢地集中在呼吸上，让呼吸保持均匀，最后逐渐放空思绪，大概就可以进入"冥想"的状态了。

C.4 小结

我一天的时间安排大概就是这样了，感觉还算是有张有弛吧，最后再简单总结一下这些小建议。

- 有明确的工作计划（按日/月规划），就可以规划好时间，但要留出一定的缓冲时间。
- 在规划时间时可以使用番茄工作法，但时间片不宜划分得太短，否则执行的时候容易出现偏差。
- 工作中要有适当的休息间隔，调整工作节奏，缓解工作压力。
- 不要浪费通勤时间，多利用碎片时间学习和"充电"。
- 要平衡好工作和生活，要有休息有娱乐，不要变成只会加班的"机器人"。